职业技能培训入门系列

图解数控铣工入门

主　编　谷定来

副主编　马忠良　刘　宾

参　编　于奔淼　杨玉萍

机械工业出版社

您想快速掌握数控铣技能吗？您想知道凸凹槽、沟槽、外花键、平面凸轮是怎样铣削出来的吗？本书将带您通过看图轻松认知数控铣削知识。

本书采用工厂实际生产中生动的实例图片，图解数控铣的基本知识和基本技能，使枯燥乏味的专业知识变得直观易学，可激发您的学习兴趣，让您在看图的过程中轻松地掌握一些数控铣削知识。本书共分5个模块，包括数控铣工必备的基本知识、普通铣床、数控铣床、手工编程与操作、自动编程与操作。

本书非常适合数控铣工自学，还可作为职业技能培训学校和职业技术学校的实习教材，同时还可供相关职业的工程技术人员和管理人员了解数控铣削知识。

图书在版编目（CIP）数据

图解数控铣工入门/谷定来主编. —北京：机械工业出版社，2021.6
（职业技能培训入门系列）
ISBN 978-7-111-68609-5

Ⅰ.①图…　Ⅱ.①谷…　Ⅲ.①数控机床-铣床-图解　Ⅳ.①TG547-64

中国版本图书馆CIP数据核字（2021）第133627号

机械工业出版社（北京市百万庄大街22号　邮政编码100037）
策划编辑：何月秋　责任编辑：何月秋　李含杨
责任校对：肖　琳　封面设计：马精明
责任印制：常天培
天津嘉恒印务有限公司印刷
2021年9月第1版第1次印刷
169mm×239mm · 17.5印张 · 339千字
0001—2500册
标准书号：ISBN 978-7-111-68609-5
定价：59.00元

电话服务	网络服务
客服电话：010-88361066	机　工　官　网：www.cmpbook.com
010-88379833	机　工　官　博：weibo.com/cmp1952
010-68326294	金　　书　　网：www.golden-book.com
封底无防伪标均为盗版	机工教育服务网：www.cmpedu.com

前　言

普通铣床应用于工业生产已有 200 多年的历史，数控机床的出现也已经有近 60 年的时间。在我国机械制造行业中，数控机床的应用十分广泛，涉及数控机床加工的工种有十几个。

数控加工的理论和实践性都较强，与实际生产联系密切，初学者往往不知如何着手学习，感觉很神秘。其实，想要成为一名合格的数控铣床操作工，首先应该是一名普通铣床的铣工，对相关课程如“极限与配合”“机械制图”“金属材料与热处理”等要掌握好，并熟练掌握各种工具及量具的使用，尤其是对普通机床的加工工艺知识及操作技能的掌握。同时应加强理论与实践的结合，积极参加相关的实践活动，既丰富所学的知识，也对所学的知识进行验证，培养独立工作的能力。

许多人只是粗略地知道铣床，对数控铣床能完成的工作知之甚少，这与它在制造业的地位不相称。鉴于此，从普及数控铣削常识，提高数控铣工知名度的角度出发，依据我国制造业的现状及用工单位的实际需求，编写了这本通俗易懂的《图解数控铣工入门》。全书共分 5 个模块，内容包括数控铣工必备的基本知识、普通铣床、数控铣床、手工编程与操作和自动编程与操作。本书选用了很多工厂里数控铣削加工产品的图片、学生数控铣削专业实习的图片，图文并茂、通俗易懂，让读者一看就明白各种设备及操作方法。

本书由锦西工业学校谷定来任主编，其中模块 1 由马忠良编写，模块 3 由刘宾编写；其余各模块主要由谷定来编写，于奔森、杨玉萍也参与了本书的编写工作。在编写过程中，各位老师、有关工厂的领导及师傅们给予了大力的支持和热情的帮助，在此一并表示衷心感谢。

如果您通过本书了解并掌握了一些数控铣工的知识和技能，我们将感到非常欣慰，这也正是编写这本培训读物的初衷。

编　者

目　录

模块1

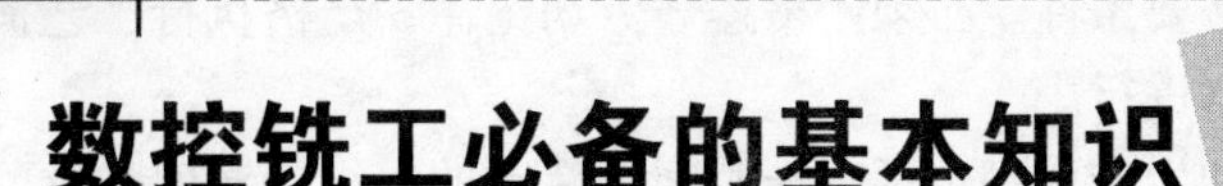

数控铣工必备的基本知识

【阐述说明】

铣工是进行金属切削加工的工种之一，常见的切削加工有车、铣、刨、磨、钻、镗、拉、插、滚等。铣削加工涉及的知识和技能较多，一个数控铣工，要具有良好的职业道德和高超的操作技能，熟知安全操作知识。保证在工作过程中做到“三不”原则：不伤害自己、不伤害他人、不被他人伤害。

铣工主要从事平面、沟槽、分齿零件、螺旋形表面及各种曲面的加工工作。此外，还有对回转体表面、内孔加工及切断工作等。因此，铣工需要掌握一定的机械识图知识（看懂图样的尺寸、位置要求）、金属材料知识（依据待加工件的材质特点、选用相应的刀具并刃磨好车刀各角、选择切削用量）、极限与配合知识（看懂加工基准、几何公差及尺寸公差，选择相应的装夹及测量方法）；熟练使用测量工具（游标卡尺、千分尺、百分表、分度头等）检测加工件。

只有熟练掌握本工种的基本操作技能（操作铣床、更换刀具、使用分度头等），才能加工出合格的产品。

• 项目1 职业道德 •

1. 道德

道德是人们日常行为中应遵守的原则和标准。

2. 职业道德

职业道德是道德的一部分，它是指从事某一职业的人们，在其指定的职业活动中，应遵守的行为规范。

3. 职业道德修养

从业人员应自觉按照职业道德的基本原则和规范，通过自我约束、教育、磨炼，达到较高职业道德境界。职业道德可以从以下几方面培养：

1）热爱本职工作，对工作认真负责。

2）遵守劳动纪律，自觉维护生产秩序。劳动纪律和生产秩序是保证企业生产正常运行的必要条件。必须严格遵守劳动纪律，严格执行工艺流程，使企业生产按预定的计划进行。

劳动纪律和生产秩序包括工作时间、劳动的组织、调度和分配、安全操作规程。必须严格按照产品的技术要求、工艺流程和操作规范进行生产加工。

3）相互尊重，团结协作。加工尺寸较大的轴、盘、箱体及圆筒类零件，需要铣工与起重工、吊车工、热处理工合作，经过多道工序才能完成。每个工段、班组的各个工种要完成相应的工作后，才能完成零件的加工。各车间、工段、班组、工种之间需要协调好关系，为相关的工种及工序创造有利条件和环境，达到一种“默契”的配合；否则会影响产品质量，延长产品的交货期。团队协作的零件加工实例如图 1-1~图 1-4 所示。

图 1-1　铣工将轴吊运到铣床上装夹加工

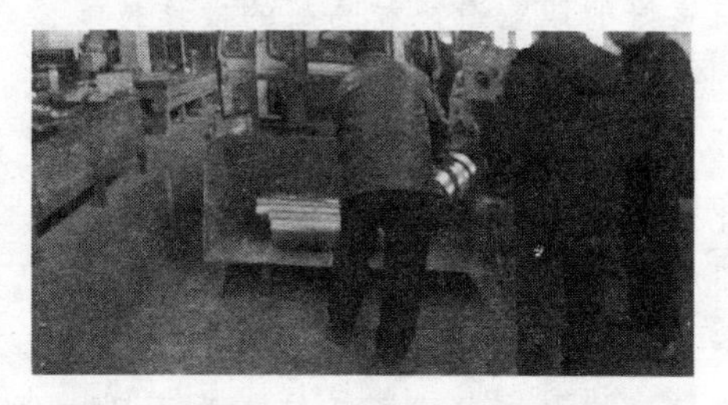

图 1-2　加工后，多人配合将轴吊运到铲车上送去热处理

图 1-3　热处理工、吊车工将轴放入立式电炉中进行热处理

图 1-4　用大型圆盘铣刀切割轴承座（与吊车工配合）

4）钻研技术，提高业务水平。过硬的业务能力，是做好本职工作的前提。

要努力提高自己的技术水平，不能满足于现状。

• 项目2　安全防护知识 •

1. 预防为主

铣工对零件进行加工时，铣床主轴带着铣刀高速旋转，如图1-5所示。因此，铣工要严格按操作规程操作，认真检查工件在卡盘上是否正确的定位并夹紧，铣刀是否正确装夹在刀架上。加工过程中会产生各种形状的高温切屑，操作者要采取措施（适当的铣削用量及润滑条件）来减少切屑的危害；如果操作者缺乏必要的安全操作知识，或者违反操作规程，往往会引发各种不幸事故，甚至造成设备的损坏和人员伤亡。

2. 个人安全知识

1）铣削工件时穿戴好个人防护用品，如安全帽、工作服、口罩、眼镜等，来防止工作过程中出现压伤、划伤、烫伤及眼睛受伤等。铣削加工时禁止戴手套。

图1-5　铣刀高速旋转，在轴上铣通槽

2）工作场地应保持通风和照明状态良好，防止有害粉尘和有毒气体侵入人体，造成危害。

3）铣削大型工件时，由于工件较重，需要吊车工、起重工配合，作业面大。因此，不仅要注意自己的安全、同伴的位置是否安全，还要考虑到加工及吊运（吊钩的位置是否正确且挂牢）的过程是否有不安全的因素。因为每个车间里都有几组人在同时施工，互相间有干涉。

4）检查机床各工具柄是否放在规定位置上。

5）检查各进给方向自动停止挡铁是否紧固在最大行程以内。

6）起动机床检验主轴和进给系统工作是否正常，油路是否畅通。

7）检查夹具、工件是否装夹牢固。

8）装卸工件、更换铣刀、擦拭机床时必须停机，并防止被铣刀齿刃割伤。

9）在进给中不准抚摸工件加工表面，以免被铣刀切伤手指。

10）主轴未停稳不准测量工件。

11）操作时不要站在切屑流出的方向，以免切屑飞入眼中。

12）要用专用工具清除切屑，不准用嘴吹或用手抓。

13）工作时要思想集中，不得擅自离开机床，离开机床时要切断电源。

14）操作过程中如果发生事故应立即停机、切断电源、保护现场。

• 项目3　文明生产知识 •

1）工作场地的周围要保持清洁，无油污、积水、积油。

2）需要的物品与不需要的物品要分开。加工件的图样、工艺卡片要保持清洁与完整并放到方便操作的位置。具体位置可依据个人的操作及阅读习惯，操作者可以将图样放置身后，也可放置于身体的侧面，就像大多数人习惯用右手工作，而有些则习惯用左手。总之要遵循安全、简洁、方便加工的原则，如图1-6和图1-7所示。

图1-6　工件图样放在操作者身后的挂架上

图1-7　工件图样放在操作者侧面的挂架上

3）机床应做到每天一小擦，每周一大擦，按时一级保养，保持机床整齐清洁。

4）操作时，工具与量具应分类整齐地放置在工具架上，不要随便乱放在工作台上或与切屑等混在一起。

5）高速或中速切削时应加放挡板，以防切屑飞出及切削液外溢。

6）工具、量具、夹具、刀具的放置要合理，取用方便。

7）加工前检查铣床的各部分是否完好，各注油孔是否需要加注润滑油。空转1~2min，待铣床运转正常后才能工作。若运转异样，要停机检修。

8）主轴变速要先停止加工，变换进给箱手柄的位置要在低速进行。

9）正确使用量具，用后擦净、涂油、放入盒中，并定期校验。

10）及时刃磨铣刀，避免钝刀影响工件表面的加工质量。

11）大批量生产零件时，首件加工要严格检测，合格后，才能继续加工。

12）零件毛坯、半成品、成品要分开，对半成品及成品的吊运不要碰伤已加工表面。大型工件摆放到地面的成品区，精密小型工件要放置到台面上，工件的下部要垫好胶皮，如图1-8~图1-10所示。

图1-8　大型箱体吊运摆放到地面的成品区

图 1-9　小型精密轴瓦放置到台面上

图 1-10　加工后的小型精密接筒放置到胶皮上面

13）工作完毕后，清理铣床及场地，用毛刷清扫台面上的金属屑，对各注油孔加注润滑油。将分度头、机用虎钳等工具放到适当的位置，各转动手柄放到空挡位置，关闭电源。

项目4　铣工必备的识图知识

1. 正投影及三视图的投影规律

（1）正投影的基本知识

1）投影法的概念。投射线通过物体向选定的投影面投射得到图形的方法。所得到的图形称为投影（投影图），得到投影的平面称为投影面。

2）绘制机械图样时采用正投影法（投射线垂直投影面），所得到的投影即正投影，如图 1-11 所示。

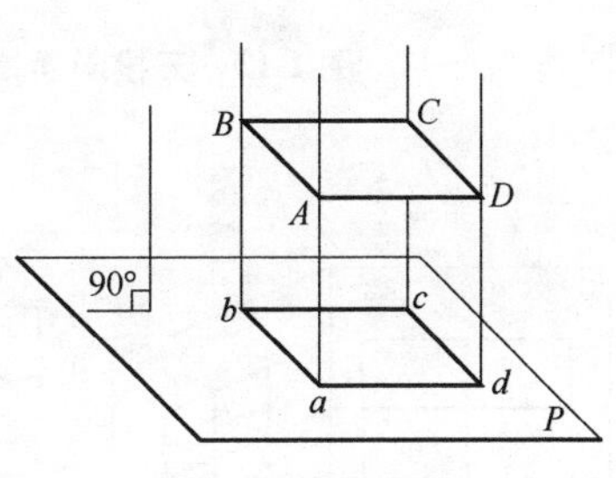

图 1-11　正投影

（2）正投影的基本性质

1）显实性。平面（或直线）与投影面平行时，其投影反映实形（或实长）的性质，称为显实性，如图 1-12a 所示。

2）积聚性。平面（或直线）与投影面垂直时，其投影为一条直线（或点）的性质，称为积聚性，如图 1-12b 所示。

3）类似性。平面（或直线）与投影面倾斜时，其投影变小（或变短），但投影的形状与原来形状相类似的性质，称为类似性，如图 1-12c 所示。

2. 三视图

（1）三视图的形成　物体放在图 1-13 所示的三投影面体系中，向 *V*、*H*、*W*

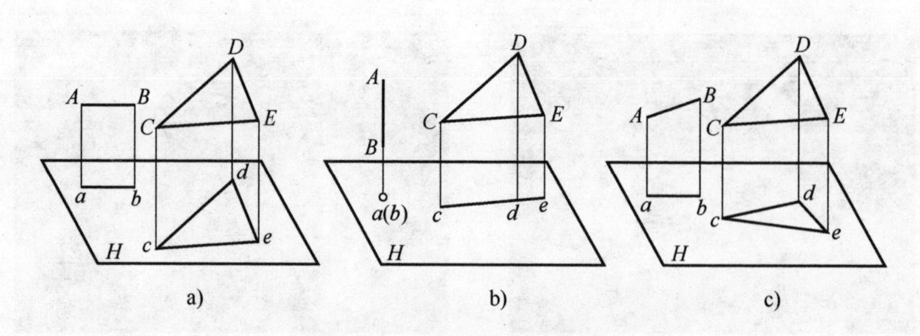

图 1-12　正投影的基本性质

a）显实性　b）积聚性　c）类似性

三个投影面进行正投影得到物体的三视图，如图 1-14 所示。物体的正面投影（*V*）为主视图，水平投影（*H*）为俯视图，侧面投影（*W*）为左视图。为了画图方便，需进行三投影面展开，方法如图 1-15a 所示。

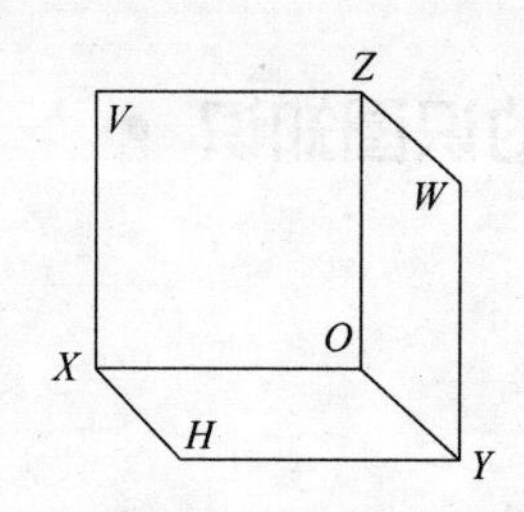

图 1-13　三投影面体系

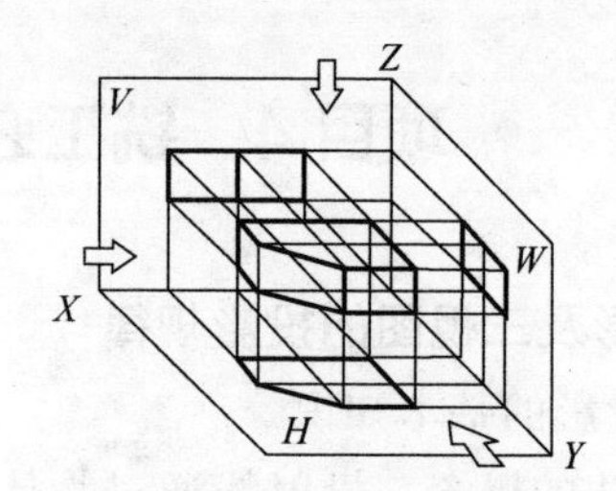

图 1-14　三视图的形成

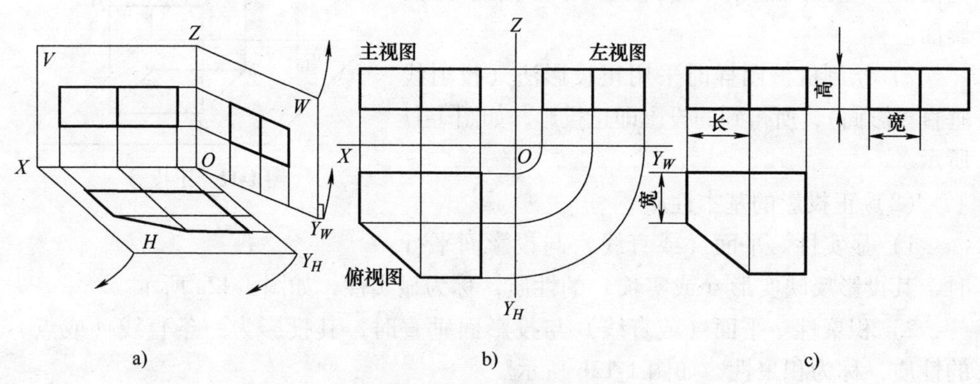

图 1-15　三视图的展开

1）主视图（*V*）：正对着物体从前向后看，得到的投影。

2）俯视图（*H*）：正对着物体从上向下看，得到的投影。

3）左视图（*W*）：正对着物体从左向右看，得到的投影。

（2）三视图之间的位置关系　物体的三视图不是相互孤立的，主视图放置好后，俯视图在主视图的正下方，左视图在主视图的正右方，位置关系如图 1-15b 所示。

（3）三视图之间的尺寸关系

1）物体的一面视图只能反映物体两个方向的尺寸，如图 1-15c 所示。

主视图（V 面视图）：反映物体的长和高。

俯视图（H 面视图）：反映物体的长和宽。

左视图（W 面视图）：反映物体的高和宽。

2）三视图之间有以下的“三等”关系：

主视图与俯视图长对正。

主视图与左视图高平齐。

俯视图与左视图宽相等。

物体的投影规律“长对正，高平齐，宽相等”是画图及看图时必须遵守的规律。

3. 点、线、面的投影

（1）点的投影

1）空间点用大写字母表示（如图 1-16a 中 S 点），点 S 在 H、V、W 各投影面上的正投影，分别表示为 s 、s'、s''，如图 1-16b 所示。投影面展开后得到如图 1-16c 所示的投影图。

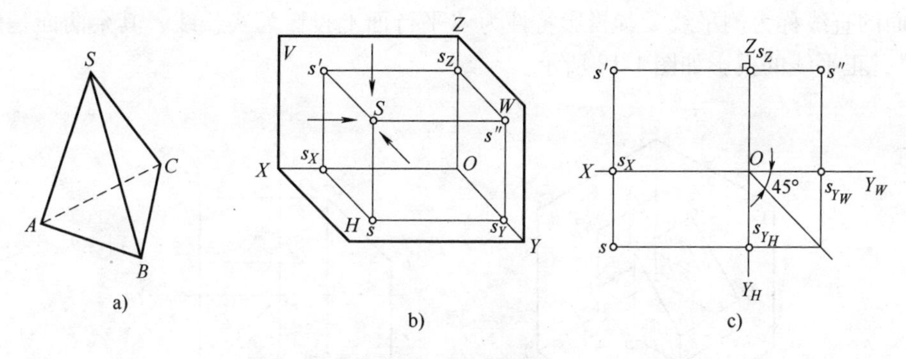

图 1-16　点的投影

a）空间点　b）点在各投影面上的正投影　c）投影面展开

2）点、线、面是构成空间物体的基本元素，识读物体视图，必须掌握点、线、面的投影。

（2）点投影规律　图 1-16c 所示的投影图可看出点的三面投影有如下规律：

1）点在 V 面投影和 H 面投影的连线垂直于 OX 轴，即 $ss' \perp OX$（长对正）。

2）点的 V 面投影和 W 面投影的连线垂直于 OZ 轴，即 $s's'' \perp OZ$（高平齐）。

3）点的 H 面投影到 OX 轴的距离等于其 W 面投影到 OZ 轴的距离，$ss_X = Os_{Y_H} = Os_{Y_W} = s''s_Z$（宽相等）。

（3）直线的投影　由直线上任意两点的同面投影来确定，图 1-17 所示为线段两端点 A、B 的三面投影，连接两点的同面投影得 ab，$a'b'$，$a''b''$，就是直线 AB 的三面投影。直线的投影一般仍为直线。

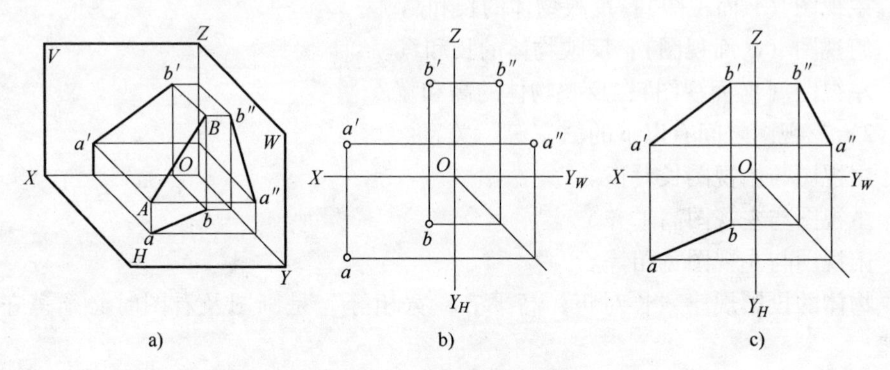

图 1-17　直线的三面投影

1）一般位置直线。对三个投影面都倾斜的直线称为一般位置直线。图 1-17 所示的 AB 就是一般位置直线，其投影特性为“三面投影均是小于实长的斜线”。

2）投影面平行线。平行于一个投影面，倾斜两个投影面的直线称为投影面平行线。平行于 V 面的直线称为正平线；平行于 H 面的直线称为水平线；平行于 W 面的直线称为侧平线。其投影特性为“平行面上投影为实长线，其余两面是短线”，正平线的投影如图 1-18 所示。

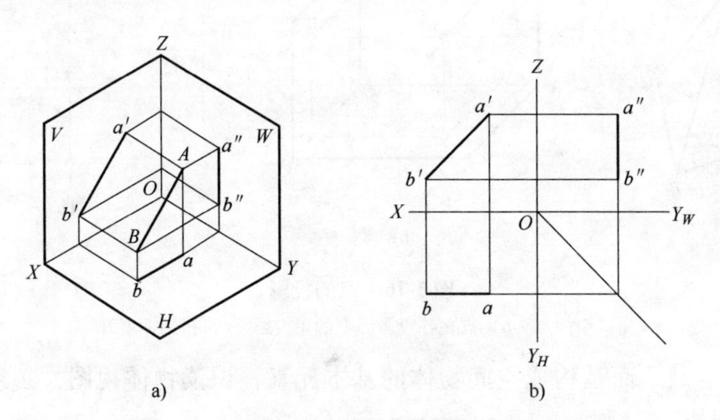

图 1-18　正平线的投影

a）直观图　b）投影图

3）投影面垂直线。垂直一个投影面，平行于另两个投影面的直线，称为投

影面垂直线。

垂直于 V 面的直线称为正垂线；垂直于 H 面的直线称为铅垂线；垂直于 W 面的直线称为侧垂线。其投影特性为“垂直面上投影为点，其余两面是实长线”，图 1-19 所示为铅垂线的投影。

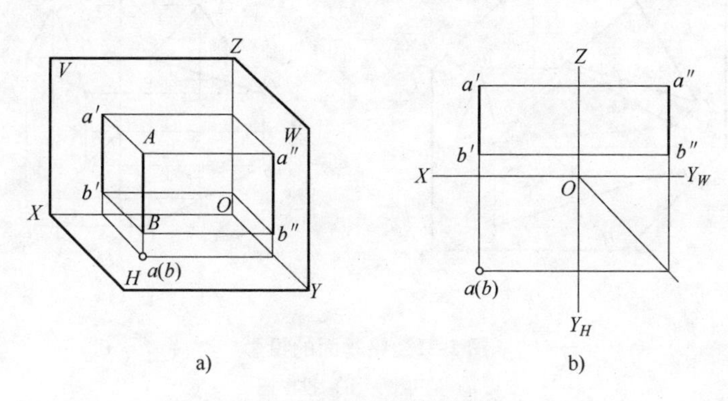

图 1-19　铅垂线的投影

a）直观图　b）投影图

（4）平面的投影　平面的投影仍以点的投影为基础，先求出平面图形上各顶点的投影，然后将平面形上的各个顶点的同面投影依次连接。如图 1-20 所示，平面形的投影一般仍然为平面形。

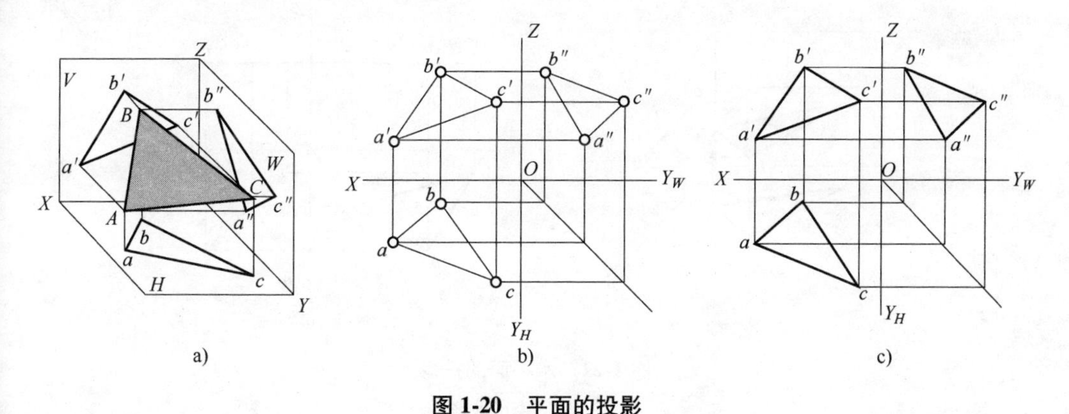

图 1-20　平面的投影

a）直观图　b）点的投影　c）面的投影

1）一般位置平面。与三个投影面都倾斜的平面称为一般位置面。其投影特性为“三面投影均是与空间平面形类似的平面形”，如图 1-20c 所示。

2）投影面的垂直面。垂直于一个投影面，与另两个投影面倾斜的平面。垂直于 V 面称为正垂面；垂直于 H 面称为铅垂面；垂直于 W 面称为侧垂面。其投影特性为“垂直面的投影是线段，另两个投影面均是与空间平面形类似的平面形”，铅垂面的投影图 1-21 所示。

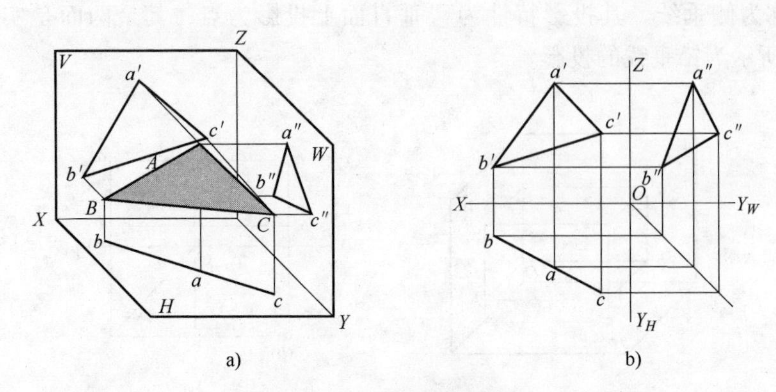

图 1-21　铅垂面的投影

a）直观图　b）投影图

3）投影面平行面。平行于一个投影面，垂直另两个投影面的平面。平行于 V 面的称为正平面；平行于 H 面的称为水平面；平行于 W 面的称为侧平面。其投影特性为“平行面的投影是实形，另两个投影面均是线段”，图 1-22 所示为水平面的投影。

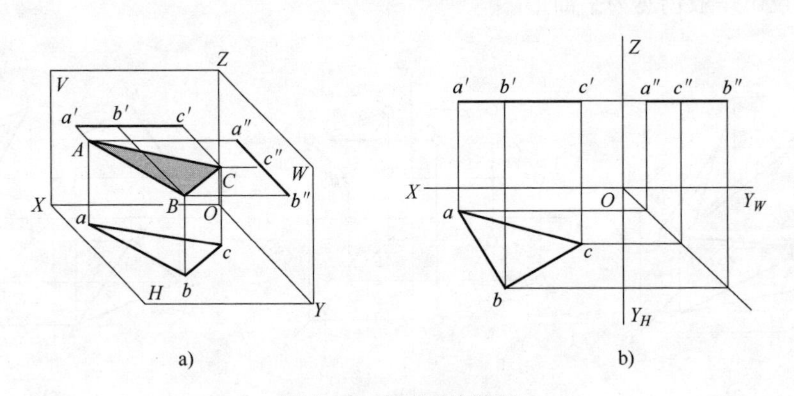

图 1-22　水平面的投影

a）直观图　b）投影图

例：如图 1-23 所示，分析正三棱锥的各面 ABC、SAB、SAC、SBC 及线段 AB、AC、BC 和 SA、SB、SC 的空间位置。

解：正三棱锥有四个面，面 ABC 的水平投影是平面实形，另两投影为线段，所以是水平面。面 SAB、SBC 的三面投影均为空间平面形的类似形，所以为一般位置面。面 SAC 侧面投影是一斜线段，另两投影是类似形，所以为侧垂面。

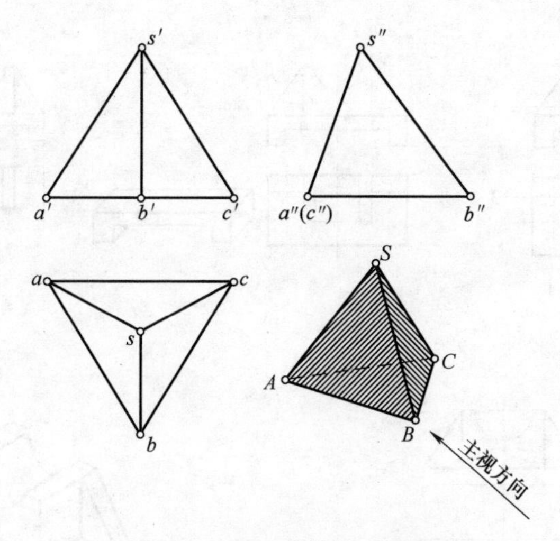

图 1-23 正三棱锥的三视图

线段 AB、BC 其水平投影是斜线，正面和侧面投影为直线段，所以为水平线。

线段 SB 侧面投影为斜线，正面和水平面投影为直线段，所以为侧平线。（SB // W 面）

线段 SA、SC 三面投影均为斜线，所以为一般位置直线。

线段 AC 的侧面投影是点，正面和水平面投影为实长线，所以为侧垂线。

4. 组合体三视图的读图方法

（1）形体分析法 将反映形状特征比较明显的视图按线框分成几部分，然后通过投影关系，找到各线框在其他视图中的投影，分析各部分的形状及它们之间的相互位置，最后综合起来想象组合体的整体形状。主要适用于叠加类组合体视图的识读。

例：轴承座三视图的识读。

识读步骤：a→b→c→d→e，如图 1-24 所示。

（2）线面分析法 运用投影规律，将物体表面分解为线、面等几何要素，通过识别这些要素的空间位置形状，进而想象出物体的形状。适用于切割类组合体视图的识读。

1）首先依据压块的三视图，如图 1-25a 所示，进行“简单化”的形体分析，三个视图基本轮廓都是矩形（只切掉了几个角），因此它的“原型”是长方体。

2）垂直面（一面的投影是线段，另两面是类似形）切割形体时，要从该平面投影积聚成直线的视图开始看起，然后在其他两视图上依据线框找类似形（边数相同、形状相似）。

主视图左上方的缺角是用正垂面 A 切出的，该面在各视图的投影，如图 1-25b

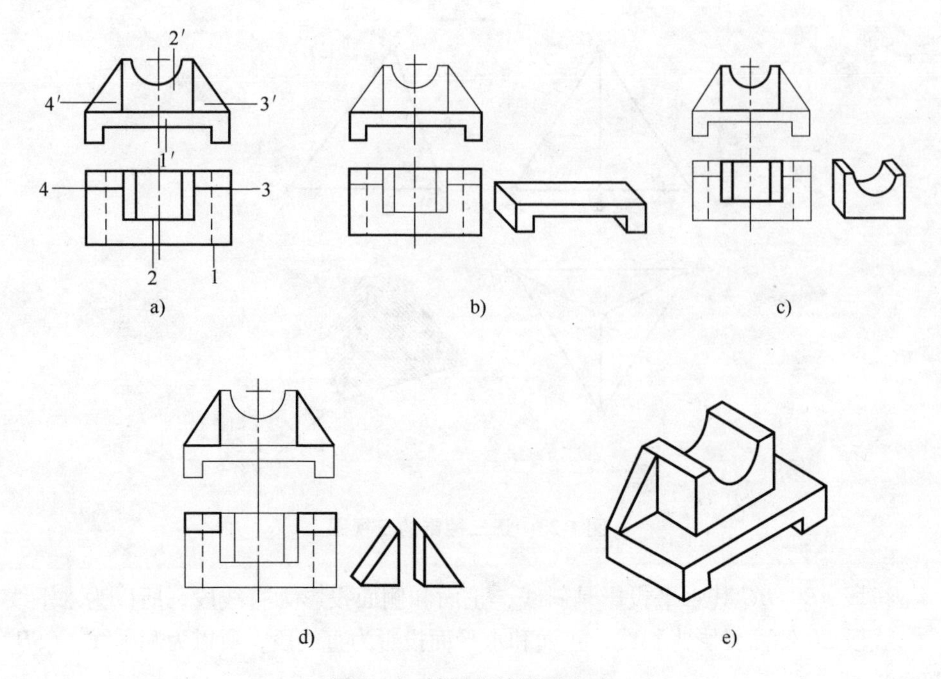

图 1-24　轴承座的看图方法

a）轴承座的主、俯视图　b）分析 1 想出底板形状　c）分析 2 想出上部形状
d）分析 3、4 想出筋板形状　e）综合后想出轴承座的整体形状

所示。俯视图左端的前后切角是分别用两个铅垂面 *B* 切出的，该面在各视图的投影，如图 1-25c 所示。俯视图下方前后缺块，分别是用正平面 *D* 和水平面 *C* 切出的，面 *C*、面 *D* 在各视图的投影，如图 1-25d 所示。

3）“还原”切掉的各角和缺块，*A*、*B*、*C*、*D* 各切面的情况，如图 1-25e 所示。

4）综合后想出压块的整体形状，如图 1-25f 所示。

5. 剖视图

机件的内部结构复杂，视图中出现较多虚线，如图 1-26a 所示。为了把机件的内部结构表达得更清楚，则采用剖视图的方法，

（1）剖视图　假想用剖切平面剖开机件，将处在观察者和剖切平面之间的部分移去，如图 1-26b、图 1-26c 所示。而将其余部分向投影面投射所得的图形，称为剖视图，简称剖视，如图 1-26d 所示。

（2）剖视图的画法

1）剖切位置适当。剖切平面应尽量多地通过所要表达内部结构，如孔的中心线或对称平面，且平行于基本投影面（*V* 面、*H* 面、*W* 面）。

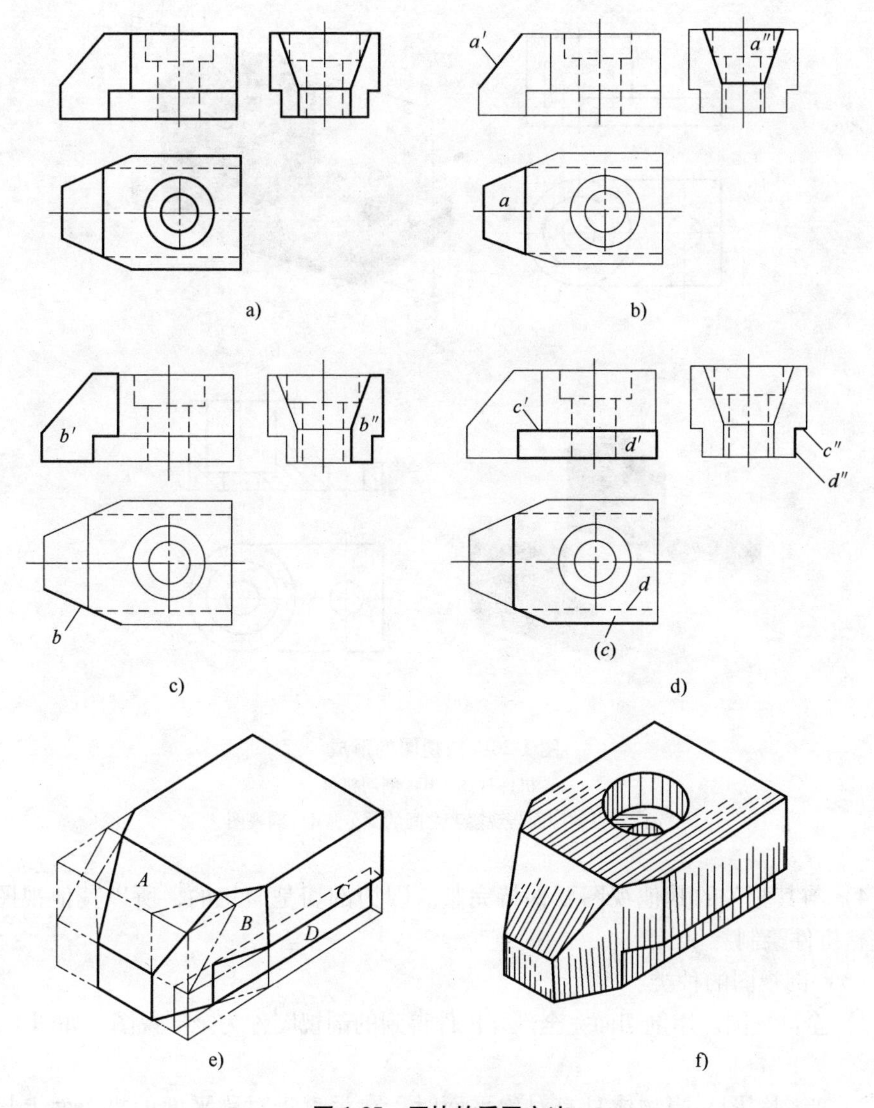

图1-25　压块的看图方法

a）压块的三视图　b）正垂面的三面投影

c）分析 *B* 面投影　d）分析 *C* 面和 *D* 面投影

e）*A* 、*B*、*C*、*D* 面空间位置　f）综合想出压块的立体图

2）内外轮廓画全。被剖切平面剖到的内部结构和剖切平面后面的所有可见轮廓线要画全。除特殊结构外，剖视图中一般省略虚线投影。

3）剖面符号要画好。剖切平面剖到的实体结构应画上剖面符号。金属材料的剖面符号是与水平方向成45°，且相互平行、间隔均匀的细实线。

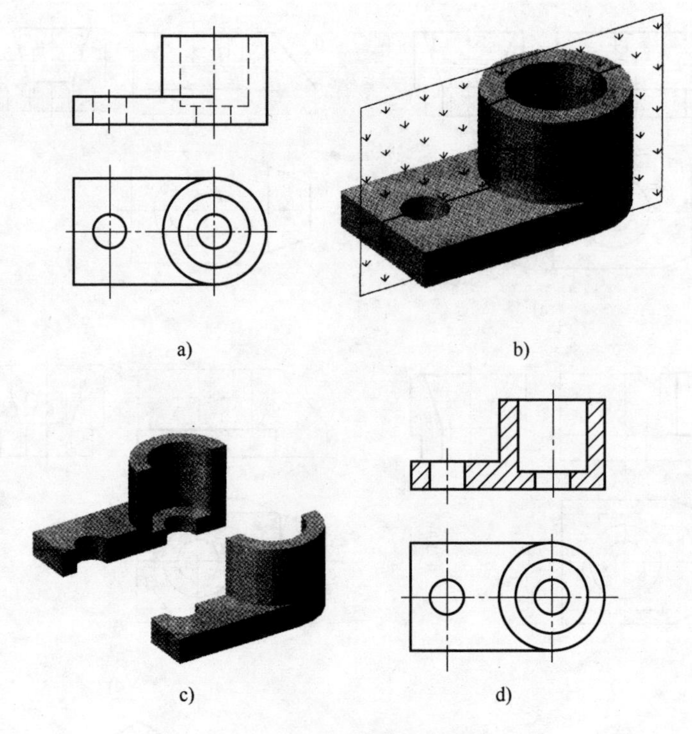

图 1-26　剖视图的形成

a）机件视图　b）剖切机件

c）移去剖切面与观察者之间的部分　d）剖视图

4）与其相关的其他视图要保持完整。因为剖切是假想的，所以其他视图仍按完整机件绘制。

（3）剖视图的种类

1）全剖视图。用剖切面完全剖开机件得到的剖视图称为全剖视图，如图 1-26d 所示。

2）半剖视图。当物体具有对称平面时，在垂直于对称平面的投影面上投射所得的图形，以对称中心线为界，一半画成剖视图，另一半画成视图，则这种剖视图称为半剖视图，如图 1-27 所示。

3）局部剖视图。用剖切平面局部地剖开机件所得到的剖视图，称为局部剖视图（有些情况不宜采用全剖或半剖表示出机件的内部结构），如图 1-28 所示。

（4）剖切方法

1）旋转剖（相交剖面）。用几个相交的剖切平面（交线垂直于某一基本投影面）剖开机件的方法称为旋转剖。画此类剖视图时，应将剖到的结构及其相关部分先旋转到与选定的投影面平行再投射，如图 1-29 所示。

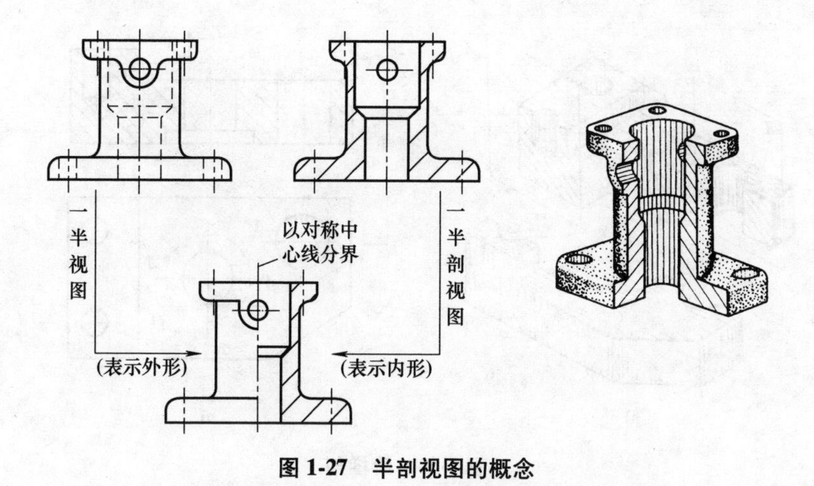

图 1-27　半剖视图的概念

图 1-28　局部剖视图的概念

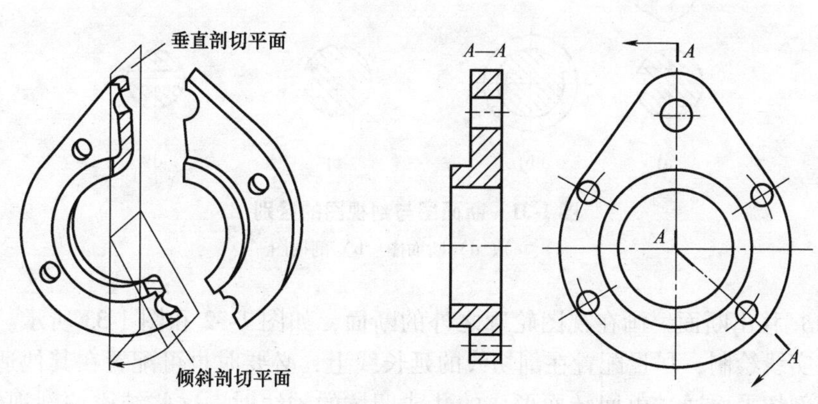

图 1-29　旋转剖

2）阶梯剖（平行剖面）。用几个与基本投影面平行的剖切平面剖开机件的方法称为阶梯剖，如图 1-30（平行 *V* 面）所示。

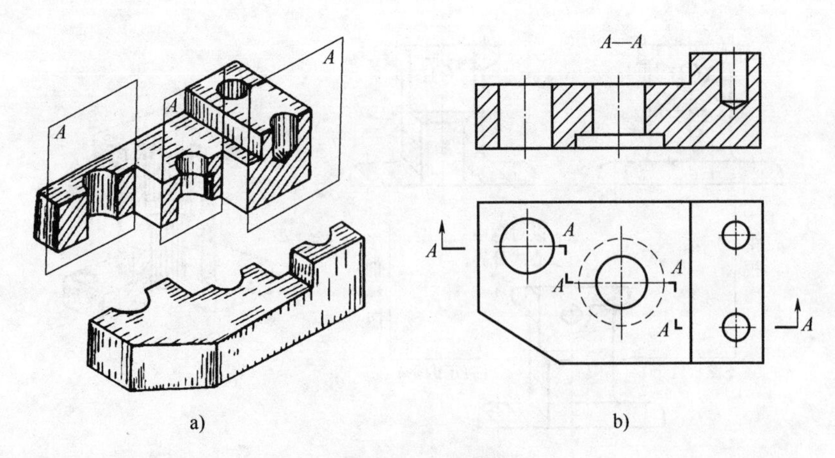

图 1-30　阶梯剖

a）立体图　b）剖视图

6. 断面图

假想用剖切面将物体的某处切断，仅画出该剖切面与物体接触部分的图形，称为断面图，简称断面（需要表达机件某处断面形状时），如图 1-31 所示。

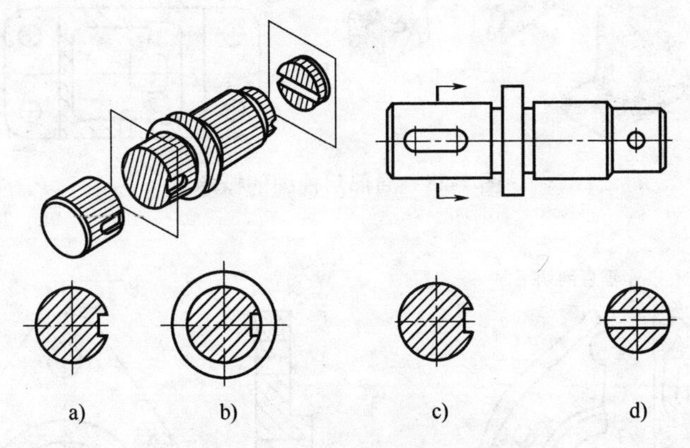

图 1-31　断面图与剖视图的区别

a）、c）、d）断面图　b）剖视图

（1）移出断面　画在视图轮廓之外的断面，如图 1-32 和图 1-33 所示。轮廓线用粗实线绘制，尽量配置在剖切线的延长线上，必要时也可配置在其他适当位置。若剖切平面通过由回转面形成的孔或凹坑的轴线时，这些结构按剖视绘制，如图 1-31d 所示；当剖切平面通过非圆孔时，这些结构按剖视绘制，如图 1-33 所示。由两个或多个相交的剖切平面剖切得出的移出断面，中间一般应断开，如图 1-34所示。

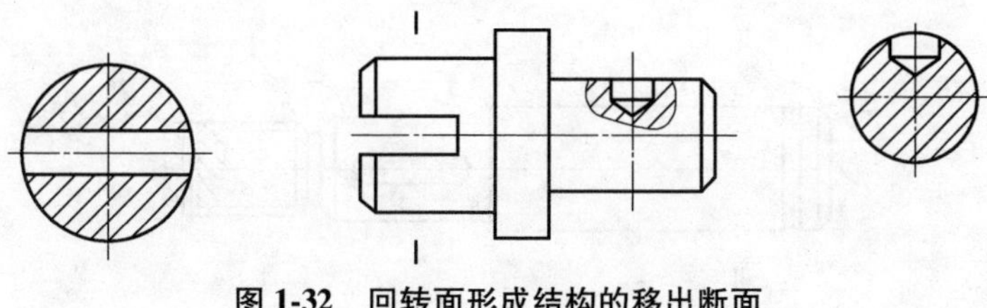

图 1-32　回转面形成结构的移出断面

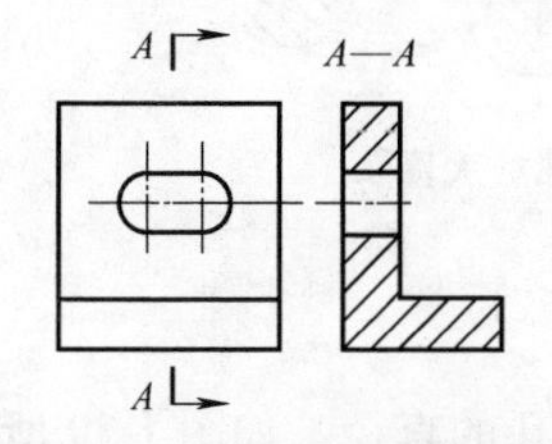

图 1-33　非圆通孔的断面图

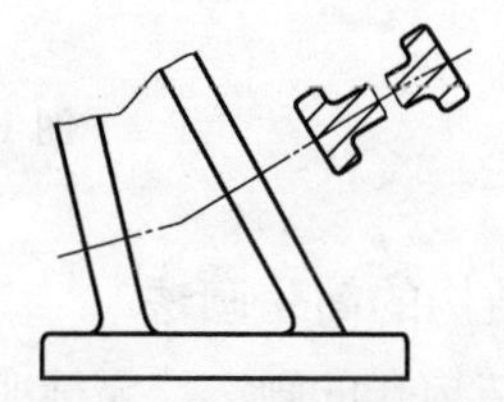

图 1-34　多个面的断面图

（2）重合断面　画在视图轮廓线内的断面，如图 1-35～图 1-37 所示。重合断面的轮廓线用细实线绘制。当视图中的轮廓线与重合断面的图形重叠时，视图中的轮廓线仍须完整地画出，不应间断，如图 1-36 所示。

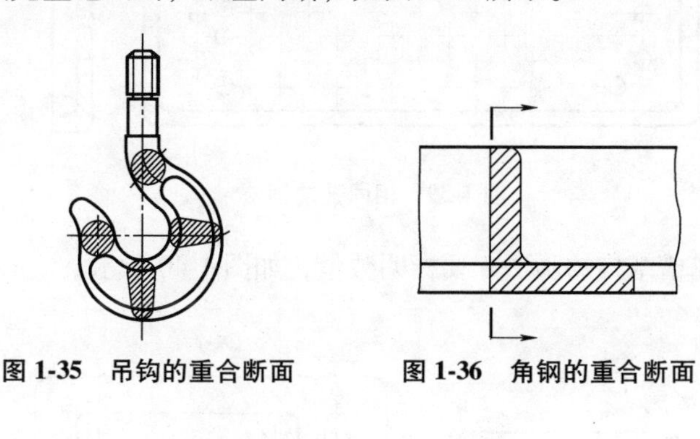

图 1-35　吊钩的重合断面　　图 1-36　角钢的重合断面

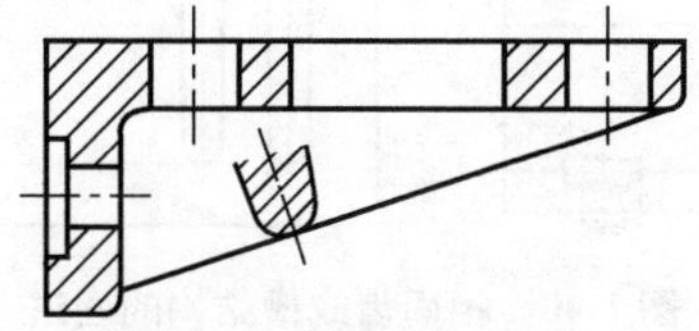

图 1-37　肋板的重合断面

7. 局部放大图

将机件的部分结构用大于原图形所采用的比例（与原图形的比例无关）画出的图形，称为局部放大图，如图 1-38 所示。目的是使机件上细小的结构表达清楚，便于绘图时标注尺寸和技术要求。

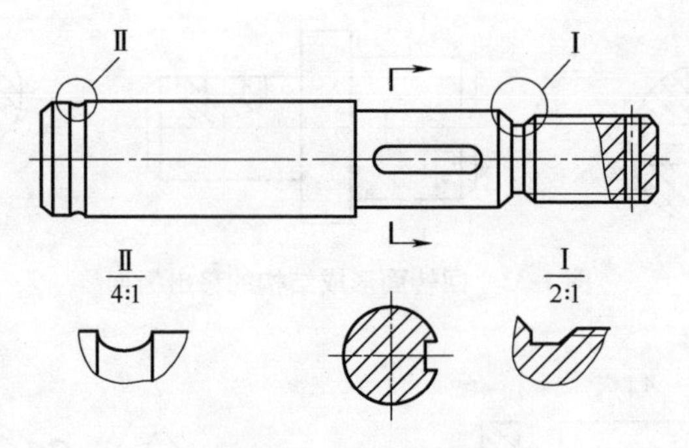

图 1-38　局部放大图

8. 相同结构的简化画法

1）相同结构孔的画法。要标明数量及孔的直径，如图 1-39 所示。

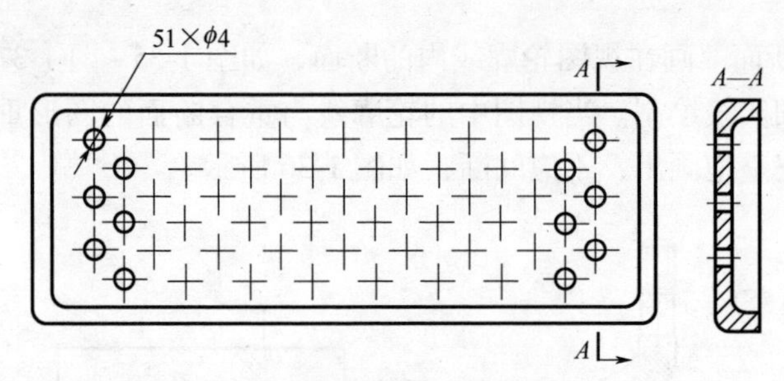

图 1-39　相同孔的画法

2）相同齿或槽结构的画法。要标明数量，如图 1-40 所示。

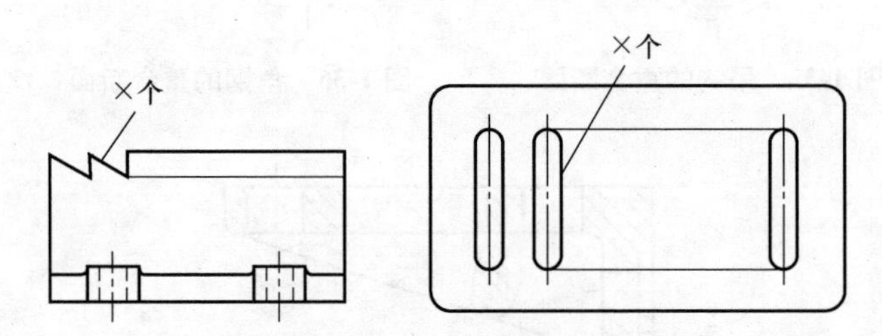

图 1-40　相同齿或槽结构的画法

3）平面的画法。要用两条相交的细实线表示平面，如图 1-41b 所示。

4）肋板、轮辐等结构的画法。机件上的肋板、轮辐、薄壁等结构，如纵向剖切都不画剖面符号，而且用粗实线将它们与其相邻结构分开，如图 1-42 所示。当零件回转体上均匀分布的肋板、轮辐、孔等结构不在剖切平面上时，可将这些结构旋转到剖切平面上画出，如图 1-43 所示。

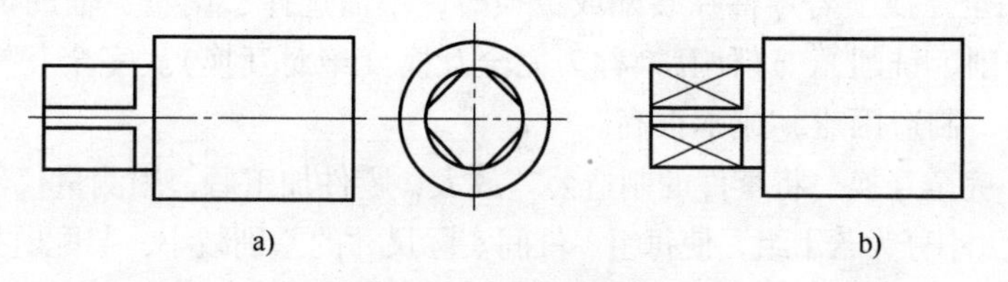

图 1-41　平面的画法

a）主、左视图表示平面　b）用两条相交的细实线表示平面

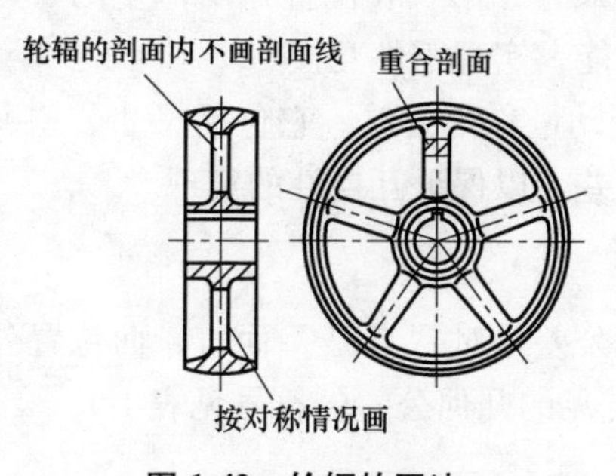

图 1-42　轮辐的画法

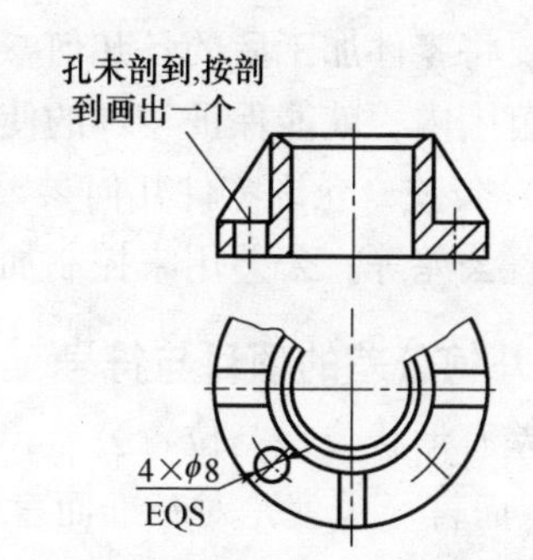

图 1-43　剖视图上的规定画法

• 项目5　图样上几何公差的识读 •

【阐述说明】

零件图样是加工产品的依据，图上有加工件的形状及尺寸，还标有该零件要达到的质量标准，即所说的技术要求。仅仅知道一点机械制图知识是不够的。技术要求内容有表面粗糙度、极限与配合、几何公差、材料的热处理等。有些直接标注在图上，有些写在标题栏的上方。铣工需要对图样上零件的材料、形状及位置进行分析和计算，确定加工所需要的夹具、刀具、方法、加工工步等。

1. 互换性

（1）产品的组成　复杂的机械产品是由大量通用与标准零部件所组成，如汽车、飞机、机床等。以各种品牌的汽车为例，全车近 3 万个零件由不同的专业化厂家来制造，品牌的生产厂仅生产少量零部件，其他零部件由其他厂家制造及提供。在组装汽车的过程中，需要在同一规格的一批零件中，任取一件就能装配，并能满足汽车使用性能要求。这样品牌生产厂家则可减少生产费用、缩短生产周期，满足市场用户需求。

(2) 完全互换　若零件在装配或更换时，不需选择、调整、辅助加工（如钳工修配、磨削、铣削），这种互换称为完全互换（绝对互换）。完全互换的零件制造公差很小，制造困难，成本很高。

(3) 不完全互换　将零件的制造公差放大，零件加工后，用测量仪器将零件按实际尺寸的大小分为若干组，使每组零件间实际尺寸的差别减小，装配时按相应的组进行（例如，公称尺寸相同的轴与孔的配合，大孔零件与大轴零件相配，小孔零件与小轴零件相配），仅组内的零件可以互换，组与组之间不能互换，称为不完全互换。

(4) 互换的条件　机器上零件的尺寸、形状和相互位置不可能加工绝对准确，只要将零件加工后的各几何参数（尺寸、形状和位置）所产生的误差控制在一定的范围内，就能保证零件的使用功能，实现零件互换。

(5) 公差　允许零件几何参数的变动量称为公差。它包括尺寸公差、形状公差、位置公差等。公差用来控制加工误差，以保证互换性的实现。

2. 几何公差的项目与符号

公差有形状公差与位置公差，形状公差是对“自己”而言，而位置公差是对“对象”而言（也就是对基准而言）。常见的几何公差的符号见表 1-1。

表 1-1　几何公差的项目符号

公差类型	几何特征	符号	有无基准
形状	直线度	—	无
	平面度	⏥	无
	圆度	○	无
	圆柱度	⌭	无
形状或方向或位置	线轮廓度	⌒	有或无
	面轮廓度	⌓	有或无
方向	平行度	∥	有
	垂直度	⊥	有
	倾斜度	∠	有
位置	位置度	⌖	有或无
	同轴（同心）度	◎	有
	对称度	⌯	有
跳动	圆跳动	↗	有
	全跳动	⌰	有

3. 图样上常见的技术标注

（1）圆度 被测圆柱面或圆锥面在正截面内的实际轮廓偏离其理想形状的程度。其标注及测量方法如图 1-44 所示。

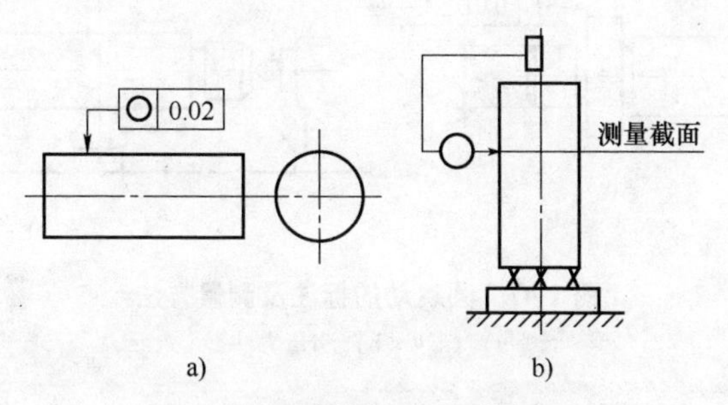

图 1-44 圆度的标注及测量方法

a）标注 b）测量方法

（2）圆柱度 被测圆柱面偏离其理想形状的程度。检测方法与圆度误差检测方法基本相同，其标注方法如图 1-45 所示。

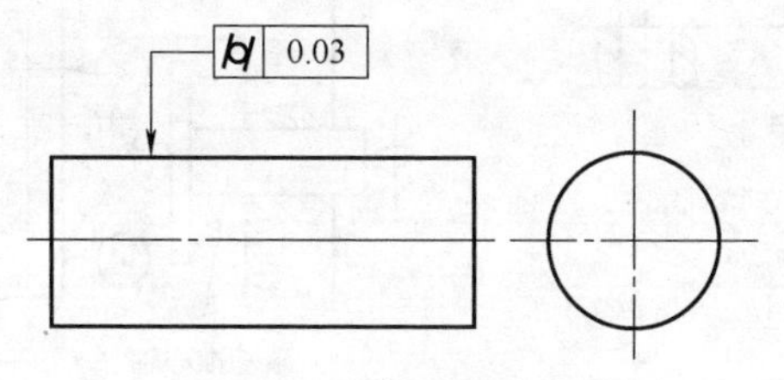

图 1-45 圆柱度标注方法

（3）同轴度 工件被测轴线相对于理想轴线的偏离程度，如图 1-46 所示。

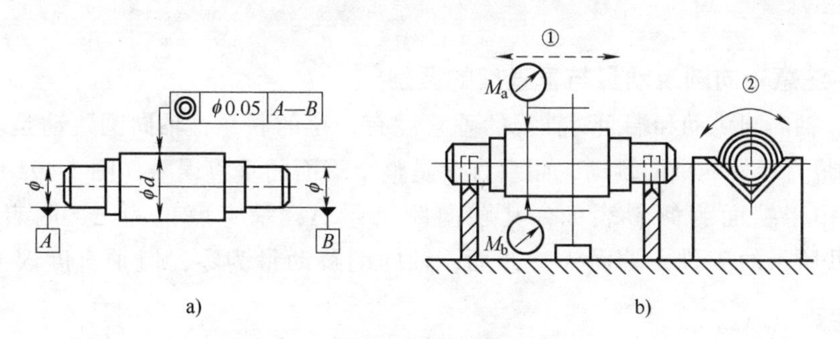

图 1-46 同轴度的标注及测量方法

a）标注 b）测量方法

（4）圆跳动 被测圆柱面的任一横截面上或端面的任一直径处，在无轴向移动的情况下，围绕基准轴线回转一周时，沿径向或轴向的跳动程度，如图 1-47 所示。

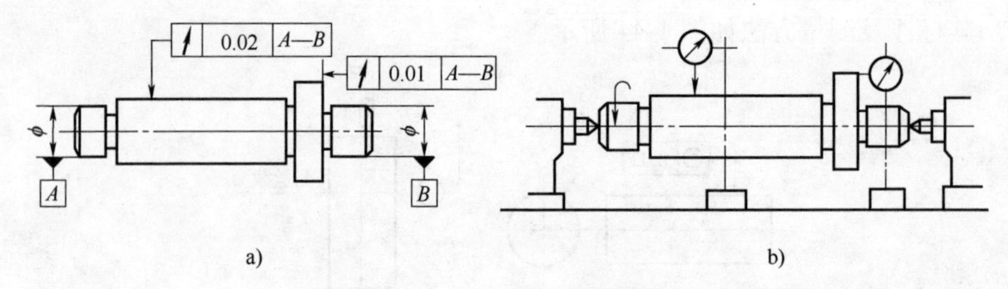

图 1-47　圆跳动的标注及测量方法

a）标注　b）测量方法

（5）垂直度　零件上被测孔的轴线相对于基准孔 ϕ 轴线 A 的垂直程度，如图 1-48所示。

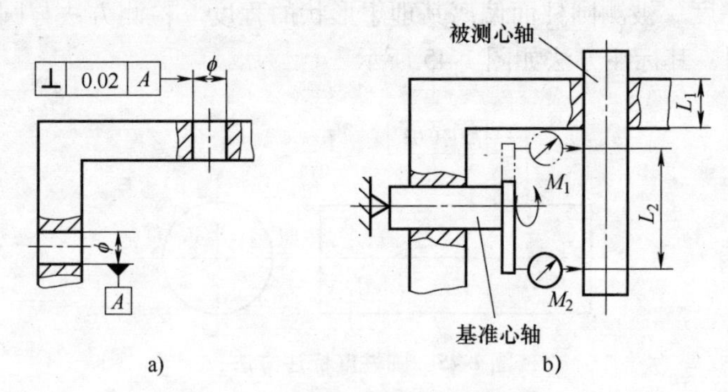

图 1-48　垂直度的标注及测量方法

a）标注　b）测量方法

4. 注意轴向圆跳动量与垂直度的区别

1）轴向圆跳动和端面对轴线的垂直度有一定的联系，轴向圆跳动是端面上任一测量直径处的轴向跳动，而垂直度是整个端面的垂直误差，图 1-49a 所示的工件，由于端面为倾斜表面，其轴向跳动量 Δ，垂直度也为 Δ，两者相等。图 1-49b所示的工件，端面为一凹面，轴向的跳动量为零，但垂直度误差却不为零。

2）测量端面垂直度时，首先检查其轴向圆跳动是否合格，若符合要求再测量端面垂直度。对于精度要求较低的工件，可用直角尺进行透光检查，如图 1-50a所示。精度要求较高的工件，可按图 1-50b 所示。将轴支撑于平板上的标准套中，然后用百分表从端面中心点逐渐向边缘移动，百分表指示读数的最大值

就是端面对轴线的垂直度。

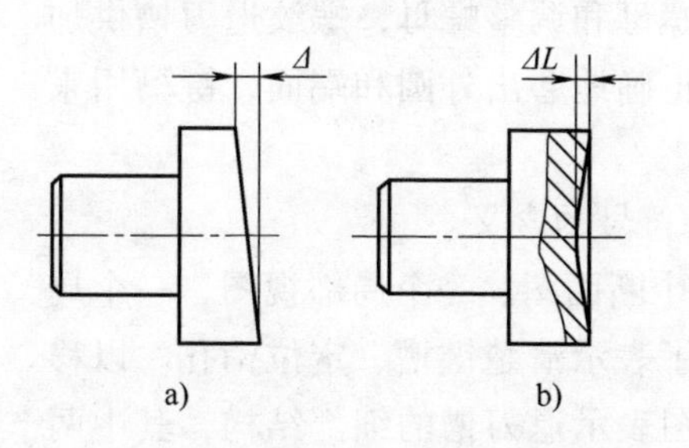

图 1-49　轴向跳动量与垂直度的区别

a）倾斜　b）凹面

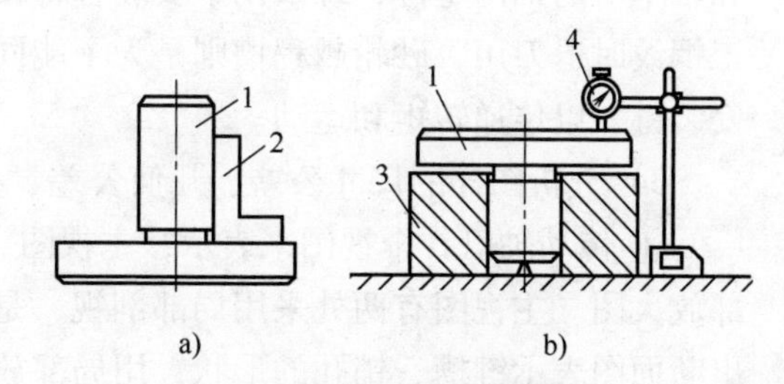

图 1-50　垂直度的检验

1—工件　2—直角尺　3—标准套　4—百分表

5. 识读轴套零件技术标注举例

例 1： 识读及分析传动轴

1）传动轴零件的图样如图 1-51 所示。

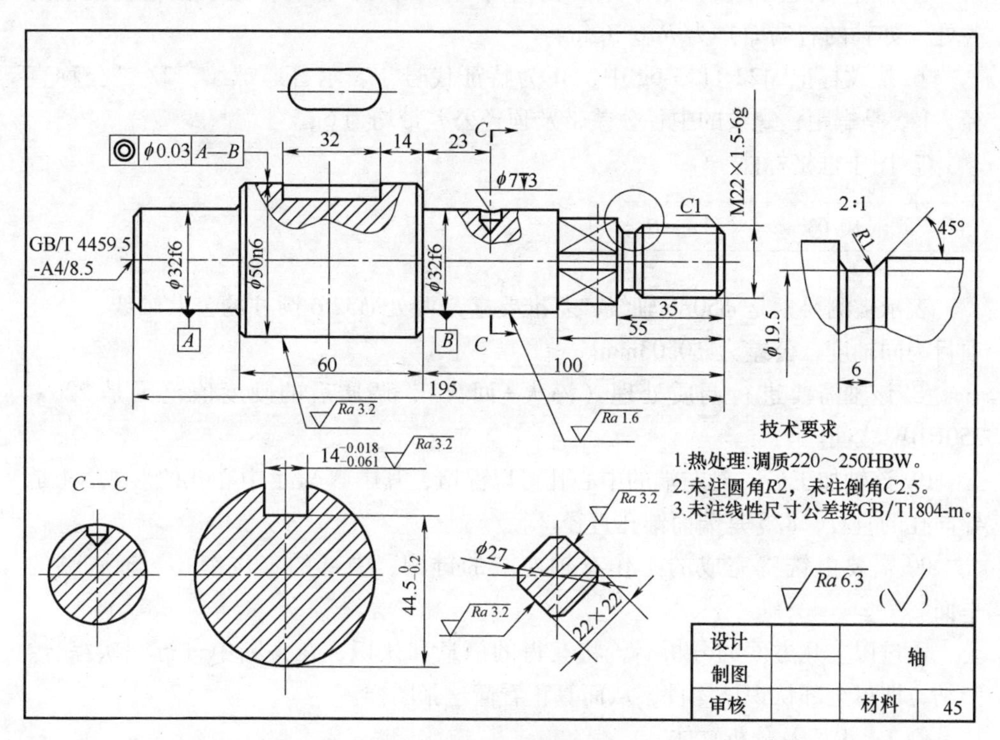

图 1-51　传动轴

2）分析零件的结构。这种阶台轴是各种机器中最常用的一种典型零件，用于支撑齿轮、带轮等传动零件，并传递运动和转矩。它的结构包括圆柱面、阶台、端面、轴肩、螺纹、螺纹退刀槽、砂轮越程槽和键槽等；轴肩用于轴上零件和轴本身的轴向定位，螺纹用于安装各种锁紧螺母和调整螺母，螺纹退刀槽供加工螺纹时退刀用，砂轮越程槽则是为了能同时正确地磨出外圆和端面，键槽用来安装键，以传递转矩和运动。

3）分析图样的尺寸公差、几何公差、各种符号的含义。

① 传动轴以6个视图来表示，主视图、三个断面图、一个局部视图、一个局部放大图。主视图有两处采用局部剖视，是为了表示清楚键槽、定位销孔。以移出断面图表示键槽、销孔的形状；用局部放大图表示退刀槽的细部结构，其中两个移出断面图由于画在剖切线的延长线上，故可省略标注。标有2∶1的图为局部放大图。

② 轴右端部画有两相交的细实线表示平面。

③ 轴左端键槽的定形尺寸为32、14、44.5，定位尺寸为14。

④ 该轴的轴向尺寸基准为零件的右端面，径向尺寸基准为轴线。

⑤ 图中表面粗糙度值要求最严格处为 *Ra*1.6μm，没有标注表面粗糙度值的各处（如轴的右端面）为 *Ra*6.3μm。

⑥ 螺纹标记 M22×1.5-6g 中，M 为特征代号，表示普通螺纹，22 是公称直径，1.5 是螺距，螺纹的中径公差带及顶径公差带均为6g。

⑦ 图中框格标注

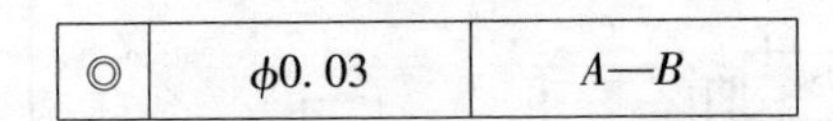

表示被测要素是 ϕ50n6 轴线，基准要素是两处 ϕ32f6 圆柱的公共轴线，公差项目为同轴度，公差为 ϕ0.03mm。

⑧ 该轴需要进行调质处理（淬火+回火），调质后的硬度值范围是 220～250HBW 之间。

⑨ 该轴加工后，对左端的中心孔可以保留，其中 A 表示中心孔的形式，4 是导向孔的直径，8.5 是端面锥孔直径。

⑩ 需要由铣工完成的工作有轴左端的键槽、中部的定位销孔、轴右端的平面。

通过以上几方面的分析后，将获得的信息和认识，在头脑中进行一次综合、归纳，即可全部认识该零件，从而真正看懂这张图样。

例2：识读及分析缸体

1）缸体零件的图样如图1-52所示。

2）看标题栏。从标题栏中可知零件的名称是缸体，其材料为铸铁（HT200），属于箱体类零件。

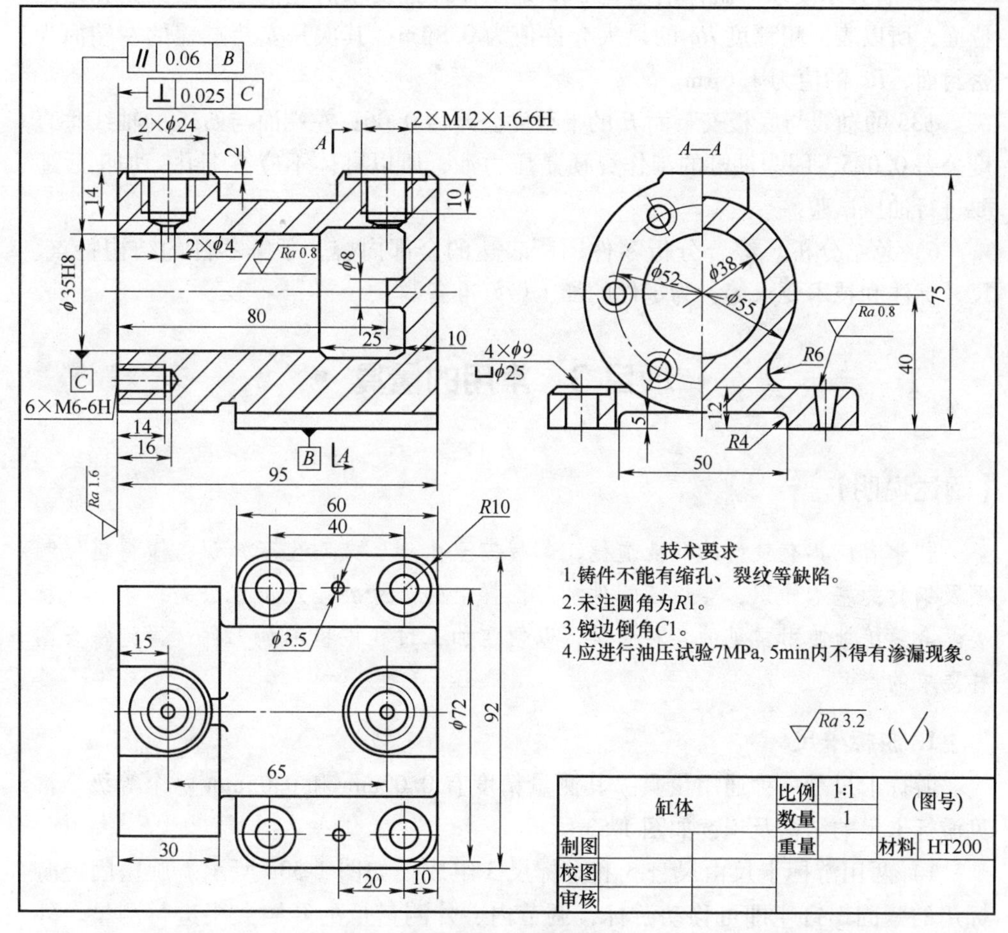

图 1-52 缸体

3）分析视图。图中采用三个基本视图。主视图为全剖视图，表达缸体内腔结构形状，内腔的右端是空刀部分，$\phi8$ 的凸台起限定活塞工作位置的作用，上部左右两个螺孔是连接油管用的螺孔。俯视图表达了底板形状和四个沉头孔、两个圆锥销孔的分布情况，以及两个螺孔所在凸台的形状。左视图采用 *A*—*A* 半剖视图和局部视图，它们表达了圆柱形缸体与底板的连接情况；与缸盖连接的螺孔的分布以及底板上的沉头孔。

4）分析尺寸。缸体长度方向的尺寸基准是左端面，从基准出发标注定位尺寸 80、15，定形尺寸 95、30 等，并以辅助基准标注缸体和底板上的定位尺寸 10、20、40，定形尺寸 60、*R*10。宽度方向尺寸基准是缸体前后对称面的中心线，并标注出底板上定位尺寸 72 和定形尺寸 92、50。高度方向的尺寸基准是缸体底面，并标注出定位尺寸 40，定形尺寸 5、12、75。

5）看技术要求。缸体活塞孔 $\phi35$ 是工作面并要求防止泄漏；圆锥销孔是定位面，所以表面粗糙度 Ra 的最大允许值为 0.8μm；其次是安装缸盖的左端面为密封面，Ra 的值为 1.6μm。

$\phi35$ 的轴线与底板安装面 B 的平行度公差为 0.06；左端面与 $\phi35$ 的轴线垂直度公差 0.025。因为油缸的工作介质是压力油，所以缸体不应有缩孔，加工后还要进行油压试验。

6）总结分析。综合分析零件图所表达的全部内容，了解零件的结构特点、尺寸标注和技术要求等，为零件的加工做好准备。

• 项目 6 常用的量具 •

【阐述说明】

初学者应具有良好的职业道德，掌握安全生产、文明生产知识；懂得机械制图及钢材的基本知识，会识读零件加工图样上的尺寸公差及位置公差；接下来就要学会熟练地使用常见的各种量具，以便在加工过程中检测加工件，得到符合图样要求的产品。

1. 游标卡尺

游标卡尺是一种通用量具，其测量精度有 0.02mm 和 0.05mm 两个等级。常见游标卡尺的结构及识读如图 1-53 所示。

1）两用游标卡尺由尺身 3 和游标尺 5 组成，如图 1-53a 所示。旋松固定游标用的紧固螺钉 4 即可移动游标，调节内、外测量爪的开档大小进行测量。外测量爪 1 用来测量工件的外径、长度及孔距，如图 1-54a、b、e 所示。内测量爪 2 可以测量槽宽及孔距，如图 1-54d 所示。深度尺 6 可用来测量工件的深度和阶台的长度，如图 1-54c 所示。测量前先检查并校对零位，测量时移动游标并使测量爪与工件被测表面保持良好接触，取得尺寸后将紧固螺钉 4 旋紧后再读数，以防止尺寸变动，造成读数不准。

2）双面游标卡尺。在两用游标卡尺的尺身上增加微动游框 5，则有双面游标卡尺，如图 1-53b 所示。拧紧微动游框紧固螺钉 4，松开紧固螺钉 2，用手指转动螺母 6，通过小螺杆 7 即可微调游标。外测量爪 1 用以测量外沟槽的直径或工件的孔距，内测量爪 8 用来测量工件的外径和孔径。测量孔径时，将两爪插入所测部位，如图 1-54d 所示。这时尺身不动，将微动游框 5 作适当调整，使测量面与工件轻轻接触切不可预先调好尺寸硬去卡工件；并且测量力要适当。测量力太大会造成尺框倾斜，产生测量误差，测量力太小，卡尺与工件接触不良，使测量尺

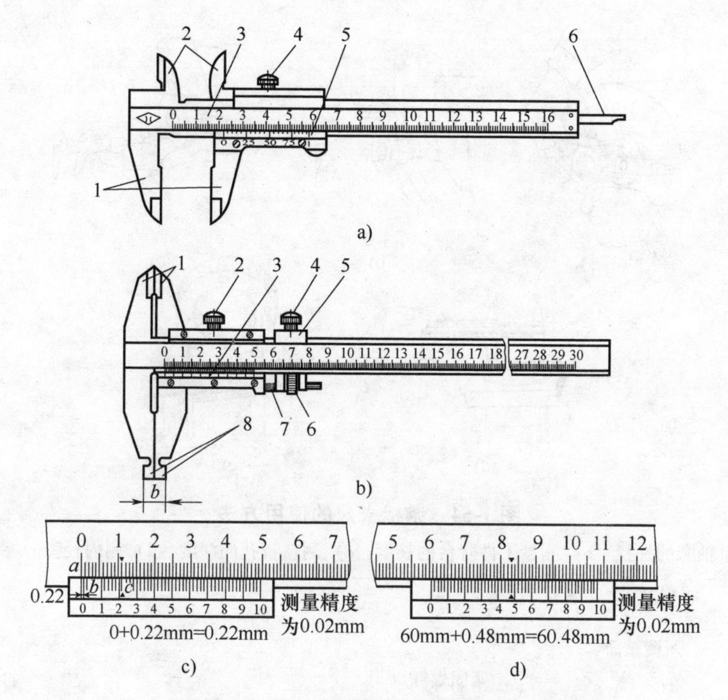

图1-53 常见游标卡尺的结构及识读

a）两用游标卡尺

1—外测量爪 2—内测量爪 3—尺身 4—紧固螺钉 5—游标尺 6—深度尺

b）双面游标卡尺

1—外测量爪 2—紧固螺钉 3—游标尺 4—微动游框紧固螺钉 5—微动游框 6—螺母 7—螺杆 8—内测量爪

c）、d）测量示例

寸不正确。读数时必须加上内外测量爪的厚度 b（通常 $b=10$mm）。

3）游标卡尺的识读。读数前要明确所用游标尺的测量精度。先读出游标零线左边在尺身上的整数毫米值；接着在游标尺上找到与尺身刻线对齐的刻线，在游标5的刻度尺上读出小数毫米值；然后再将上面两项读数加起来，即为被测表面的实际尺寸。如图1-53c读数值0.22mm［即（0+0.22)mm］，图1-53d读数值60.48mm［即（60+0.48)mm］。

4）游标深度卡尺。测量范围一般有0～200mm、0～300mm等，其结构如图1-55所示，主要由尺身、游标尺、紧固螺钉和测量面等部分组成。主要用于测量阶梯孔、不通孔、曲槽等工件的深度。

2. 千分尺

（1）外径千分尺 是最为常见的千分尺，它的测量精度为0.01mm。

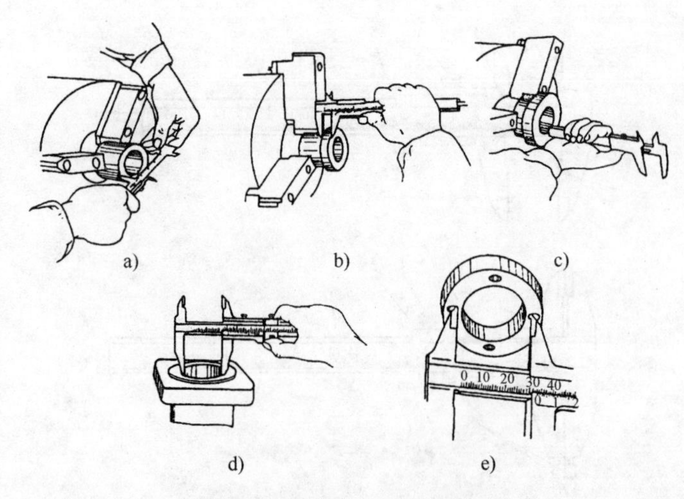

图 1-54　游标卡尺的使用方法

a）测量轴套的外径　b）测量工件阶台的长度　c）测量盲孔的深度　d）测内径　e）测孔距

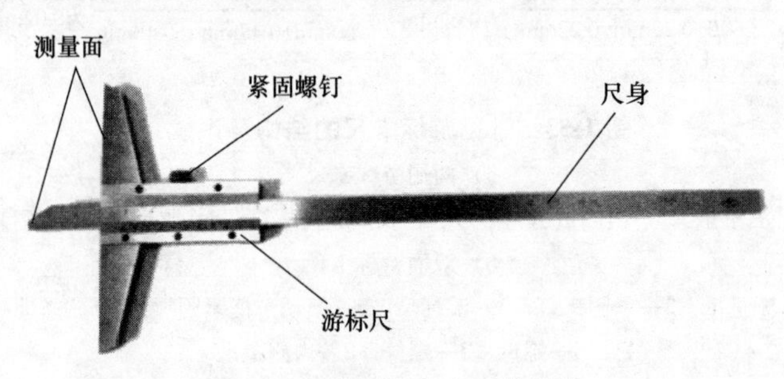

图 1-55　游标深度卡尺的结构

1）外径千分尺的组成。外径千分尺由尺架、测砧、测微螺杆、锁紧装置、测力装置、微分筒和固定套筒组成，如图 1-56 所示。测微螺杆的长度受制造的限制，其移动量通常为 25mm，所以外径千分尺的测量范围分别为 0~25mm，25~50mm，50~75mm，75~100mm……，每隔 25mm 为一档规格。外径千分尺的最大测量尺寸可达 3m，制作尺架的材料是可锻铸铁；由于尺架过大而易出现挠度，测量时需要用起重机悬挂，采用与零点重合时同样的姿势测量（固定测杆与测微螺杆的连线处于水平线或铅垂线位置），两名工人配合测量。

2）外径千分尺的读数原理。外径千分尺通过微测螺杆 3 的运动对零件进行测量，测微螺杆的螺距为 0.5mm，当微分筒 6 转一周时，测微螺杆移动 0.5mm，固定套筒 7 上的刻线每格 0.5mm，微分筒 6 的斜圆锥面周围共刻 50 格，当微分筒 6 转一格，测微螺杆就移动 0.5mm 的 1/50，即 0.01mm。

3）外径千分尺的识读。首先读出微分筒左边固定套筒上露出的刻线整数及半毫米值，再找出微分筒上与固定套筒上的轴向基准线对齐的刻线，读出尺寸的毫米小数值；最后把固定套筒上读出的毫米整数值与微分筒上读出的毫米小数值相加，即为测得的实际尺寸。图 1-56b 所示读数值为 12. 04mm［即（12+0. 04）mm］，图 1-56c 所示读数值为 32. 85mm［即（32. 5+0. 35）mm］。

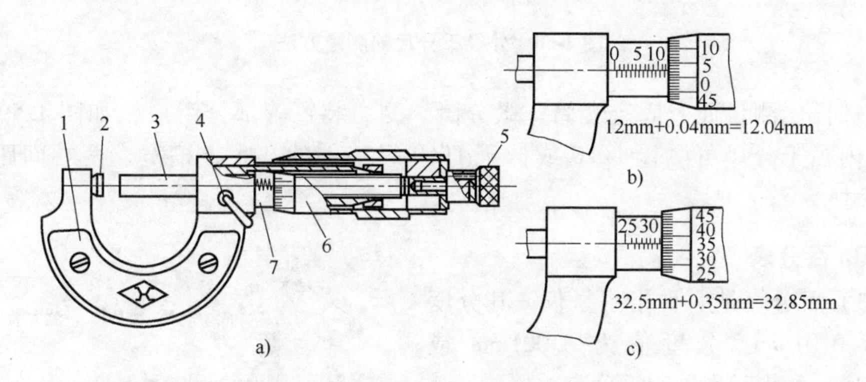

图 1-56　外径千分尺的结构及识读

a）外径千分尺　b）、c）测量示例

1—尺架　2—测砧　3—测微螺杆　4—锁紧装置　5—测力装置　6—微分筒　7—固定套筒

4）外径千分尺零位的检查。用外径千分尺检测工件尺寸之前，要检查微分筒上的零线和固定套筒的零线基准是否对齐，如图 1-57 所示。测量值中要考虑到零位不准的示数误差，并加以校正。

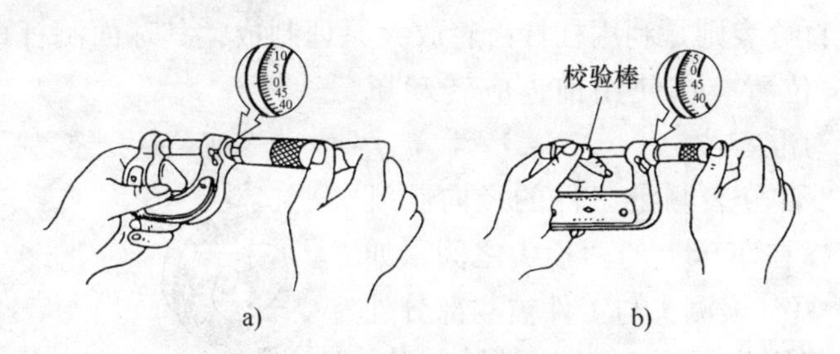

图 1-57　外径千分尺零位的检查

a）0~25mm 千分尺零位的检查　b）大尺寸千分尺的零位的检查

5）外径千分尺的测量方法。用外径千分尺测量工件时，单手测量的方法如图 1-58a 所示。双手测量的方法如图 1-58c、d 所示。也可将外径千分尺固定在尺架上，如图 1-58b 所示。测量误差可控制在 0. 01mm 范围之内。

（2）内径千分尺　内径千分尺的测量下限有 50mm、75mm、150mm 等，测量上限最大至 5000mm。单体内径千分尺的示值范围为 25mm。其结构主要由

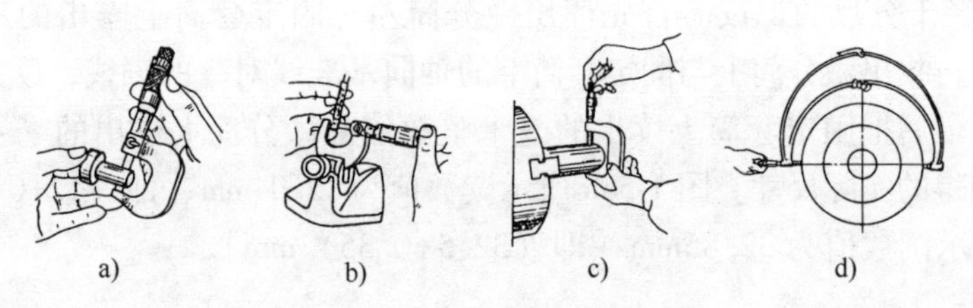

图 1-58 外径千分尺的测量方法

测微螺杆、测量面、固定套筒、微分筒、测力装置等部分组成，如图 1-59 所示。内径千分尺可测量 IT10 或低于 IT10 级工件的孔径、槽宽、两端间距等内尺寸。

3. 百分表

1）百分表是一种指示量仪，其分度值为 0.01mm。分度值为 0.001mm 或 0.002mm 的指示表称为千分表。

2）百分表用于测量工件的形状及位置精度，测量内孔及找正工件在机床上的装夹位置。

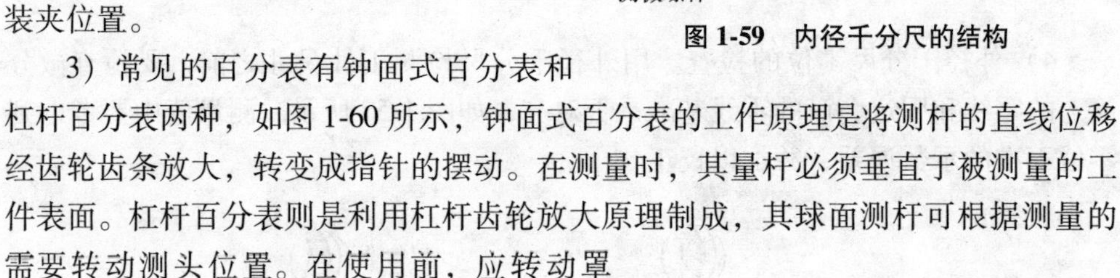

图 1-59 内径千分尺的结构

3）常见的百分表有钟面式百分表和杠杆百分表两种，如图 1-60 所示，钟面式百分表的工作原理是将测杆的直线位移经齿轮齿条放大，转变成指针的摆动。在测量时，其量杆必须垂直于被测量的工件表面。杠杆百分表则是利用杠杆齿轮放大原理制成，其球面测杆可根据测量的需要转动测头位置。在使用前，应转动罩壳，使长指针对准零位。

4）用杠杆百分表测量工件的径向圆跳动。将工件支撑在车床上的两顶尖之间，如图 1-61 所示。百分表测头与工件被测部分外圆接触，预先将测头压下 1mm 以消除间隙，当工件转过一圈，百分表读数的最大差值就是该测量面上的径向圆跳动误差。按上述方法测量若干个截面，得到的最大值就是该工件的径向圆跳动。

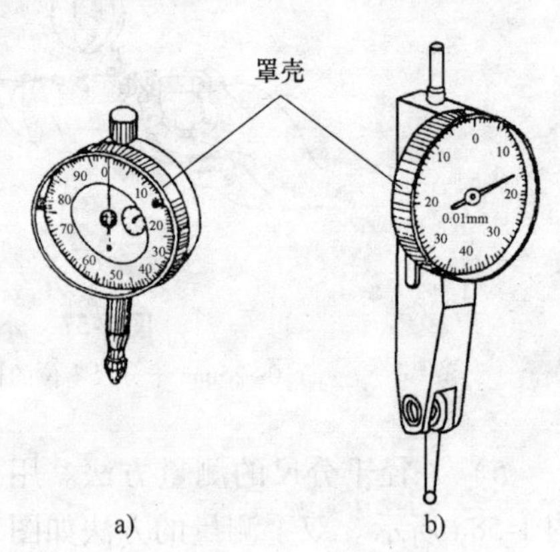

图 1-60 百分表

a）钟面式百分表 b）杠杆百分表

5）用杠杆百分表测量工件的轴向圆跳动。百分表的测头与工件所需测量的端面接触，并预先将测头压下 1mm 以消除间隙，当

工件转一圈，百分表读数的最大差值就是该直径测量面上的轴向圆跳动误差，如图1-61所示。按上述的方法在若干直径处测量，其轴向跳动量最大值为该工件的轴向圆跳动误差。

6）用钟面式百分表测量工件的径向圆跳动。工件支撑在平板上的V形架上，在其轴向设一支撑限位，以防止测量时的轴向移动，如图1-62所示。让量杆垂直于轴最上面素线，百分表的测头与工件外圆最上素线接触，当工件转过一圈，百分表读数的最大差值就是该测量面上的径向圆跳动误差。按上述方法测量若干个截面，各截面上测得圆跳动量中的最大值就是该工件的径向圆跳动。

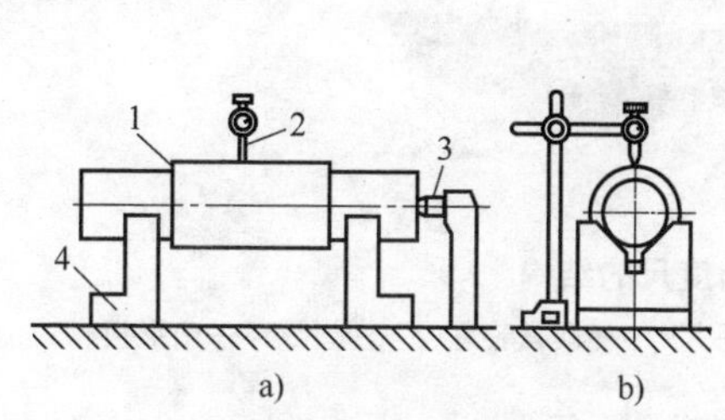

图1-61 杠杆百分表测量工件的径向圆跳动
a）主视图 b）左视图
1—工件 2—杠杆百分表 3—顶尖 4—V形架

图1-62 钟面式百分表测量工件的径向圆跳动

4. 游标万能角度尺

游标万能角度尺的测量范围一般为0°~320°、0°~360°等，其结构如图1-63所示，主要由直尺、主尺、卡块、直角尺、游标尺、锁紧装置、基尺、扇形板等几部分组成。游标万能角度尺是通过直接接触，按分度值测量工件角度和进行角度划线的。

5. 举例说明：测量工具使用的实际情形

（1）游标卡尺测量工件 用游标卡尺测量工件，如图1-64所示。

1）使用前，应先把测量爪和被测工件表面的灰尘和油污等擦干净，以免碰伤游标卡尺测量爪和影响测量精度；同时检查各部件的相互作用，如尺框和微动装置移动是否灵活，紧固螺钉是否起作用等。

2）检查游标卡尺零位，使游标卡尺的两测量爪紧密贴合，用眼睛观察应无明显的光隙。

3）使用时，要掌握好测量爪面同工件表面接触时的压力，既不能太大，也不能太小，要刚好使测量面与工件接触，同时测量爪还能沿着工件表面自由滑动。有微动装置的游标卡尺，应使用微动装置。

图 1-63　游标万能角度尺的结构

1—直尺　2—主尺　3—卡块　4—直角尺　5—游标尺　6—锁紧装置　7—基尺　8—扇形板

4）游标卡尺读数时，应把游标卡尺水平方向拿着，朝亮光的方向，使视线尽可能地和尺上所读的刻线垂直，以免由于视线的歪斜而引起读数误差。

5）测量外尺寸时，读数后，不可从被测工件上猛力抽下游标卡尺，否则会使测量爪的测量面磨损。

6）不能用游标卡尺测量运动着的工件。

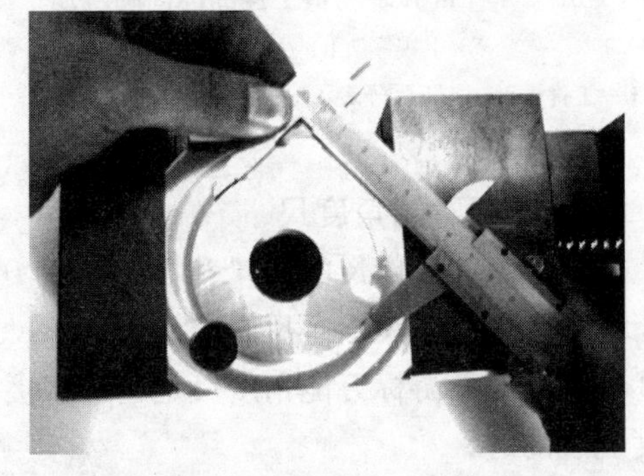

图 1-64　用游标卡尺测量工件

7）不准以游标卡尺代替卡钳在工件上来回拖拉。

8）游标卡尺不要放在强磁场附近（如磨床的磁性工作台上），以免使游标卡尺受磁场干扰，影响使用。

9）使用后，应当平放游标卡尺，尤其是大尺寸的游标卡尺，否则会使主体弯曲变形。

10）使用完毕后，应将游标卡尺安放在专用量具盒内，注意不要使它生锈或弄脏。

（2）游标深度卡尺测量工件　用游标深度卡尺测量工件，如图 1-65 所示。

1）测量时先将尺框的测量面贴合在工件被测深部的顶面上，注意不要倾斜，

然后将尺身推上去，直至尺身测量面与被测深部的顶面有手感接触，此时即可读数。

2）由于尺身测量面小，容易磨损，在测量前需检查游标深度卡尺的零位是否正确。

3）游标深度卡尺一般都不带有微动装置，如使用带有微动装置的游标深度卡尺时，需注意切不可接触过度，以致产生测量误差。

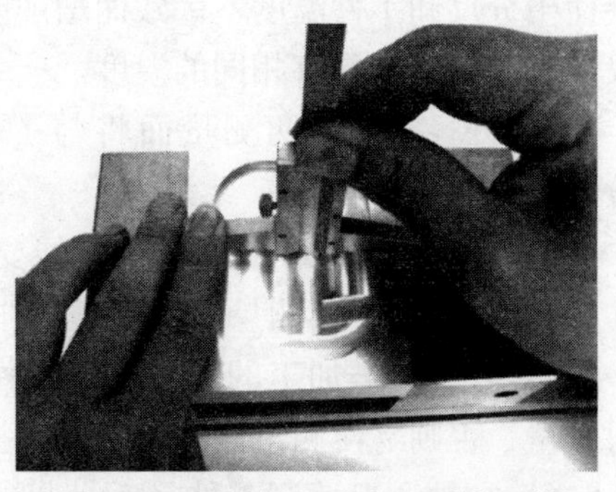

图1-65　用游标深度卡尺测量工件

4）由于尺框测量面比较大，在使用时，应保持测量面清洁，无油污灰尘，并去除毛刺、锈蚀等缺陷的影响。

（3）游标万能角度尺测量工件　用游标万能角度尺测量工件，如图1-66所示。

1）使用前，用干净纱布将其擦干净，再检查各部件的相互作用，是否平稳可靠地移动、止动后的读数是否不动，然后对准零位。

2）测量时，放松锁紧装置上的螺母，移动主尺座作粗调整，再转动游标背后的手柄作精细调整，直到使万能角度尺的两测量面与被测工件的工作面密切接触为止；然后拧紧锁紧装置上的螺母加以固定，即可进行读数。

3）测量被测工件内角时，应用360°减去游标万能角度尺上的读数值。例如在游标万能角度尺上的读数为306°24′，则内角的测量值为360°－306°24′＝53°36′。

4）测量完毕后，用干净纱布将游标万能角度尺仔细擦干净，涂上防锈油。

（4）外径千分尺测量工件　用外径千分尺测量工件，如图1-67所示。

图1-66　用游标万能角度尺测量工件

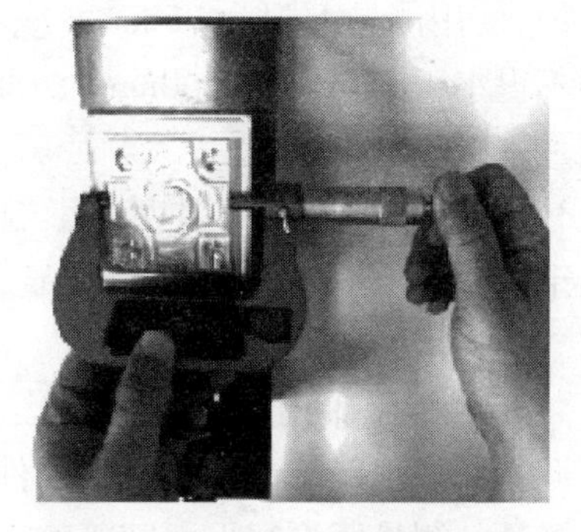

图1-67　用外径千分尺测量工件

1）使用外径千分尺时，一般用手握住隔热装置。如果手直接握住尺架，就会使千分尺和工件温度不一致而增加测量误差。在一般情况下，应注意外径千分尺和被测工件应具有相同的温度。

2）外径千分尺两测量面将与工件接触时，要使用测力装置，不要转动微分筒。

3）外径千分尺测量轴的中心线要与工件被测长度方向相一致，不要歪斜。

4）外径千分尺测量面与被测工件相接触时，要考虑工件表面的几何形状。

5）在测量被加工的工件时，工件要在静态下测量，不要在工件转动或加工时测量，否则易使测量面磨损，测杆扭弯，甚至折断。

6）按被测尺寸调节外径千分尺时，要慢慢地转动微分筒或测力装置，不要握住微分筒挥动或摇转尺架，以致使精密测微螺杆变形。

7）测量时，应使测砧测量面与被测表面接触，然后摆动测微头端找到正确位置后，使测微螺杆测量面与被测表面接触，在外径千分尺上读取被测值。当外径千分尺离开被测表面读数时，应先用锁紧装置将测微螺杆锁紧，再进行读数。

8）外径千分尺不能当卡规或卡钳使用，以防划坏千分尺的测量面。

（5）内径千分尺测量工件　用内径千分尺测量工件，如图 1-68 所示。

1）选取接长杆，尽可能选取数量最少的接长杆来组成所需的尺寸，以减少累积误差。在连接接长杆时，应按尺寸大小排列，尺寸最大的接长杆应与微分头连接。如把尺寸小的接长杆排在组合体的中央时，则接长后内径千分尺的轴线，会因管头端面平行度误差的“积累”而增大弯曲程度，使测量误差增大。

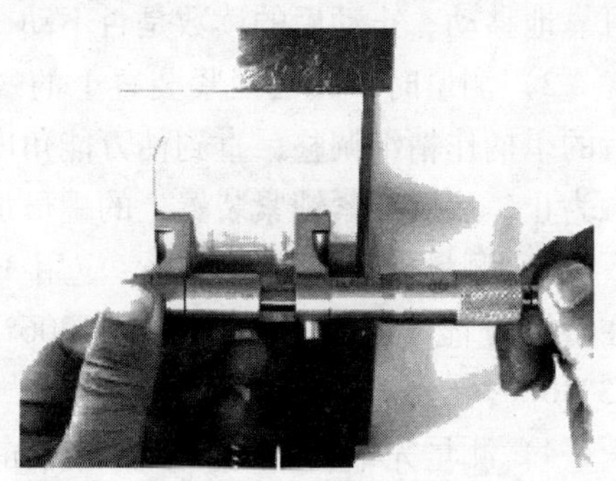

图 1-68　用内径千分尺测量工件

2）使用测量下限为 75mm（或 150mm）的内径千分尺时，被测量面的曲率半径不得小于 25mm（或 60mm），否则可能导致由内径千分尺的测头球面的边缘来测量，影响测量精度。

3）测量时必须注意温度的影响，防止手或其他热源的传热，特别是大尺寸内径千分尺受温度变化的影响较显著。测量前应严格等温，还要尽量减少测量时间。

4）测量时，固定测头与被测表面接触，摆动活动测头的同时，转动微分筒，使可调测头在正确位置上与被测工件有手感接触，从内径千分尺上读数。所谓正确位置是：测量两平行平面间距离，应测得最小值；测量内径尺寸，轴向找最小值，径向找最大值。内径千分尺离开工件读数前，应用锁紧装置将测微螺杆锁紧，再进行读数。

(6) 内径百分表测量工件　用内径百分表测量工件，如图1-69所示。

1) 根据被测工件尺寸公差的情况，先选择一个千分尺（普通的分度值为0.01mm）。

2) 把千分尺调整到被测值的名义尺寸并锁紧。

3) 一手握内径百分表，一手握千分尺。将表的测头放在千分尺内进行校准，注意要使百分表的测杆尽量垂直于千分尺测头平面。

4) 调整内径百分表使压表量在0.2~0.3mm，并将表针置零。按被测工件尺寸公差调整表圈上的误差指示拨片，然后进行测量。

图1-69　用内径百分表测量工件

上述的量具是常见的小型量具，在实际生产中根据工件的尺寸，也常选用大型量具，如大型游标卡尺及千分尺进行测量，如图1-70和图1-71所示。

图1-70　用大型游标尺测量工件内径

图1-71　用大型千分尺测量工件轴径

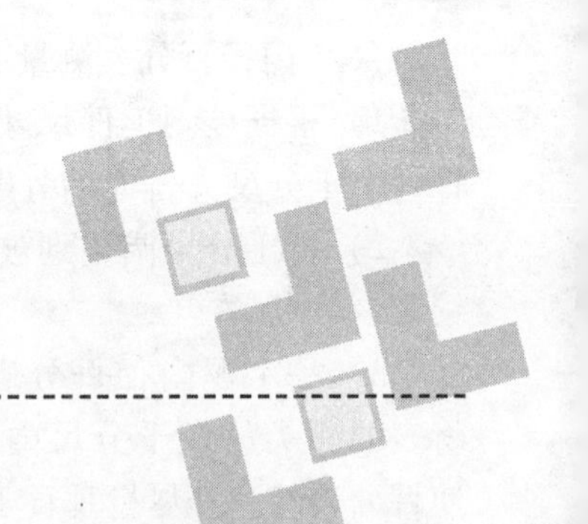

模块2

普通铣床

• 项目1　铣床的手动操作 •

【阐述说明】

铣削加工是将工件装夹在工作台上，利用铣刀的旋转和工件的进给，对工件进行铣削。学习操作数控铣床前，应先熟悉普通铣床的操作，了解铣削刀具及需要完成的工作，学习如何对铣床进行手动操作，为后面的数控铣床加工打下良好的基础。

学习重点：

1）普通铣床的基本构造。

2）立式铣床的手动操作。

学习难点：

熟练操作普通立式铣床。

【任务描述】

完成 X5032 型立式升降台铣床的基本操作。

【任务分析】

在 X5032 型立式升降台铣床上完成正常开机、主轴变速、进给变速、工作台手动进给、机动进给的基本操作。

1. 铣床的分类

铣床的种类很多，按其结构可以分为卧式铣床、立式铣床和龙门铣床三大类。

（1）卧式铣床　其主轴轴线与工作台台面平行，可以铣削平面、沟槽、成形面和螺旋槽等。卧式铣床是铣床中应用最为广泛的一种机床。图 2-1 所示为 XW6132 型卧式万能升降台铣床。

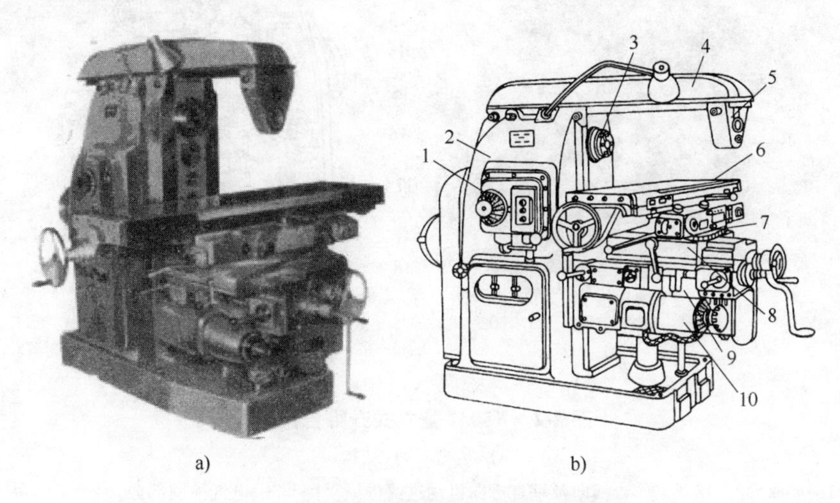

图 2-1　XW6132 型卧式万能升降台铣床

a）实物　b）结构

1—主轴变速机构　2—床身　3—主轴　4—横梁　5—刀架支杆　6—工作台　7—回转盘　8—溜板　9—升降台　10—进给变速机构

（2）立式铣床　其主轴与工作台台面垂直，与卧式铣床相比较，立式铣床可以应用面铣刀、立铣刀、成形铣刀等铣削平面、凹槽、斜面，适用于加工较大的平面、较复杂的工件，生产率高。图 2-2 所示为 X5032 型立式升降台铣床。

2. 铣床的基本部件

铣床的种类虽然很多，但各类铣床的基本结构大致相同。下面将对 X5032 型立式升降台铣床的基本部件及其作用进行介绍，X5032 型立式升降台铣床的外形如图 2-2 所示。

（1）底座　底座 1 与床身一体，用来支撑床身。底座内盛储切削液。

（2）床身　床身 5 是机床的主体，用来装夹和连接铣床各部件。床身正面前壁有燕尾形的垂直导轨，升降台 21 沿导轨垂直移动。床身内有主轴传动系统及润滑系统等，床身上部有主轴 12。

（3）主轴　主轴 12 带动铣刀杆做顺时针或者逆时针的旋转运动。主轴的圆锥孔锥度是 7∶24，用于装夹铣刀杆。

（4）立铣头　立铣头 11 用来支承主轴，可左右倾斜一定角度，以适应铣削

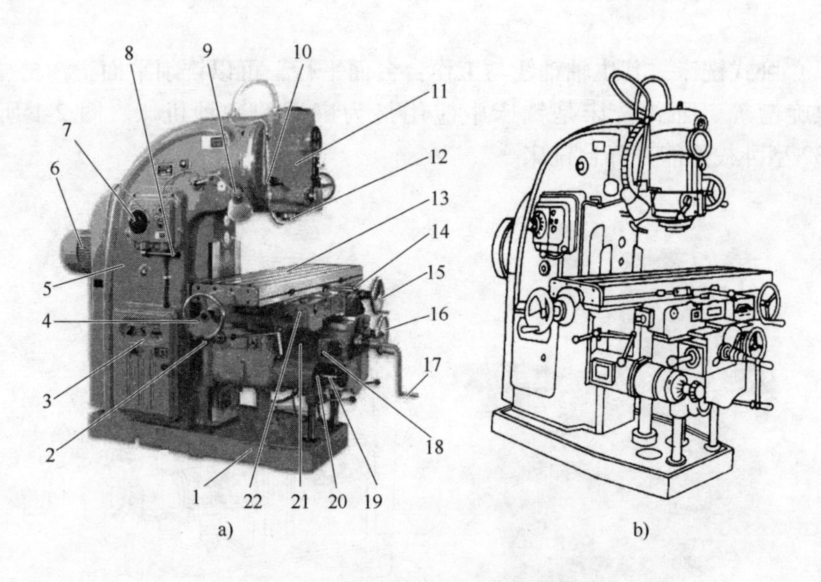

图 2-2　X5032 型立式升降台铣床

a）实物　b）结构

1—底座　2、18—工作台横向及垂直方向机动进给操纵手柄　3—电气控制部分　4—工作台纵向手动进给操纵手柄　5—床身　6—电动机　7—转速盘　8—主轴变速操纵手柄　9—照明系统　10—冷却系统　11—立铣头　12—主轴　13—纵向工作台　14—工作台纵向机动进给操纵手柄　15—工作台纵向手动进给操纵手柄　16—工作台横向手动进给操纵手柄　17—工作台垂直方向手动进给操纵手柄　19—进给变速操纵手柄　20—进给变速盘　21—升降台　22—横向工作台

各种角度的斜面。

（5）纵向工作台　在纵向工作台 13 的台面上有三条 T 形槽，用于安装 T 形螺栓，用以紧固机用虎钳、夹具或工件等。

（6）横向工作台　在纵向工作台 13 的下面是横向工作台 22，它可沿导轨面做横向移动，带动纵向工作台一起移动。

（7）升降台　升降台上装有做横向和纵向移动的工作台，升降台 21 内部装有提供进给运动动力的电动机。

（8）主轴变速机构　通过转动转速盘 7 的位置，使主轴获得不同的转速。改变主轴转速是通过改变机床侧面主轴电动机传动比获得的。

（9）进给变速机构　进给电动机通过进给变速机构的传动系统，带动工作台移动。

3. 铣床的型号

机床型号是机床产品的代号，用以简明表示机床的类别、结构特性等。现以

XW6132 型卧式万能升降台铣床为例说明铣床的型号，如图 2-3 所示。

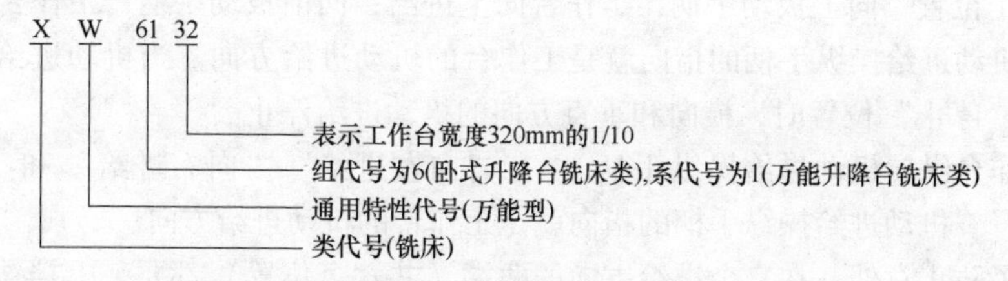

图 2-3 铣床的型号

【任务步骤】

完成 X5032 型立式升降台铣床的基本操作。

1. 电源开关的操作

接通电源，把开关旋转到需要的方向（有正转和反转两种）。把总开关旋转到“通”的位置。

2. 主轴变速的操作

1）下压床身侧面的主轴变速操纵手柄 8（见图 2-2），推到左边并抬起。

2）转动转速盘 7，使转速盘上选定的数值对准箭头。

3）下压主轴变速操纵手柄 8，手柄从左调整到右，稍作停顿后松开，使其回到原位，完成主轴变速操作。

3. 进给变速的操作

1）拉出进给变速操纵手柄 19。

2）转动进给变速操纵手柄 19，带动进给变速盘 20，使转速盘上选定的数值对准箭头。

3）将进给变速操纵手柄 19 稍作停顿后松开并推回原位，进给变速操作完成。

4. 工作台手动进给的操作

1）操纵手动进给操纵手柄使手动进给处于工作状态。

2）转动手动进给操纵手柄，就能带动工作台做沿 x、y、z 轴三个方向的进给运动。转动时速度要均匀适当，顺时针转动手动进给操纵手柄，工作台向前移动，逆时针转动时，工作台向后移动。

5. 工作台机动进给的操作

横向和垂直方向的机动进给由同一机动进给操纵手柄 18（或 2）操纵。该机动进给操纵手柄有“向前进给”“向后进给”“向上进给”“向下进给”和“停止”五个位置。向上扳动手柄，工作台向上进给；向前扳动手柄，工作台向前进给，即机动进给操纵手柄的指向就是工作台的机动进给方向。当机动进给操纵手柄处于“停止”位置时，横向和垂直方向的机动进给停止。

工作台纵向机动进给操纵手柄 14 有“向左进给”“向右进给”和“停止”三个位置。机动进给操纵手柄的指向就是工作台的机动进给方向。

为了防止意外，在三个进给方向的两端（共六个位置）都要装上挡铁，当工作台移动到最终位置时，可由挡铁来切断电源，使工作台自动停止工作。

【注意事项】

操作铣床应注意以下事项：

1）仔细地擦去铣床上各部分的防锈油，然后抹上一层薄机油。

2）按铣床使用说明书中的要求，在各油池内灌满机油（灌至油标刻线），并对各润滑点进行加油和检查。

3）接上三相电源以后，检查主轴电动机的旋转方向，并按标记牌上所注明的方向校正接线。

4）用低转速进行运转试验，空转 3min 左右，观察主轴系统的运转情况，听齿轮箱内有无异常的噪声以及检查润滑油泵的工作情况等。

5）低速运转正常以后，可逐渐提高转速，观察各级转速的运转情况，熟悉变速机构的操作。

6）起动进给系统（注意要松开各夹紧机构的手柄），检查工作台各方向的进给运动情况以及操作手柄是否灵活可靠等。经过上述检查，如有问题应及时进行调整或请机修人员检修。

• 项目 2　铣刀的安装 •

【阐述说明】

对于铣削加工来说，正确地选择与安装铣刀是保证零件加工质量及效率的重要因素。选择铣刀和正确地安装铣刀对于工件的加工可以起到事半功倍的效果。

学习重点：

1）铣刀的种类。

2）铣刀的安装操作。

学习难点：

正确地安装铣刀。

【任务描述】

完成圆柱形铣刀、盘形铣刀、锥柄立铣刀、直柄立铣刀的安装。

【任务分析】

1. 铣刀切削部分应具备的基本要求

（1）硬度 刀具的切削部分必须具有足够的硬度才能切入工件，由于在切削过程中会产生大量的热量，因而要求其在高温中仍能保持较高的硬度继续进行切削。

（2）耐热性 刀具在切削过程中会产生大量的热量，在切削速度较高时，温度会很高，因此刀具材料应具备好的耐热性，即在高温下仍能保持较高的硬度，从而能继续进行切削的性能，这种具有高温硬度的性质，又称为热硬性。

（3）韧性 刀具在切削过程中要承受很大的冲击力，由于铣刀是断续切削，所以会产生振动，因此刀具切削部分的材料要具有足够的强度、韧性，在承受一定的冲击和振动下继续切削，刀具不会崩刃、碎裂。具有上述性能的材料很多，下面仅对几种制造铣刀的常用材料做简单介绍。

2. 铣刀常用材料

（1）高速钢（又称高速工具钢，俗称白钢） 高速钢有通用高速钢和特殊用途高速钢两种，与普通工具钢和硬质合金相比，它有以下特点：

1）合金元素如钨、铬、钼、钒等含量较高，所以淬火硬度高达62~70HRC。在600℃的高温下，仍能保持较高的硬度。

2）刃口强度和韧性好、抗振性强，适用于制造切削速度很低的刀具，即使刚性较差的机床，采用高速钢铣刀仍能顺利切削。

3）工艺性能好，锻造、加工和刃磨都比较容易，还可以制造形状较复杂的刀具。

4）与硬质合金材料相比，仍有硬度较低、热硬性和耐磨性较差等缺点。高速钢的牌号很多，常用牌号有W18Cr4V、W9Cr4V2和W6Mo5Cr4V2Al等。

（2）硬质合金 其主要特点有：

1）能耐高温，热硬性好，在800~1000℃时仍能保持良好的切削性能。

2）常温硬度高、耐磨性好，切削时可选用比高速钢高4~8倍的切削速度。

3）抗弯强度低，冲击韧性差，切削刃不易刃磨。由于硬质合金具有以上特点，通常用来制造高速铣削的刀具。常用牌号有YG3、YG8、YT5、YT15、YW1、YW2和YA6等。

3. 铣刀的种类

铣刀的种类很多，同一种刀具的名称也很多，并且还有不少俗称，名称的由来主要根据铣刀的某一方面的特征或用途。常用铣刀的种类见表 2-1。

表 2-1　常用铣刀的种类

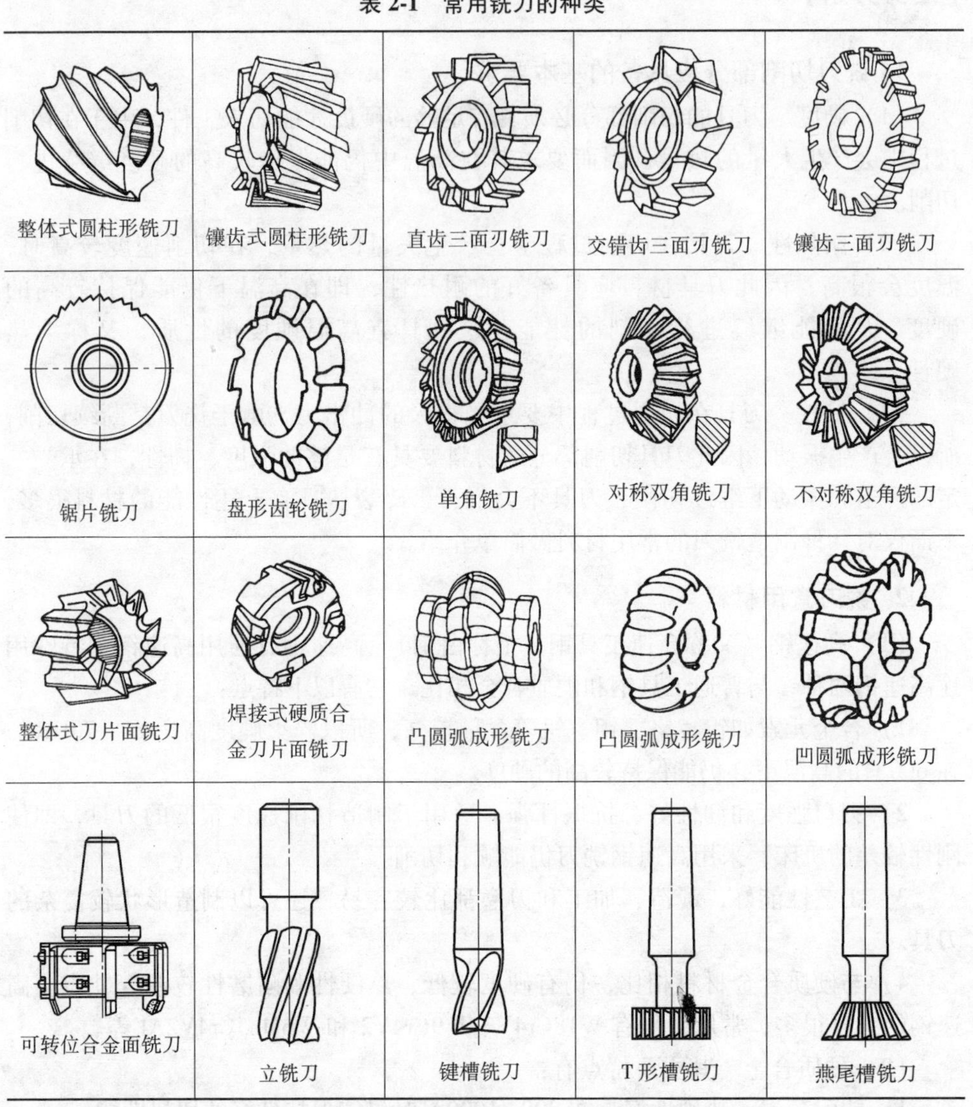

（1）按铣刀切削部分的材料分类

1）高速钢铣刀：这种铣刀是常用铣刀，一般形状较复杂的铣刀都是高速钢铣刀。

2）硬质合金铣刀：这种铣刀多数是面铣刀，适用于高速铣削。

（2）按铣刀的结构形式分类

1）整体铣刀：铣刀的切削部分、装夹部分及刀体成一整体。这类铣刀可以用高速钢整料制成，也可用高速钢制成切削部分，结构钢制造刀体部分，然后再经过焊接而成一整体。这类铣刀的体积一般都不会很大。

2）镶齿铣刀：镶齿铣刀的刀体是结构钢，刀体上有安装刀齿的部位，刀齿是高速钢制成。镶齿铣刀是将刀齿镶嵌在刀体上，经修磨而成。直径较大的三面刃铣刀，一般都采用镶齿结构，这样具有节省高速钢材料，提高刀体利用率，工艺性好等优点。

3）可转位铣刀：近年来大量推广可转位刀具，面铣刀和三面刃铣刀也采用了这种结构。可转位铣刀的刀片紧固方式有很多，由于硬质合金刀片不采用焊接方式，而用机械夹紧方式安装在刀体上，因此保持了刀片原有的性能。刀片磨损后，可将刀片转过一个位置继续使用，待几条切削刃都用钝时，可根据工厂实际情况刃磨后继续使用或调换刀片。这种刀片节省了材料和刃磨时间，提高了生产率。

（3）按铣刀的用途分类

1）加工平面的铣刀：加工平面用的铣刀主要有面铣刀和圆柱形铣刀两种。加工较小的平面，也可以用立铣刀和三面刃盘铣刀。

2）加工直角沟槽的铣刀：直角沟槽是铣削加工的基本内容之一，铣削直角沟槽时，常用的有三面刃铣刀、立铣刀，还有形状如薄片的切口铣刀。键槽是直角沟槽的特殊形式，加工键槽用的铣刀有键槽铣刀和盘形槽铣刀。

3）加工各种特形沟槽的铣刀：属于铣削加工的异形沟槽有很多，如T形槽、V形槽、燕尾槽等，所用的铣刀有T形槽铣刀、角度铣刀、燕尾槽铣刀等。

4）加工各种异形面的铣刀：加工异形面的铣刀一般是经过专门设计制造而成，常用的标准化成形铣刀有凹凸圆弧铣刀、盘形齿轮铣刀等。

5）切断加工的铣刀：常用的切断加工用铣刀是锯片铣刀。前面所述的薄片状切口铣刀也可用作切断。

（4）按铣刀的安装方式分类

1）带孔铣刀：采用孔安装的铣刀称为带孔铣刀，如三面刃盘铣刀、圆柱形铣刀、套式面铣刀等。

2）带柄铣刀：采用柄部安装的铣刀有带锥柄和直柄两种形式。较小直径的立铣刀和键槽铣刀均采用直柄，较大直径的立铣刀和键槽铣刀则采用锥柄。

（5）按铣刀的刀齿数目分类　按刀齿疏密程度，铣刀分为粗齿铣刀和细齿铣刀。粗齿铣刀的刀齿数少，刀齿强度好，容屑空间大，适合粗加工。细齿铣刀的刀齿数多，容屑空间小，加工质量高，适合精加工。

4. 铣刀尺寸的标注

铣刀尺寸的标注方法根据铣刀形状的不同而不同，其方式可归纳如下：

1）圆柱形铣刀、三面刃铣刀、锯片铣刀等，以“外圆直径×宽度×内孔直径”表示，如圆柱形铣刀标记为60×60×22，表示铣刀外圆直径为60mm、宽度为60mm、内孔直径为22mm。

2）立式铣刀、键槽铣刀等只标注外径尺寸。角度铣刀和半圆铣刀，一般是以“外圆直径×宽度×内孔直径×角度（或圆弧半径）”来表示。如：键槽铣刀上标记为$\phi20$，表示该键槽铣刀的直径为20mm。

3）如角度铣刀标记为60×16×22×45°，则表示外径为60mm、宽度为16mm、内孔直径为22mm、单边角度为45°的单角铣刀。

【任务步骤】

1. 带孔铣刀的安装

圆柱形铣刀和盘形铣刀（如三面刃铣刀、锯片铣刀、角度铣刀、成形铣刀和齿轮铣刀等）等带孔铣刀的安装，如图2-4所示。圆柱形铣刀和盘形铣刀使用锥柄长铣刀杆进行安装。

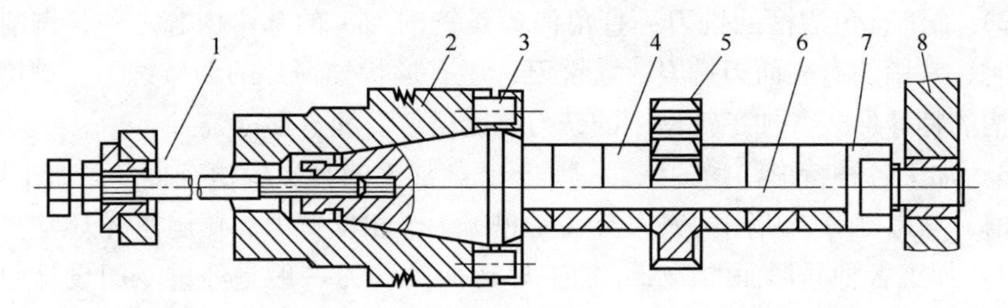

图2-4　带孔铣刀的安装

1—拉杆　2—主轴　3—端面键　4—套筒　5—铣刀　6—刀杆　7—螺母　8—吊架

（1）选择刀杆及拉紧螺杆　按铣刀内孔直径选择相应的刀杆及拉紧螺杆时，应注意检查刀杆是否弯曲，刀杆和螺杆的螺纹是否完好，以及垫圈端面的表面粗糙度和平行度等，检查无误后擦净备用。

（2）安装刀杆　先检查主轴内锥孔表面有无毛刺杂物，随后将刀杆柄部塞入主轴孔内，用拉紧螺杆紧固在主轴上。拉紧螺杆旋入刀杆柄部内螺纹的圈数以5~6圈为宜，过少时可能造成滑牙。

（3）调整横梁　松开横梁紧固螺钉，调整横梁升出长度使之与刀杆相适应。

（4）安装铣刀　铣刀可通过紧固螺母和垫圈夹紧，直径较大的铣刀还应用平键来传递转矩。如果不采用平键连接，铣刀安装时应使其旋转方向与紧固螺母的旋紧方向相反，否则在切削力的作用下，紧固螺母会越来越松，以致刀杆不能带动铣刀进行切削。铣刀在刀杆上的位置可用垫圈来调整，调整时，应使铣刀尽量靠近主轴。

（5）安装挂架　松开挂架紧固螺钉和支持轴承，把挂架固定在横梁上，随后调整横梁升出距离，使挂架上的轴承孔套入刀杆轴颈，调整好后，把横梁固定在床身上。

（6）夹紧铣刀　用较大的扳手（或用小扳手套上管子）拧紧紧固螺母，这时通过垫圈可将铣刀紧固在刀杆上。最后，应调整挂架的支持轴承，使之与刀杆轴颈配合适当。

2. 锥柄立铣刀的安装

锥柄立铣刀的安装，如图2-5a所示。应先将选用的中间过渡套筒内、外锥面擦干净，将所用铣刀锥柄部擦干净后插入套筒内一起装进主轴，特别注意的是，选用的拉紧螺杆要与锥柄铣刀柄部内螺孔螺纹相配。

3. 直柄立铣刀的安装

安装直柄立铣刀时，弹簧夹头要与铣刀柄部直径的规格相同，要把弹簧夹头、套筒内外锥、螺母内锥（或装夹台阶面）及铣刀柄部擦干净，然后将弹簧夹头装入套筒内，旋好螺母，一起装入主轴紧固，最后安装刀具，用扳手拧紧紧固螺母，将铣刀紧固在刀杆上，如图2-5b所示。

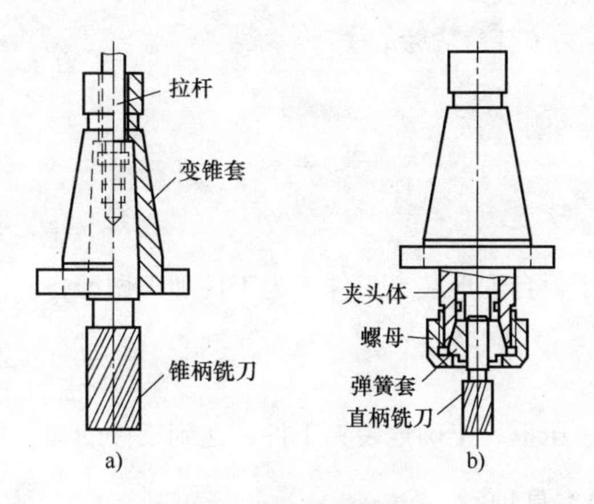

图2-5　带柄铣刀的安装

a）锥柄立铣刀的安装　b）直柄立铣刀的安装

【注意事项】

铣刀安装的注意事项如下：

1）对于圆柱形铣刀，铣刀的安装应尽可能地靠近主轴端部或轴承处，以增加铣刀刚度；所用轴套或垫圈两端应平行，否则会引起铣刀轴向圆跳动超差，使铣出的工件不光滑或尺寸超差，甚至损坏刀具；铣刀的螺旋方向应与主轴回转方向相适应，使铣削产生的进给力能将铣刀杆推向主轴，否则会将刀杆从主轴孔中拔出或产生振动，影响铣削质量。

2）对于立铣刀，如刀柄锥度与主轴孔锥度相同，则可直接装入主轴锥孔中，并用拉紧螺杆拉紧，拉紧螺杆的螺纹旋转方向应与铣刀的旋转方向一致；如刀柄锥度与主轴孔锥度不同，应用中间过渡套筒，中间过渡套筒的外锥度应与主轴孔锥度相同，内锥度应与铣刀外锥度一致。铣刀在安装过程中应将相关的安装表面擦干净。

• 项目 3　工件的装夹 •

【阐述说明】

对于铣削加工而言，正确地装夹工件是保证零件加工质量的重要因素之一。所以必须掌握工件的装夹操作。

学习重点：

1）掌握机用虎钳装夹工件的方法。

2）掌握压板装夹工件的方法。

学习难点：

合理装夹工件。

【任务描述】

用机用虎钳、压板合理地装夹工件，为工件加工做准备。

【任务分析】

利用机用虎钳、压板、正确地装夹工件，达到工件的加工要求。

1. 安装工件的夹具种类

在铣床上装夹工件的夹具很多，但是最常用、最基本的是机用虎钳和压板。

（1）机用虎钳的安装步骤　机用虎钳的结构如图 2-6 所示。

1）将机用虎钳底座与工作台台面擦净。

2）将机用虎钳安放在工作台中间的 T 形槽内，使机用虎钳安放位置适中。

3）双手拉动机用虎钳底座 9，使定位键向同一侧贴紧。

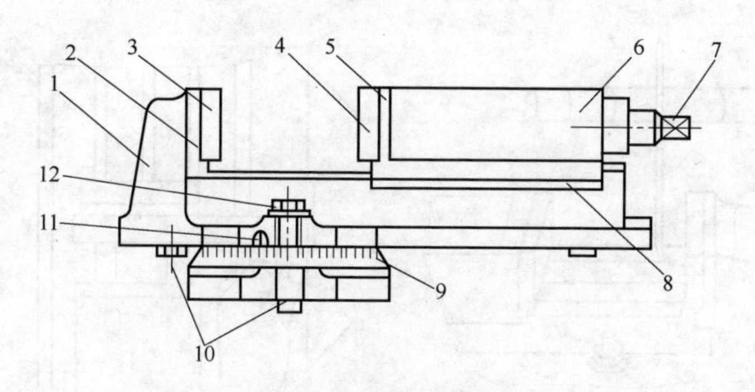

图 2-6 机用虎钳的结构

1—钳身 2—固定钳口 3—固定钳口垫 4—活动钳口垫 5—活动钳口 6—活动钳身 7—丝杠方头 8—压板 9—底座 10—定位键 11—钳体零线 12—螺栓

4）用 T 形螺栓将机用虎钳压紧。

（2）机用虎钳的装夹位置 机用虎钳的装夹位置如图 2-7 所示。

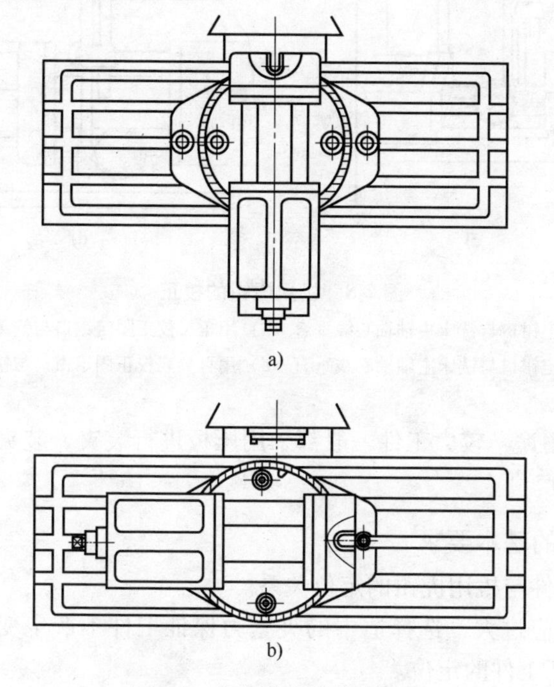

图 2-7 机用虎钳的装夹位置

a）固定钳口与主轴轴心线垂直 b）固定钳口与主轴轴心线平行

（3）机用虎钳的校正 机用虎钳安装后需进行两个方向的校正，固定钳口与铣床主轴轴心线垂直方向和固定钳口与铣床主轴轴心线平行方向，如图 2-8 所示。

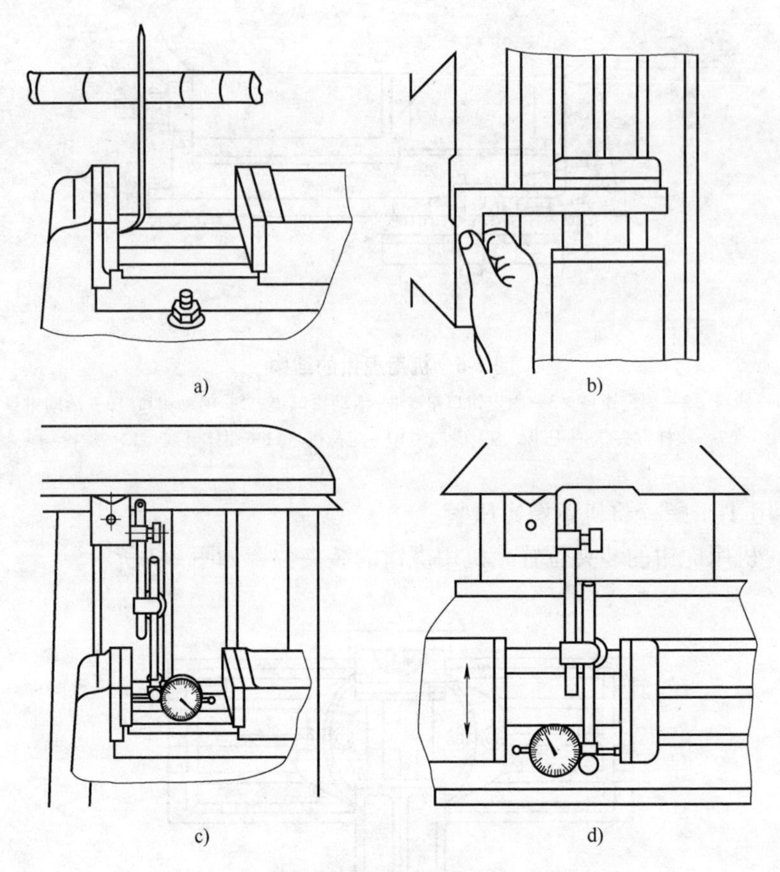

图 2-8　机用虎钳的校正

a）用划针校正固定钳口与铣床主轴轴心线垂直　b）用角尺校正固定钳口与铣床主轴轴心线平行
c）用百分表校正固定钳口与铣床主轴轴心线垂直　d）用百分表校正固定钳口与铣床主轴轴心线平行

（4）压板的用途　较大工件一般都采用压板进行装夹，装夹后需找正工件以保证工件位置精度。

2. 安装工件的基本要求

1）要保证工件与机用虎钳的定位关系。

2）夹紧力不应过大，选择适中的夹紧力保证工件不产生变形，并在夹紧工件的过程中要保证工件的定位。

【任务步骤】

1. 用机用虎钳装夹工件

在安装机用虎钳之前，要清除台面及机用虎钳底面的杂物和毛刺。铣削较长的工件时，钳口应与主轴垂直，在立式铣床上应与进给方向一致。铣削较短的工件时，钳口与进给方向垂直。

装夹已加工零件时，应选择一个较大的平面或以工件的基准面作基准，将基准面靠紧固定钳口，在活动钳口和工件之间放置一圆棒，这样能保证工件的基准面与固定钳口紧密贴合，如图 2-9 所示。当工件与固定钳身导轨接触面为已加工面时，应在固定钳身导轨面和工件之间垫平行垫铁，夹紧工件后，用铜锤轻击工件上面，如果平行垫铁不松动，则说明工件与固定钳身导轨面贴合良好，如图 2-10 所示。

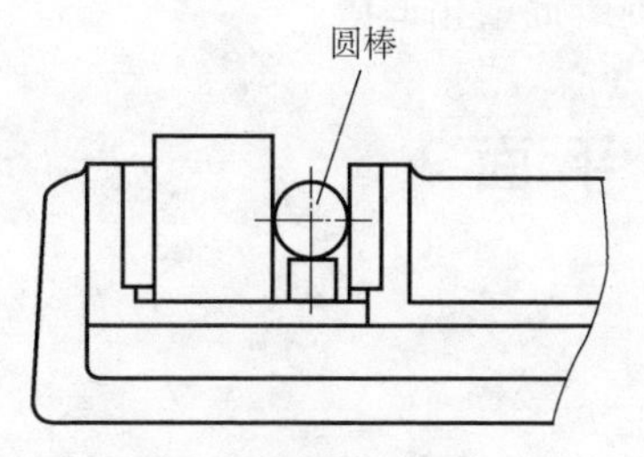

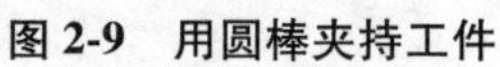

图 2-9　用圆棒夹持工件

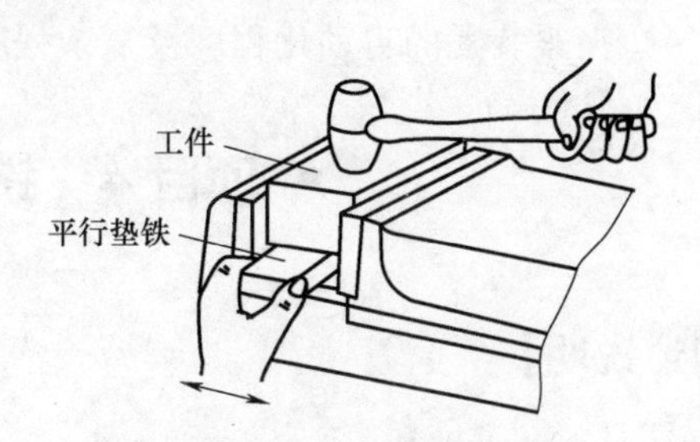

图 2-10　用平行垫铁装夹工件

2. 用压板装夹工件

对于尺寸较大或形状复杂的工件，一般利用压板进行装夹（见图 2-11a）。利用压板安装工件时，还需要使用支撑板、螺栓等工具。对于要加工通孔或通槽的工件，用等高垫铁将工件垫起一定高度（见图 2-11b）。用压板装夹轴类零件时，还要借助 V 形块，如图 2-11c 所示。

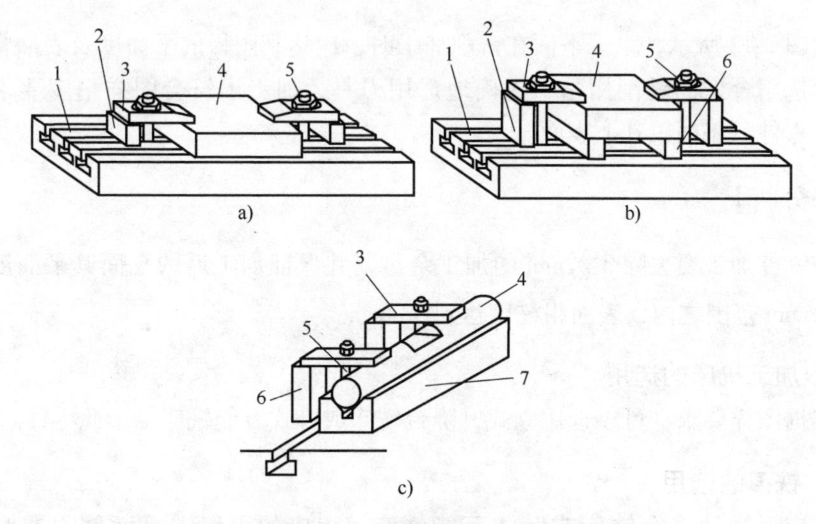

图 2-11　用压板装夹工件

1—工作台　2—支撑板　3—压板　4—工件　5—螺栓　6—等高垫铁　7—V 形块

【注意事项】

对夹紧装置的主要要求如下：

1）夹紧时不能破坏工件定位已取得的正确位置。

2）夹紧应可靠和适当，既要使工件在加工过程中不产生移动和振动，又不能使工件产生过大变形和损伤。

3）夹紧装置应使操作安全、方便、省力、迅速。

4）夹紧装置的自动化程度及复杂程度与生产批量相适应。

• 项目4　铣削平面 •

【阐述说明】

铣削加工中由铣床、夹具、工件和铣刀组成的工艺系统的统一体，通过它们之间的相对运动完成切削，铣削平面是加工形式之一，也是铣削加工的基础。

学习重点：

平面的铣削加工。

学习难点：

保证加工表面的表面粗糙度、平面度。

【任务描述】

如图2-12所示，水平平面在铣削加工时，应达到图样的平面度及表面粗糙度要求。选用合理的铣削用量，正确地选用刀具，加工出符合图样精度要求的零件，该零件只需加工其上表面。

【任务分析】

该零件加工要去除$3^{+0.5}_{-0.5}$mm的加工余量，并保证加工后的平面其平面度公差在0.05mm范围之内，表面粗糙度达到3.2μm。

1. 加工机床的选用

根据图样要求，可以选用立式升降台铣床或卧式万能铣床加工此零件。

2. 铣刀的选用

对应立式升降台铣床或卧式万能铣床，相应的可以选择面铣刀或圆柱形铣刀。

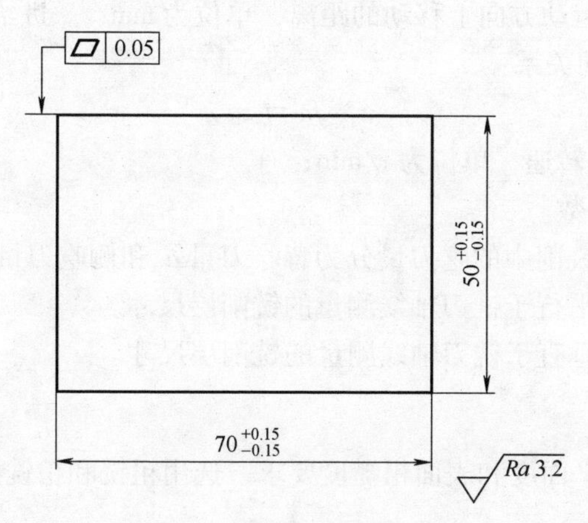

图 2-12 水平平面的铣削

3. 铣削用量的选择

铣削用量三要素是铣削速度、进给量和吃刀量，如图 2-13 所示。

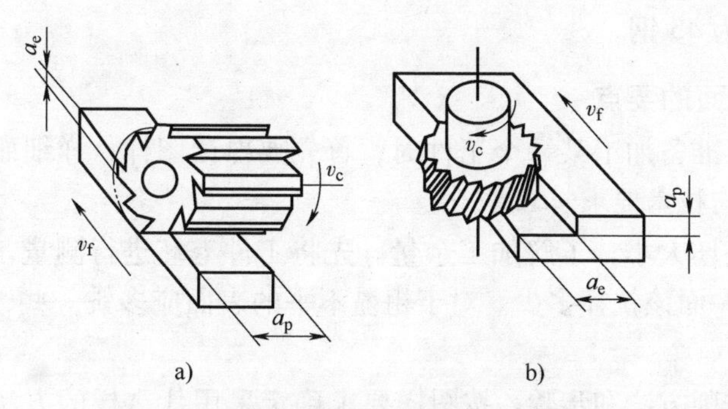

图 2-13 圆周铣削与端铣削时的铣削用量

a）圆周铣削 b）端铣削

（1）铣削速度 v_c 指铣刀旋转的线速度，单位为 m/min。其计算公式为

$$v_c = \frac{\pi dn}{1000} \tag{2-1}$$

式中 d——铣刀的直径，单位为 mm；

n——铣刀的转速，单位为 r/min。

（2）进给速度 v_f 即每分钟进给量，单位为 mm/min，指单位时间内铣刀在进给运动方向上，相对于工件的位移量。由于铣刀属于多刃刀具，所以铣削进给量还分为进给量 f 和每齿进给量 f_z，其中：f 表示铣刀每转一转，铣刀相对于工件在进给运动方向上移动的距离，单位为 mm/r；f_z 表示铣刀每转动一个刀齿，铣刀相对于工件在进给运动方向上移动的距离，单位为mm/z。进给速度v_f与进给量f、每齿进给量f_z之间的关系：

$$v_f = fn = f_z zn \tag{2-2}$$

式中 n——铣刀的转速，单位为r/min；

z——铣刀齿数。

(3) 吃刀量 铣削中的吃刀量分为背吃刀量a_p和侧吃刀量a_e。

背吃刀量a_p：平行于铣刀轴线测量的铣削层尺寸。

侧吃刀量a_e：垂直于铣刀轴线测量的铣削层尺寸。

4. 工艺分析

加工图样上有平面度和表面粗糙度要求，选用粗铣和精铣两道工序来完成。

5. 毛坯的选择

由图样所示可知，毛坯形状（长方体）选择相对规则即可，毛坯尺寸应大于图样尺寸。

6. 毛坯材料

毛坯材料为45钢。

7. 铣削平面的要点

1）识图。准备加工某一个工件时，首先要熟读图样，详细而全面地了解和掌握尺寸要求与技术要求。

2）测量毛坯大小，了解加工余量。先将工件毛坯进行测量，了解它的加工余量，确定哪一面该铣掉多少。对于粗糙不平的表面应多铣一些，较平整的表面应少铣一些。

3）确定铣削方法和步骤。按图样要求确定采用什么样的方法和步骤进行加工可以达到技术要求，做到心中有数。

4）选择和安装铣刀。

5）合理装夹工件，保证工件加工后的几何形状正确，工件相对铣床和铣刀的位置正确。

6）确定铣削用量。

7）调整铣床切削位置，把需要紧固的手柄拧紧。

8）起动铣床进行铣削。

9）校验工件。

8. 编写加工工艺

编制加工工艺时，应该确定加工机床、使用刀具、夹具、量具、刀具材料和铣削用量参数，为操作加工做好准备。水平平面的加工工艺见表2-2。

表 2-2 水平平面的加工工艺

工序	加工内容	量具	刀具及刀具材料	夹具	加工机床	铣削用量参数		
						铣削深度	铣削速度	进给量
1	选择毛坯料相对整齐的一个面作为粗基准	—	—	—	—	—	—	—
2	将所选择的粗基准靠向机用虎钳固定钳口，夹紧工件，保证基准位置不变	—	—	非回转式机用虎钳，规格 200	X5032	—	—	—
3	粗铣毛坯上表面，留精加工余量 0.5mm	刀口尺	Φ60mm 面铣刀，硬质合金	非回转式机用虎钳，规格 200	X5032	2.5mm	120mm/min	0.125mm/z
4	精铣上表面，卸下工件，周边去毛刺	刀口尺	Φ60mm 面铣刀，硬质合金	非回转式机用虎钳，规格 200	X5032	0.5mm	140mm/min	0.08mm/z

【任务步骤】

1. 调整 X5032 型立式升降台铣床

1）接通机床总电源。

2）调整的实际主轴转速。

由公式 $n=1000v_c/(\pi d)=1000\times120/(3.14\times60)\text{r/min}\approx636\text{r/min}$；

取 $n=600\text{r/min}$。

3）调整机床使主轴正转。

4）调整进给速度。

$v_f=fn=0.125\times600\text{mm/min}=75\text{mm/min}$。

5）粗加工时铣削深度为 2.5mm，精加工时铣削深度为 0.5mm。

2. 安装铣削夹具机用虎钳

按前面介绍的方法安装找正。

3. 装夹工件

毛坯安装在机用虎钳上，应在钳口处垫铜片以防损坏钳口，如图 2-14a 所示。将基准面靠紧固定钳口，在活动钳口和工件之间放置一圆棒，这样能保证工件的基准面与固定钳口紧密贴合，如图 2-14b 所示。

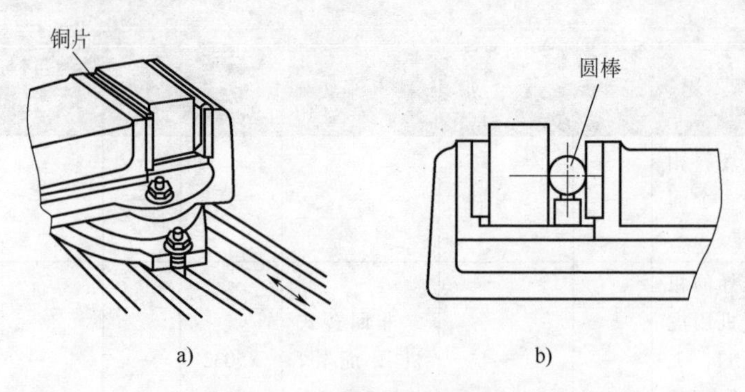

图 2-14　用机用虎钳装夹工件

a）钳口垫铜片装夹毛坯工件　b）用圆棒夹持基准面整齐的工件

4. 安装刀具

选择面铣刀加工工件，面铣刀在立式铣床上的装卸方法见表 2-3。

表 2-3　面铣刀在立式铣床上的装卸方法

<table>
<tr><th>内容</th><th colspan="2">操作步骤</th><th>图　示</th><th>注意事项</th></tr>
<tr><td rowspan="3">面铣刀的安装</td><td rowspan="3">1）安装铣刀盘与铣刀杆，组成铣刀体</td><td>① 将键装在铣刀杆的键槽内</td><td rowspan="3">铣刀杆
键
硬质合金刀头
铣刀盘
紧刀螺钉</td><td rowspan="3">1）安装铣刀时应擦净各接合表面，防止附有脏物而影响安装精度
2）夹紧过程中，用力由小到大一次夹紧
3）拉紧螺杆的螺纹应与铣刀杆、中间过渡套或铣刀锥柄的螺孔有足够的旋合长度
4）铣刀安装后应检查安装情况是否正确</td></tr>
<tr><td>② 擦净铣刀盘内孔、端面和铣刀杆圆柱面，使铣刀盘内孔的键槽对准铣刀杆的键，装入铣刀盘</td></tr>
<tr><td>③ 旋入紧刀螺钉，并用叉形扳手将铣刀盘紧固</td></tr>
</table>

（续）

<table>
<tr><th>内容</th><th colspan="2">操作步骤</th><th>图 示</th><th>注意事项</th></tr>
<tr><td rowspan="7">面铣刀的安装</td><td rowspan="5">2）将铣刀体安装在主轴上</td><td>① 锁紧主轴或将主轴转速调至最低</td><td rowspan="7"> 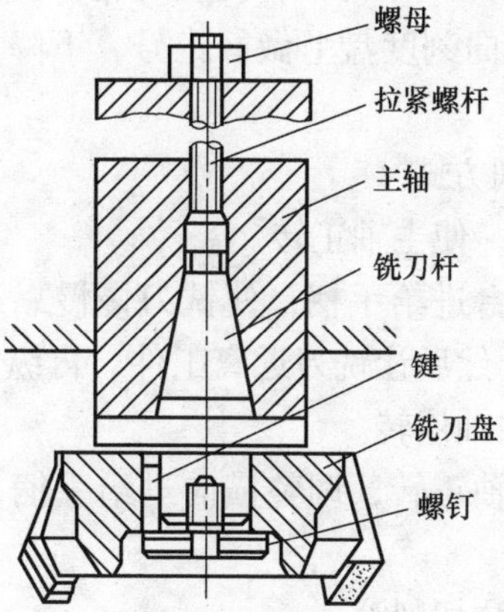螺母
拉紧螺杆
主轴
铣刀杆
键
铣刀盘
螺钉</td><td rowspan="7">1）安装铣刀时应擦净各接合表面，防止附有脏物而影响安装精度
2）加紧过程中，用力由小到大一次夹紧
3）拉紧螺杆的螺纹应与铣刀杆、中间锥套或铣刀锥柄的螺孔有足够的旋合长度
4）铣刀安装后应检查安装情况是否正确</td></tr>
<tr><td>② 擦净拉紧螺杆、铣刀杆锥柄和主轴锥孔</td></tr>
<tr><td>③ 将拉紧螺杆由面铣刀顶端插入主轴孔</td></tr>
<tr><td>④ 将铣刀体锥柄放入主轴锥孔中，并顺时针旋入拉紧螺杆，保证与铣刀杆锥柄螺纹孔有 10mm 以上的旋合长度</td></tr>
<tr><td>⑤ 用扳手将拉紧螺杆的螺母顺时针方向旋紧</td></tr>
<tr><td rowspan="2">3）安装硬质合金刀头</td><td>① 将硬质合金刀头用螺钉紧夹在刀盘槽中</td></tr>
<tr><td>② 松开主轴的锁紧钮</td></tr>
<tr><td rowspan="5">面铣刀的拆卸步骤</td><td colspan="3">① 锁紧主轴</td><td rowspan="5">卸刀时，当铣刀或铣刀组件松动后，应向上托紧或先将铣刀卸下，再将铣刀拉杆完全旋出，防止刀具或刀具组件突然掉下，损坏刀具及工作台表面，甚至造成事故</td></tr>
<tr><td colspan="3">② 松开拉紧螺杆的锁紧螺母，用锤子轻击拉紧螺杆端部，使铣刀杆锥柄从主轴孔中松动</td></tr>
<tr><td colspan="3">③ 用手向上托住面铣刀或把木块放在工作台上，然后上升工作台用木块托住铣刀体，再将拉紧螺杆旋出</td></tr>
<tr><td colspan="3">④ 下降工作台，使铣刀杆锥柄脱离主轴锥孔后，取下铣刀体</td></tr>
<tr><td colspan="3">⑤ 松开主轴的锁紧钮</td></tr>
</table>

注意：平行垫铁必须与工件紧密贴紧。

5. 加工操作流程

（1）工件的装夹　将机用虎钳的钳口和导轨面擦净，将工件放在平行垫铁上，使待加工面高于钳口 7mm 左右，用扳手夹紧工件后，用铜棒轻轻敲击工件，检查工件下表面是否与平行垫铁贴紧。

（2）对刀　可以采用贴纸的方法进行工件上表面的对刀。铣刀处于工件的正上方，在工件表面贴一张薄纸，主轴旋转，再缓缓地升高垂直工作台，使铣刀刚好擦去纸片。在垂向刻度盘上做好记号，下降垂直工作台，摇动纵向手柄，退出工件。

（3）手动铣削方式

1）起动机床，使主轴正转。

2）摇动升降台进给手柄，使铣刀慢慢靠近工件，当铣刀微触工件后，在升降刻盘上做记号，然后让铣刀远离工件，再纵向退出工件，按毛坯实际尺寸，调整铣削深度，使主轴停转。

3）再次让主轴正转，调整横向进给手柄，使工作台运动至工件位置处于不对称的逆铣状态。

4）铣刀上浇注切削液。

5）用手动进给铣削，选择合理的进给速度，均匀地摇动纵向手柄。

6）操纵纵向自动进给手柄，完成上表面 1 面的粗铣加工，如图 2-15 所示。

7）操纵相应手柄，使铣刀远离工件一定距离至安全位置。

8）停止主轴转动。

9）卸下工件，去除毛刺。

10）以同样的方法精铣即可。

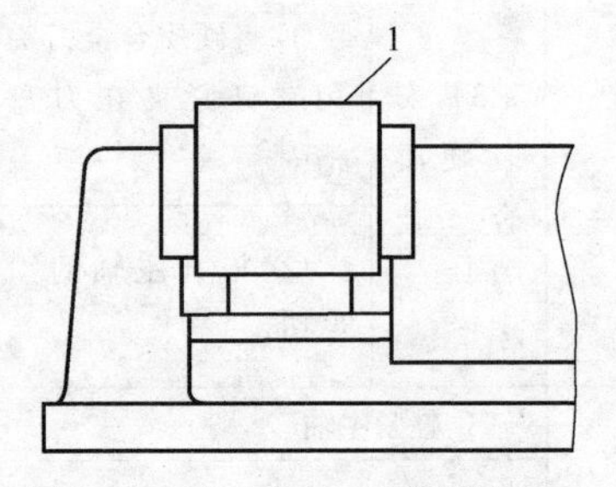

图 2-15　上表面 1 面的粗铣加工

【工件检测】

1. 表面粗糙度检测

用标准的表面粗糙度样块对比检测，或者凭经验用肉眼观察得出结论。

2. 平面度检测

用刀口尺检测平面度。右手握住刀口尺，使刀口尺测量面贴在工件被测表面上，观察刀口尺测量面与工件平面间的透光缝隙大小或用塞尺直接测出缝隙的大小。

注意： 检测时，移动尺子，分别在工件的纵向、横向、对角线方向进行检测，如图2-16所示。最后检测出整个平面的平面度误差。

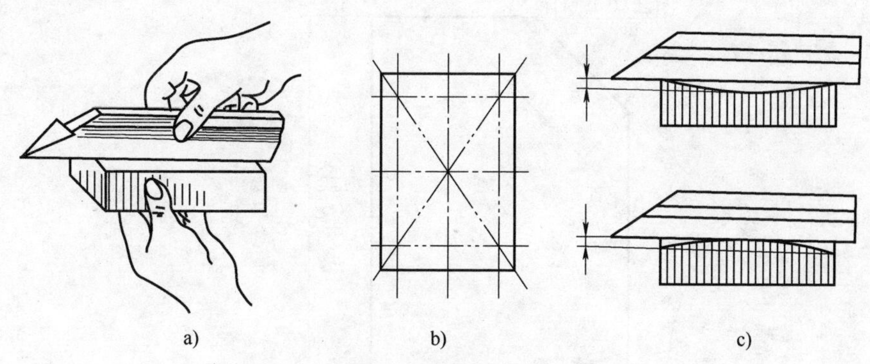

图2-16 用刀口尺检测平面的平面度

a）检测示意 b）检测的不同位置 c）检测的平面凸起或下凹

【注意事项】

1）工件必须装夹牢固。

2）用锤子轻击工件时，不要砸到已加工表面，或与已加工表面连接的棱角。

3）机床主轴未停稳时不得测量工件或触摸工件表面。

4）铣削钢件材料时，必须浇注切削液。

5）应尽量使铣削力朝向固定钳口。

6）做到安全文明操作。

项目5 铣削斜面

【阐述说明】

铣削斜面实际上也是铣削平面，只是需要把工件或者铣刀倾斜一个角度进行铣削。

学习重点：

铣削斜面的几种方法。

学习难点：

调整主轴转角铣削斜面。

【任务描述】

所谓斜面指零件上与基准面成一定倾斜角度的平面，他们之间相交成一个角度面。按如图 2-17 所示的要求铣削加工出倾斜平面。

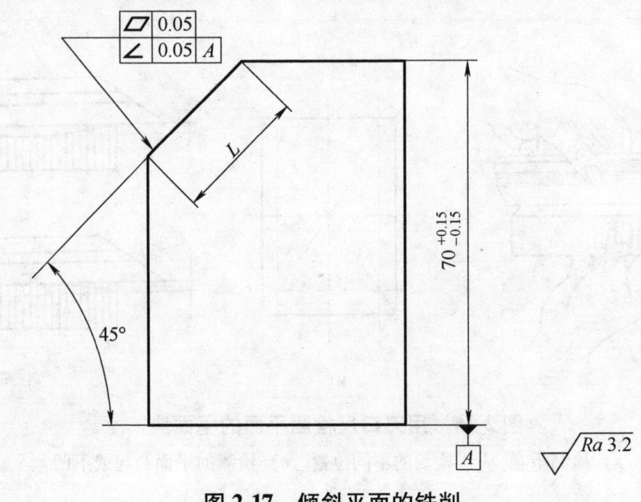

图 2-17 倾斜平面的铣削

【任务分析】

按照图样的要求保证斜面加工后的尺寸 L，并保证加工后的平面度公差在 0. 05mm 范围内，角度公差在 0. 05mm 范围内，表面粗糙度达到 Ra3. 2μm。

1. 加工机床的选用

在 X5032 式立式升降台铣床上进行斜面铣削。

2. 铣刀的选用

对应所选的机床，选用直径 ϕ20mm 立式铣刀铣削斜面。

3. 铣削用量

主轴转速 $n=600$r/min。

进给速度 $v_f=75$mm/min。

4. 工艺分析

在斜面铣削加工图样上有角度、平面度、表面粗糙度要求，所以用粗铣和精铣两道工序来完成。

5. 毛坯的选择

由图 2-17 所示可知，毛坯形状（长方体）选择相对规则即可，毛坯尺寸应大于图样尺寸。

6. 毛坯材料

被加工零件材料有钢、铝、铸铁、不锈钢、铜等。这里主要介绍钢件毛坯材料的加工。毛坯以45钢为例进行介绍。

【任务步骤】

1. 铣削斜面的要点

（1）识读图样　准备加工某一个工件时，首先要熟读图样，详细而全面地了解和掌握尺寸要求与技术要求。

（2）测量毛坯大小，了解加工余量　先将工件毛坯进行测量，了解它的加工余量，确定哪一面该铣掉多少。对于粗糙不平的表面应多铣一些，较平整的表面应少铣一些。

（3）确定铣削方法和步骤　按图样要求确定采用的方法和步骤，对能达到技术要求，做到心中有数。

（4）选择和安装铣刀

（5）装夹工件

（6）合理装夹工件　为了装夹合理和保证工件加工后的几何形状，必须使工件相对铣床和铣刀的位置正确

（7）确定铣削用量

（8）调整铣床切削位置，把需要紧固的手柄拧紧

（9）调整主轴转角

（10）起动铣床进行铣削

（11）校验工件

2. 倾斜平面加工

在上一项目中，工件水平平面的加工操作已介绍完毕。如图2-18所示，工件装夹时注意基准*A*平面要与平行垫块完全贴平。

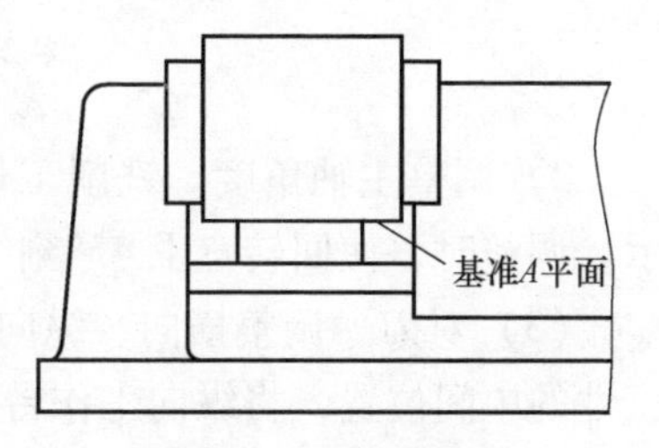

图2-18　工件装夹

3. 倾斜平面加工操作流程

（1）工件的装夹　将机用虎钳的钳口和导轨面擦净，将工件放在平行垫铁上，使待加工面高于钳口7mm左右，用扳手夹紧工件后，用铜棒轻轻敲击工件，检查工件下表面是否与平行垫铁贴紧。

（2）主轴转角调整步骤

1）主轴转角调整操作。

① 先用活扳手顺时针方向松动立铣头右边圆锥销顶端的六角螺母，拔出圆锥定位销，如图 2-19a 所示。

② 松开立铣头回转盘上的 4 个螺母，如图 2-19b 所示。

③ 根据转角要求，转动立铣头回转盘左侧的齿轮轴，如图 2-19c 所示。

④ 紧固立铣头回转盘上四个螺母。

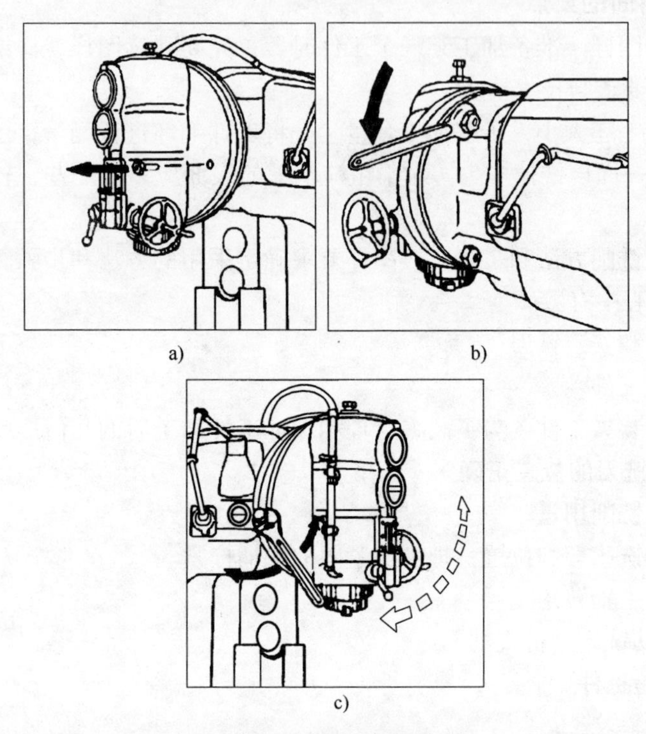

图 2-19　主轴转角调整步骤

2）调整主轴角度。铣削工件时，主轴应逆时针方向转动 45°，如图 2-20 所示。调整时，使回转盘上 45°刻线与固定盘上的基准线对准后紧固。

（3）对刀　调整横向、纵向工作台，垂直工作台，仔细观察立铣刀是否处于工件的中间位置，将纵向工作台紧固，开动机床，使主轴正传，让铣刀下端面齿刃与工件端面交角处缓慢接触，在垂向刻度盘做好记号，如图 2-21a 所示。最后让铣刀远离工件直至安全位置。

（4）手动铣削方式

1）起动机床，使主轴正转。

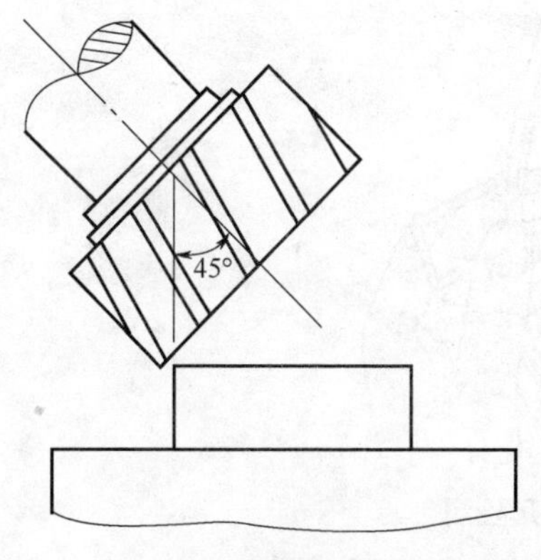

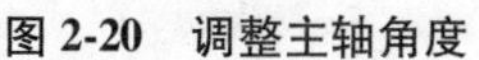
图 2-20　调整主轴角度

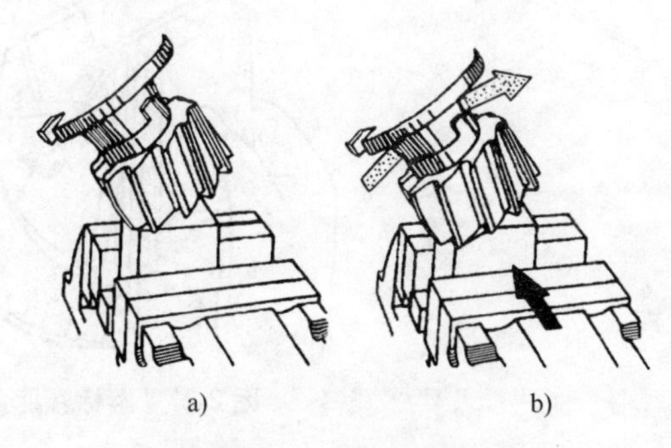

图 2-21　铣削斜面

2）摇动升降台进给手柄，使铣刀慢慢靠近工件，当铣刀微触工件后，在升降刻盘上做记号，然后让铣刀远离工件，再纵向退出工件，按毛坯实际尺寸，调整铣削深度，使主轴停转。

3）再次让主轴正转，调整横向进给手柄，使工作台运动至工件位置处于不对称的逆铣状态。

4）铣刀上浇注切削液。

5）用手动进给铣削，选择合理的进给速度，均匀地摇动纵向手柄。

6）操纵进给手柄，完成斜面铣削粗加工，如图 2-21b 所示。

7）操纵相应手柄，使铣刀远离工件一定距离至安全位置。

8）停止主轴转动。

9）卸下工件，去除毛刺。

10）以同样的方法精铣即可。

【工件检测】

1）用刀口尺检测上的平面度。

2）用游标卡尺测量斜面尺寸 L。

3）用游标万能角度尺检测 45°斜面。方法如图 2-22 所示。

【注意事项】

1）工件必须装夹牢固。

2）用锤子轻击工件时，不要砸到已加工表面，或与已加工表面连接的棱角。

3）机床主轴未停稳时不得测量工件或触摸工件表面。

4）铣削钢件材料时，必须浇注切削液。

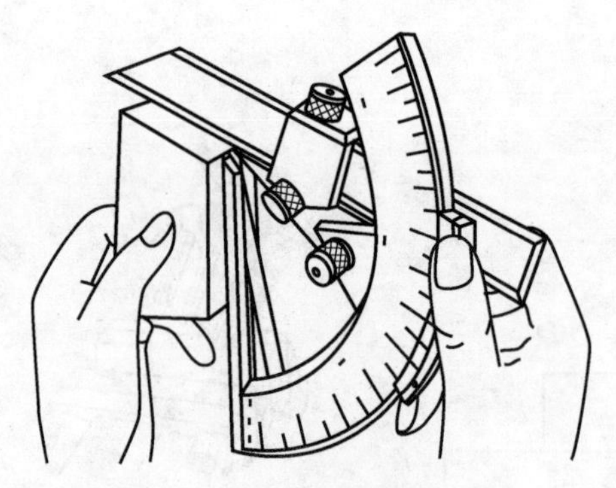

图 2-22　游标万能角度尺检测

5）应尽量使铣削力朝向固定钳口。

6）做到安全文明操作。

• 项目 6　直角沟槽的铣削 •

【阐述说明】

沟槽是由平面组成。直角沟槽除了对宽度、长度、深度有要求外，还有槽的位置精度和表面粗糙度。在卧式铣床上，通常用三面刃铣刀或成形铣刀进行沟槽的铣削，在立式铣床上则可用立铣刀等进行铣削。常见的直角沟槽有敞开式、封闭式和半封闭式三种，如图 2-23 所示。

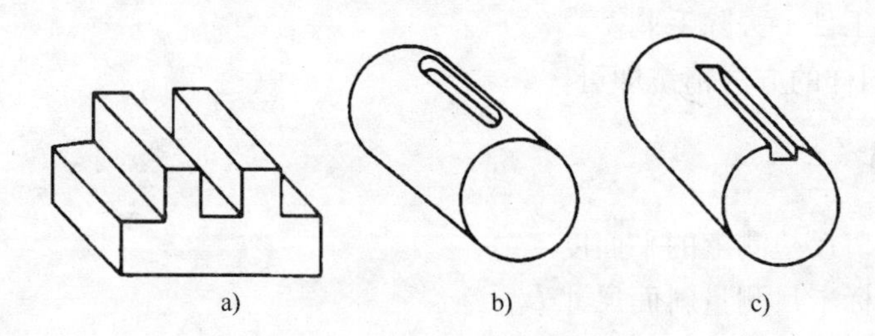

图 2-23　直角沟槽的种类

a）敞开式　b）封闭式　c）半封闭式

学习重点：

1）选择刀具。

2）对刀操作。

学习难点：

沟槽铣削加工。

【任务描述】

如图 2-24 所示，正确铣削加工出直角沟槽。

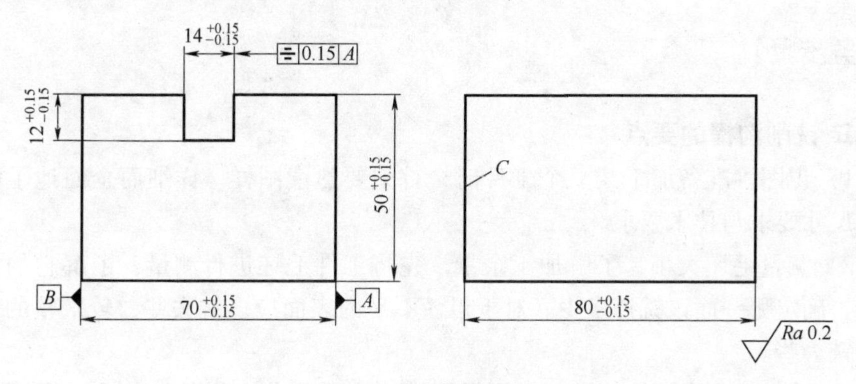

图 2-24 沟槽的铣削

> **注意**：千分尺测量的铣刀宽度在 14~14.05mm 以内。

【任务分析】

按照图样的要求，保证沟槽加工后的尺寸精度要求和几何公差，并保证加工后的表面粗糙度。

1. 加工机床的选用

用卧式铣床进行沟槽铣削。

2. 铣刀的选用

根据沟槽宽度的要求选用 ϕ80mm×14mm 直齿三面刃铣刀。

3. 铣削用量

主轴转速 $n=400$r/min。

进给速度 $v_f=55$mm/min。

4. 工艺分析

在沟槽铣削加工图样上，沟槽深度有精度要求，用粗铣和精铣两道工序来完成。

5. 毛坯的选择

由图样所示可知，毛坯形状（长方体）选择相对规则即可，毛坯尺寸应大于图样尺寸。

6. 毛坯材料

被加工零件材料有钢、铝、铸铁、不锈钢、铜等。这里主要介绍钢件毛坯材料的加工。毛坯以45钢为例进行介绍。

【任务步骤】

1. 铣削沟槽的要点

1）识图。准备加工某一个工件时，首先要熟读图样，详细而全面地了解和掌握尺寸要求与技术要求。

2）测量毛坯大小，了解加工余量。先将工件毛坯进行测量，了解它的加工余量，确定哪一面该铣掉多少。对于粗糙不平的表面应多铣去些，较平整的表面应少铣去些。

3）确定铣削方法和步骤。按图样要求确定采用什么样的方法和步骤可以达到技术要求，做到心中有数。

4）选择和安装铣刀。

5）装夹工件。

6）为了装夹合理和保证工件加工后的几何形状正确，还必须使工件相对铣床和铣刀的位置正确。

7）确定铣削用量。

8）调整铣床切削位置，把需要紧固的手柄拧紧。

9）起动铣床进行铣削。

10）校验工件。

2. 加工操作流程

（1）工件的装夹　将机用虎钳的钳口和导轨面擦净，将工件放在平行垫铁上，使待加工面高于钳口7mm左右，用扳手夹紧工件后，用铜棒轻轻敲击工件，检查工件下表面是否与平行垫铁贴紧。

（2）对刀

1）工件上表面的对刀。可以采用贴纸的方法进行工件上表面的对刀。铣刀处于工件的正上方，在工件表面贴一张薄纸，主轴旋转，再缓缓地升高垂直工作台，使铣刀刚好擦去纸片。在垂向刻度盘上做好记号，下降垂直工作台，摇动纵向手柄，退出工件。

2）侧面对刀。在工件侧面上贴一张薄纸，移动工作台，使工件处于铣刀端面齿刃位置，开动机床，缓缓移动横向工作台使铣刀刚好擦到薄纸。在横向刻度盘上做好记号，纵向退出工件，移动横向工作台，移动量为S，如图2-25所示。

然后紧固横向工作台。

公式为

$$S=\frac{L}{2}+\frac{B}{2} \tag{2-3}$$

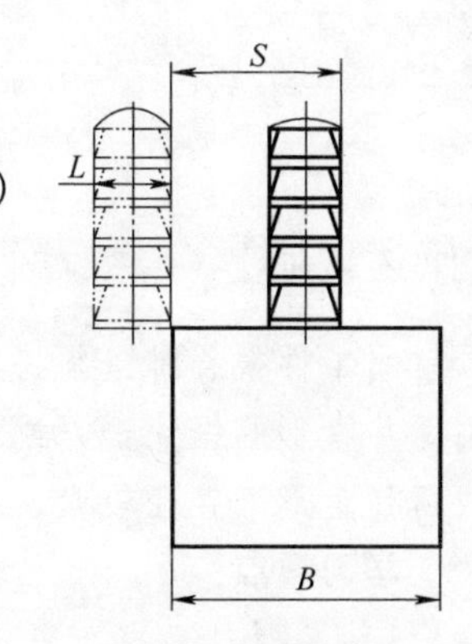

图 2-25　侧面对刀

式中　S——工作台移动距离，单位为 mm；

B——工件宽度，单位为 mm；

L——铣刀宽度，单位为 mm。

（3）手动铣削方式

1）起动机床，使主轴正转。

2）调整铣削深度。

3）调整工作台位置使刀具中心轴线和工件的中心位置重合。

4）铣刀上浇注切削液。

5）用手动进给铣削，选择合理的进给速度，均匀地摇动纵向手柄。

6）操纵进给手柄，完成沟槽铣削粗加工。

7）操纵相应手柄，使铣刀远离工件一定距离至安全位置。

8）停止主轴转动。

9）卸下工件，去除毛刺。

10）以同样的方法精铣即可。

【工件检测】

1）测量槽宽。用游标卡尺测量槽宽。

2）测量槽深。用游标深度卡尺测量槽深。

3）测量对称度。用千分尺测量沟槽两侧尺寸，两次读数差即为对称度差值。

【注意事项】

1）工件必须装夹牢固。

2）铣削沟槽类零件时，做好铣刀的径向、轴向圆跳动的检测。以免造成加工误差。

3）用锤子轻击工件时，不要砸到已加工表面，或与已加工表面连接的棱角。

4）机床主轴未停稳时不得测量工件或触摸工件表面。

5）铣削钢件材料时，必须浇注切削液。

6）应尽量使铣削力朝向固定钳口。

7）做到安全文明操作。

• 项目7　工件的切断 •

【阐述说明】

当工件很长时，须将工件分成若干的小工件。为了节省材料，切断工件时采用薄片盘形的锯片铣刀或切口铣刀。通常选择锯片铣刀进行切断加工。锯片铣刀成薄片盘形，直径较大，一般用于工件的切断。

学习重点：

1）掌握对刀的方法。

2）切断加工操作流程。

学习难点：

正确地切断工件。

【任务描述】

按图2-26所示尺寸要求，正确地切断工件。

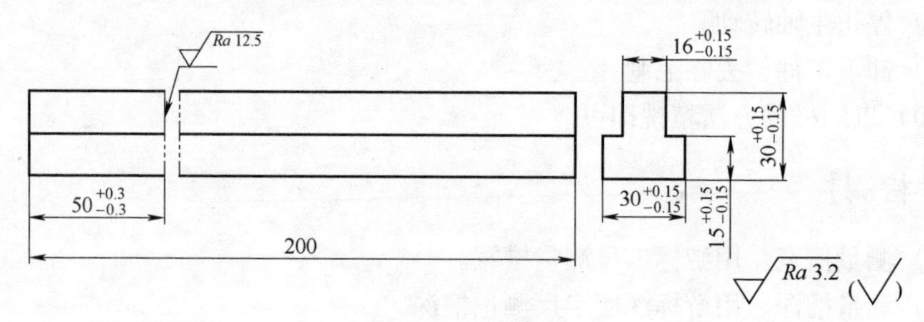

图2-26　切断工件

【任务分析】

按照图样的要求保证切断工件后的尺寸精度要求和表面粗糙度。

1. 加工机床的选用

在卧式铣床上进行切断操作。

2. 铣刀的选用

切断时选用锯片铣刀，对铣刀的直径和厚度都有相应的要求，可通过式（2-4）计算。即

$$B<\frac{L-l_n}{n-1} \tag{2-4}$$

式中 B——铣刀厚度，单位为 mm；

L——毛坯总长，单位为 mm；

l_n——每段长度，单位为 mm；

n——段数，单位为 mm。

铣刀直径可通过式（2-5）计算，即

$$D>2a_p+d \tag{2-5}$$

式中 D——铣刀直径，单位为 mm；

a_p——工件厚度（圆柱工件时为直径），单位为 mm；

d——刀杆垫圈直径，单位为 mm。

3. 铣削用量

主轴转速 $n=60\text{r/min}$。

进给速度 $v_f=30\text{mm/min}$。

4. 工艺分析

切断时可以采用一次铣断或多次铣断的方法。

5. 毛坯的选择

由图样所示可知，毛坯形状（长方体）选择相对规则即可，毛坯尺寸应大于图样尺寸。

6. 毛坯材料

被加工零件材料有钢、铝、铸铁、不锈钢、铜等。本任务所用毛坯材料为 45 钢。

【任务步骤】

1. 切断的要点

1）识图。准备加工某一个工件时，首先要熟读图样，详细而全面地了解和掌握尺寸要求与技术要求。

2）测量毛坯大小，了解加工余量。先将工件毛坯测量一下，了解它的加工余量，确定哪一面该铣掉多少。对于粗糙不平的表面应多铣去些，较平整的表面应少铣去些。

3）确定铣削方法和步骤。按图样要求确定采用什么样的方法和步骤进行加工可以达到技术要求，做到心中有数。

4）选择和安装铣刀。

5）装夹工件。

6）为了装夹合理和保证工件加工后的几何形状正确，还必须使工件相对铣床和铣刀的位置正确。

7）确定铣削用量。

8）调整铣床切削位置，把需要紧固的手柄拧紧。

9）起动铣床进行铣削。

10）校验工件。

注意：被加工工件部分应装夹在机用虎钳钳口以外，以免铣削到机用虎钳。

2. 加工操作流程

（1）工件的装夹　将机用台虎钳的钳口和导轨面擦净，将工件放在平行垫铁上，用扳手夹紧工件后，用铜棒轻轻敲击工件，检查工件下表面是否与平行垫铁贴紧。

（2）对刀　侧面对刀。在工件侧面上贴一张薄纸，移动工作台，使工件与铣刀端面接触，开动机床，缓缓移动横向工作台使铣刀刚好擦到薄纸。在横向刻度盘上做好记号，纵向退出工件，移动横向工作台，移动量为 S，见式（2-6），侧面对刀如图 2-27 所示；然后紧固横向工作台。

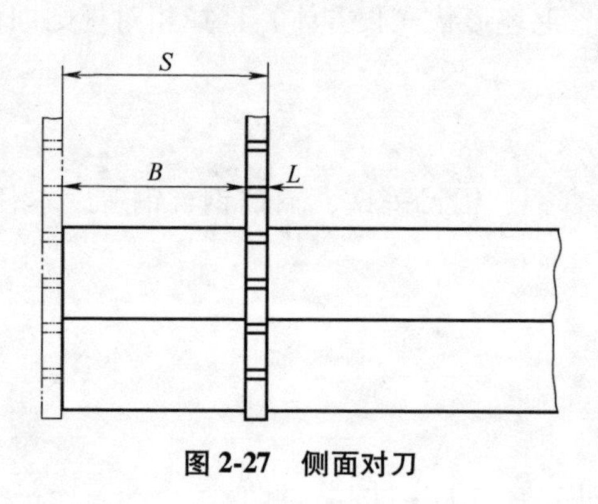

图 2-27　侧面对刀

公式为

$$S=B+L \tag{2-6}$$

式中　S——工作台移动距离，单位为 mm；

B——工件加工长度尺寸，单位为 mm；

L——铣刀宽度，单位为 mm。

3. 手动铣削方式

切断工件如图 2-28 所示。

1）起动机床，使主轴正转。

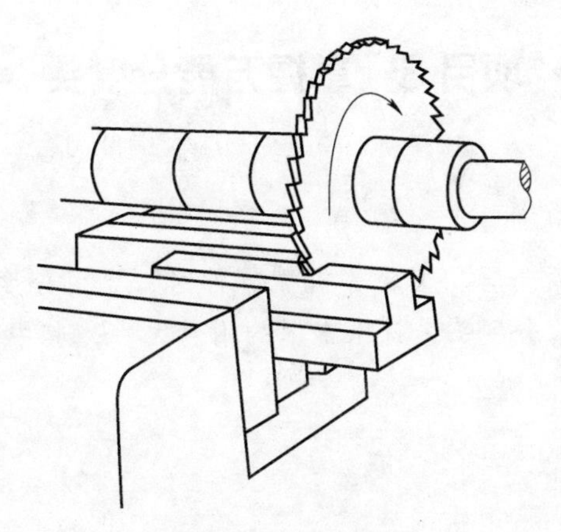

图 2-28　切断工件

2）调整铣削深度。

3）调整工作台位置使刀具中心轴线和工件的中心位置重合。

4）铣刀上浇注切削液。

5）用手动进给铣削，选择合理的进给速度，均匀地摇动纵向手柄。

6）操纵进给手柄，完成沟槽铣削粗加工。

7）操纵相应手柄，使铣刀远离工件一定距离至安全位置。

8）停止主轴转动。

9）松开机用虎钳，移动工件。

10）再用上述同样方法进行装夹和对刀，一次进行切断。

【工件检测】

1）切断后，用游标卡尺测量工件长度。

2）用直角尺检查切口与基准面的垂直度。

【注意事项】

1）工件必须装夹牢固。

2）用锤子轻击工件时，不要砸到已加工表面，或与已加工表面连接的棱角。

3）机床主轴未停稳时不得测量工件或触摸工件表面。

4）切断工件时，通常采用逆铣，并缓慢均匀地手动进给。

5）铣削钢件材料时，必须浇注切削液。

6）锯片铣刀只能用作切断及铣削窄槽，不得用于铣削端面。

7）做到安全文明操作。

• 项目 8　掌握万能分度头 •

【阐述说明】

铣削加工花键、离合器、齿轮等机械零件时，要用分度头对圆周进行分度，才能铣出等分的齿槽。分度头是铣床常用的附件之一，其中，万能分度头的使用最广泛。

学习重点：

掌握万能分度头。

学习难点：

计算分度手柄的转数。

【任务描述】

F11125 型是最常用的一种分度头，“F” 是“分”的拼音字头，“11” 表示万能型，“125” 表示主轴轴线距机座底面的高度尺寸（单位为 mm）。这种分度头可将工件的轴线放置在任意位置，又能对工件作任意的圆周分度，还可以完成螺旋面和等速凸轮的铣削。

【任务分析】

1. F11125 型分度头的外观结构（主视图、左视图）

图 2-29 所示为 F11125 型分度头的结构。

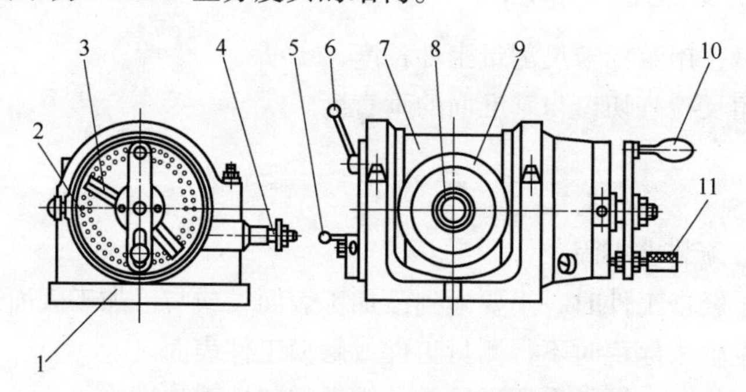

图 2-29　F11125 型分度头的结构

1—机座　2—分度盘　3—分度叉　4—侧轴　5—脱落蜗杆手柄　6—主轴锁紧手柄　7—回转体　8—主轴　9—刻度盘　10—分度手柄　11—定位插销

1）机座。是分度头本体，使用时固定在铣床的工作台面上。

2）分度盘。套装在分度手柄轴上，盘的正反面各有若干圈在圆周上均布的定位孔，配合分度手柄完成分度工作。分度头有两块分度盘，分度盘上的孔圈与孔数见表2-4。

表2-4 分度盘上的孔圈与孔数

分度盘	分度盘上的孔圈与孔数	
	正面	反面
第一块分度盘	24，25，28，30，34，37	38，39，41，42，43
第二块分度盘	46，47，49，51，53，54	57，58，59，62，66

3）分度叉。使用它将工件分度，按分度手柄所需转过的孔距数调整两叉脚之间的夹角，然后进行固定。防止分度后出差错。

4）侧轴。用来安装交换齿轮，进行差动分度和直线移距分度。

5）脱落蜗杆手柄。可让圆柱蜗杆与涡轮脱开或啮合。

6）主轴锁紧手柄。分度后将主轴锁紧。

7）回转体。主轴可随回转体在分度头基座的环形导轨内转动，转动范围为$-6°\sim 90°$的位置。

8）主轴。空心分度头主轴的两端均为锥孔，前锥孔安装顶尖，后锥孔安装心轴，是为了差动分度或直线移距分度时安装交换齿轮。主轴的前端外部有一段定位锥体，用来安装自定心卡盘的连接盘。

9）刻度盘。固定在主轴的前端，与主轴一起旋转。刻度盘上有$0°\sim 360°$的刻度，可直接进行分度。

10）分度手柄。分度时转动手柄，使主轴按一定的传动比转动。

11）定位插销。与分度叉配合，对工件进行准确分度。

2. 分度原理

分度头蜗杆蜗轮的传动比为1∶40（主轴转1圈，手柄转40圈），即分度手柄的转数和工件的等分数关系为

$$40:1=n:\frac{1}{Z} \tag{2-7}$$

$$n=\frac{40}{Z} \tag{2-8}$$

式中 n——分度手柄转数，单位为r；

40——分度头的定数；

Z——工件的等分数（齿数或边数）。

当计算出n不是整数而是分数时，要用分度盘上的孔数进行等分；按分度盘上孔圈的孔数，将分子与分母同时扩大或缩小相同倍数。

例1：在F11125型分度头上铣削一个六面体，求每铣完一边后分度手柄的转数。

$$n=\frac{40}{Z}=\frac{40}{6}\mathrm{r}=6\ \frac{2}{3}\mathrm{r}$$

可以将$6\ \frac{2}{3}$转换为$6\ \frac{20}{30}$，$6\ \frac{26}{39}$，$6\ \frac{36}{54}$，$6\ \frac{44}{66}$……。分度时，按需要选择孔圈数（例如30），在分度手柄转过6圈后，再沿孔数为30的孔数转过20个孔距即可。如选择66，则需换装第2块分度盘，同理分度。

分度盘上附设一对分度叉，其功用是界定沿分度孔圈需转过的孔数，防止分度差错并方便分度，其界定的孔数应等于孔距数加1，如20个孔距时，两分度叉内应界定21个孔。

分度叉使用时，先松开分度叉螺钉，调整叉脚之间的角度，要使分度叉两叉角间的孔数比需要的孔数多一孔，因为第一个孔是作“零”来计数的。分度叉受到弹簧的压力，可以紧贴在孔盘上而不至于走动，每次分度时，拔出定位插销插入分度叉下一侧的孔内，然后转动分度叉，靠紧定位插销。

例2：在F11125型分度头上对齿数$Z=35$的齿轮坯分度铣齿，每铣完一个齿后，分度手柄应转过的转数是多少？

$$n=\frac{40}{Z}=\frac{40}{35}\mathrm{r}=1\ \frac{1}{7}\mathrm{r}=1\ \frac{4}{28}\mathrm{r}=1\ \frac{6}{42}\mathrm{r}=1\ \frac{7}{49}\mathrm{r}$$

如选择孔圈数为49，要使用第2块分度盘的正面49孔的孔圈，每铣完1个齿槽后，分度手柄应转过1圈再转过7个孔距（两分度叉内应界定8个孔）。

项目9　铣削角度面

【阐述说明】

许多机械零件在铣削时，需要利用分度头进行圆周分度，才能铣削出等分齿槽。铣削螺旋线时，使工件连续转动。配合其使用的还有千斤顶、交换齿轮架、交换齿轮轴、交换齿轮以及尾架等。

学习重点：

1）分度头的使用。

2）角度面的加工流程。

学习难点：

铣削角度面。

【任务描述】

按如图 2-30 所示的几何公差和表面粗糙度的要求正确铣削工件。

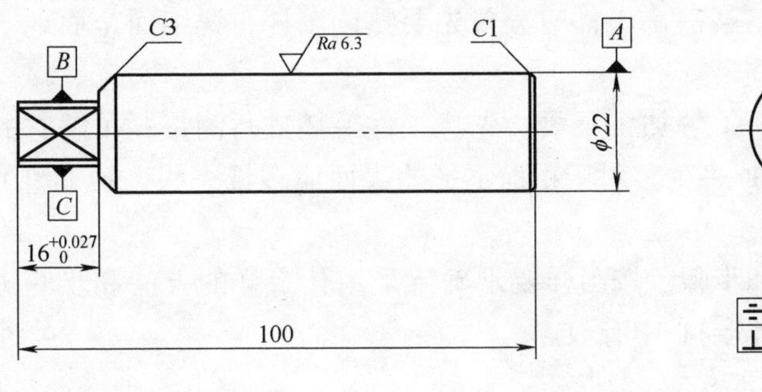

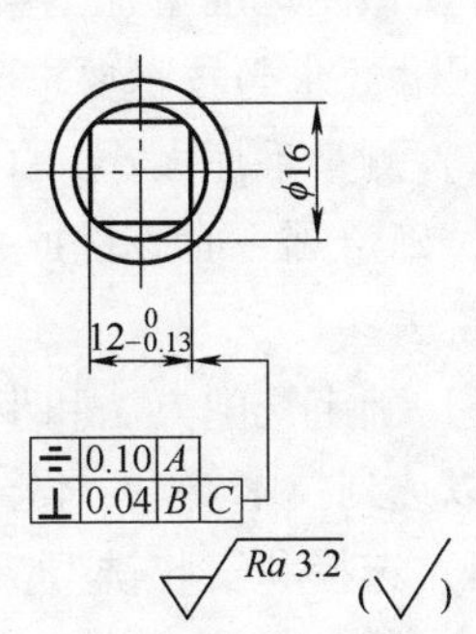

图 2-30　四方形的铣削

【任务分析】

按照图样的要求，保证铣削工件后的尺寸精度要求和表面粗糙度。

1. 加工机床的选用

依据图样，介绍在卧式铣床上进行铣削角度面的操作。

2. 铣刀的选用

依据图样，选用 80mm×10mm 直齿三面刃铣刀进行加工。

3. 铣削用量

主轴转速 $n=75\text{r/min}$。

进给速度 $v_f=95\text{mm/min}$。

4. 工艺分析

依据图样，铣削每一个面时都有精度要求，所以用粗铣和精铣两道工序来完成。

5. 毛坯的选择

由图样所示可知，毛坯形状（长方体）选择相对规则即可，毛坯尺寸应大于图样尺寸。

6. 毛坯材料

被加工零件材料有钢、铝、铸铁、不锈钢、铜等。本任务所用的毛坯材料为 45 钢。

【任务步骤】

1. 铣削角度面的要点

1）识图。准备加工某一个工件时，首先要熟读图样，详细而全面地了解和掌握尺寸要求与技术要求。

2）测量毛坯大小，了解加工余量。先将工件毛坯进行测量，了解它的加工余量，确定哪一面该铣掉多少。对于粗糙不平的表面应多铣去些，较平整的表面应少铣去些。

3）确定铣削方法和步骤。按图样要求确定采用什么样的方法和步骤进行加工可以达到技术要求，做到心中有数。

4）选择和安装铣刀。

5）装夹工件。

6）为了装夹合理和保证工件加工后的几何形状正确，还必须使工件相对铣床和铣刀的位置正确。

7）确定铣削用量。

8）调整铣床切削位置，把需要紧固的手柄拧紧。

9）起动铣床进行铣削。

10）校验工件。

2. 加工操作流程

（1）工件的装夹　将分度头水平安放在工作台中间T形槽内，用自定心卡盘装夹工件，伸出30mm长度，然后找正工件外圆的圆跳动在合理的公差范围，并夹紧工件。装夹方式如图2-31所示。

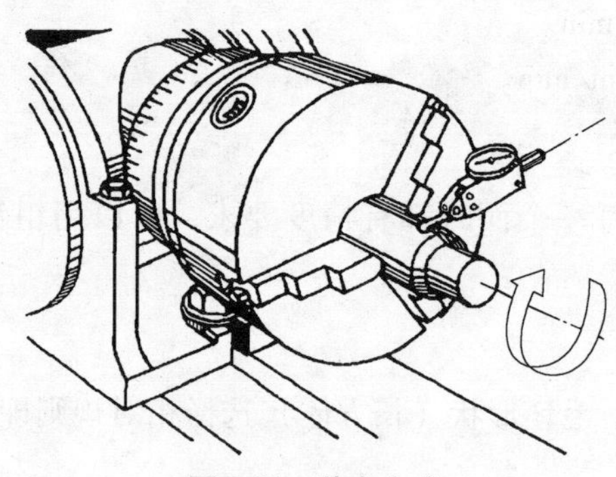

图2-31　装夹方式

注意：找正工件圆跳动在0.04mm之内。

（2）对刀　对刀时，用立铣刀的下端面切削刃与工件的上素线相切。然后沿水平方向退出刀具。将立铣刀安装在铣床上，刀杆伸出长度尽量短，但也要防止强力夹头或主轴与工件或分度头发生碰撞。

（3）手动铣削方式　如图2-32所示。

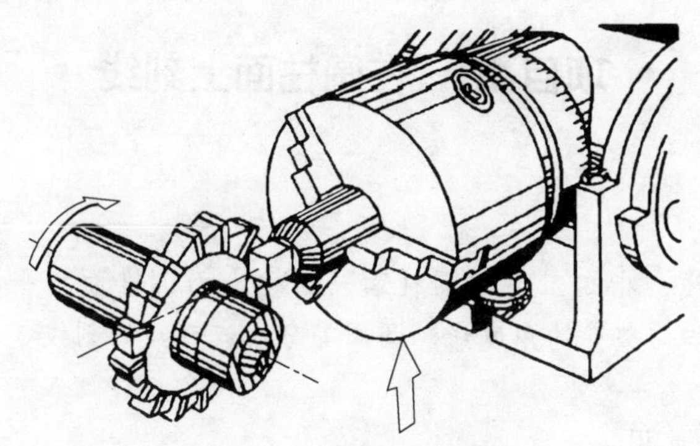

图2-32　手动铣削四方形

1）起动机床，使主轴正转。

2）调整铣削深度。

3）调整工作台位置使刀具中心轴线和工件的中心位置重合。

4）铣刀上浇注切削液。

5）用手动进给铣削，选择合理的进给速度，均匀地摇动纵向手柄。

6）操纵进给手柄，完成四方第一个面的铣削粗加工。

7）操纵相应手柄，使铣刀远离工件，操纵进给手柄，完成四方第一个面的铣削精加工。

8）操纵相应手柄，使铣刀远离工件一定距离，计算出分度手柄应旋转的圈数，转动分度头依次粗铣出各个平面。

9）停止主轴转动。

10）松开机用虎钳，移动工件。

11）再用上述同样方法进行转动分度头并依次精加工各个角度面。

【工件检测】

1）用千分尺测量图样尺寸并检验对称度。

2）用直角尺检查零件垂直度。

【注意事项】

1）工件必须装夹牢固。

2）用锤子轻击工件时，不要砸到已加工表面，或与已加工表面连接的棱角。

3）机床主轴未停稳时不得测量工件或触摸工件表面。

4）在卧式铣床上使用垂向进给时，必须思想集中，以防横梁与自定心卡盘相撞。

5）铣削钢件材料时，必须浇注切削液。

6）做到安全文明操作。

• 项目10　在圆柱面上刻线 •

【阐述说明】

用分度头刻线，指在工件的圆柱面、圆柱端面、锥面和平面上刻出分量准确、线条清晰、均匀整齐的角度线、圆周等分线或直尺的刻线。

学习重点：

1）分度头的使用。

2）刻线操作流程。

学习难点：

正确完成圆柱面刻线。

【任务描述】

如图2-33所示，完成工件刻线。

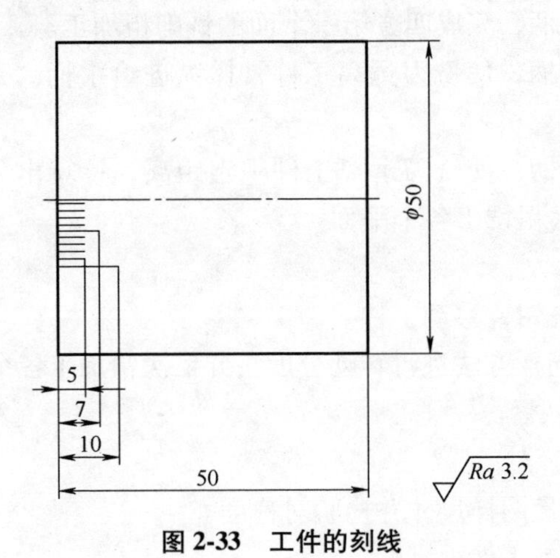

图2-33　工件的刻线

【任务分析】

按照图样的要求保证工件刻线后的尺寸精度要求。

1. 加工机床的选用

以图样为例，介绍在 X6132 型卧式铣床上进行圆柱面刻线操作。

2. 铣刀的选用

以图样为例，选用的刻线刀具为正方形（长×宽为 100mm×12mm）高速钢车刀条，如图 2-34 所示。

3. 铣削用量

主轴转速 $n=55\mathrm{r/min}$。

进给速度 $v_f=65\mathrm{mm/min}$。

4. 工艺分析

由图样为例，为了较好地保证尺寸精度的要求，所以用粗铣和精铣两道工序来完成。

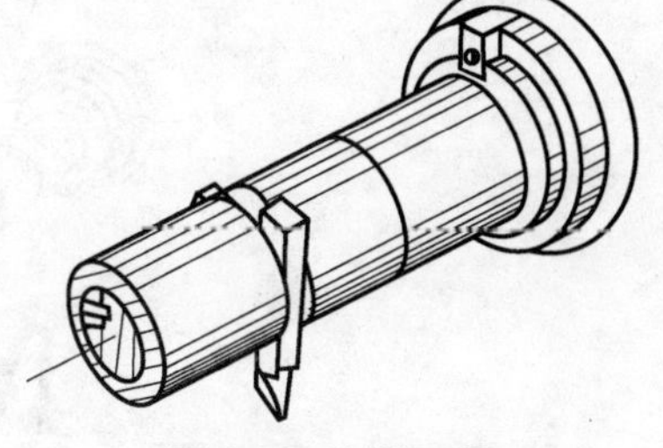

图 2-34　刻线刀具

5. 毛坯的选择

由图样所示可知，毛坯形状（圆柱体）选择相对规则即可，毛坯尺寸应大于图样尺寸。

6. 毛坯材料

被加工零件材料有钢、铝、铸铁、不锈钢、铜等。本任务所用毛坯材料为 45 钢。

【相关知识】

1）分度计算。现要求刻 60°等分线条，即每刻一条线后，分度手柄应在 66 孔圈上转过 44 个孔距。

2）调整分度叉先将分度定位销调整在 66 孔圈的位置上，然后调整两分度叉之间孔数为 45 个孔。

【任务步骤】

1. 工件的装夹

将 F11125 型分度头水平安置，校正分度头主轴轴线与工作台面平行，并与纵向工作台进给方向平行。工件用自定心卡盘装夹，找正圆柱表面的径向圆跳动小于 0. 03mm 即可。

2. 对刀

在工件的圆柱面上划出中心线，先在工件的一侧划线，再到另一侧划线，让分度头旋转 180°，如果两次划线重合即可。

3. 手动刻线加工

操纵纵向工作台手柄，使刻线刀处于刻线部位，垂向微微上升，使刀尖与外圆刚好接触，在垂向刻度盘上做记号，下降工作台，纵向退出工件，刻线加工示意如图 2-35 所示。

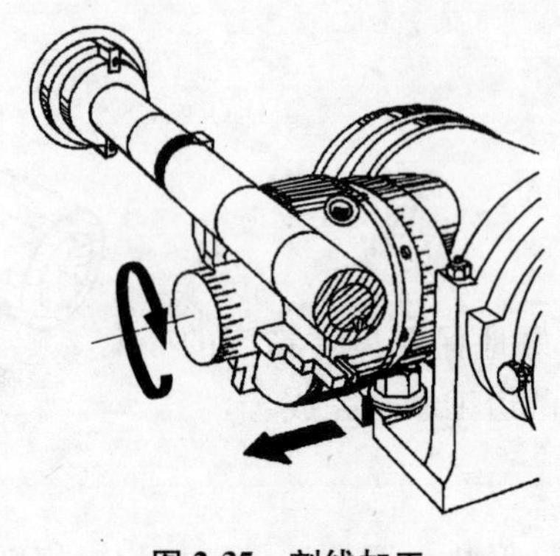

图 2-35　刻线加工

【工件检测】

刻线后用卡尺测量其尺寸精度。

【注意事项】

1）工件必须装夹牢固。

2）刻线前必须找正工件。

3）分度值计算要求准确。

4）在卧式铣床上使用垂向进给时，必须思想集中，以防悬梁与自定心卡盘相撞。

5）给钢件材料刻线时，必须浇注切削液。

6）做到安全文明操作。

• 项目 11　单刀铣削外花键 •

【阐述说明】

在生产加工的过程中，虽然单件花键的加工在花键铣床上加工能达到很高的精度，但需要配花键滚刀，生产成本太高。如果在普通铣床上用单刀加工花键，尤其是对加工精度要求不太高的花键，既经济，又实惠。铣削花键的方法通常有两种：一是先铣中间槽，后铣键侧；二是先铣键侧，后铣中间槽。

学习重点：

掌握单刀铣削外花键的方法。

学习难点：

正确地铣削加工外花键。

【任务描述】

如图 2-36 所示，正确加工工件。加工顺序是先铣中间槽，后铣键侧。

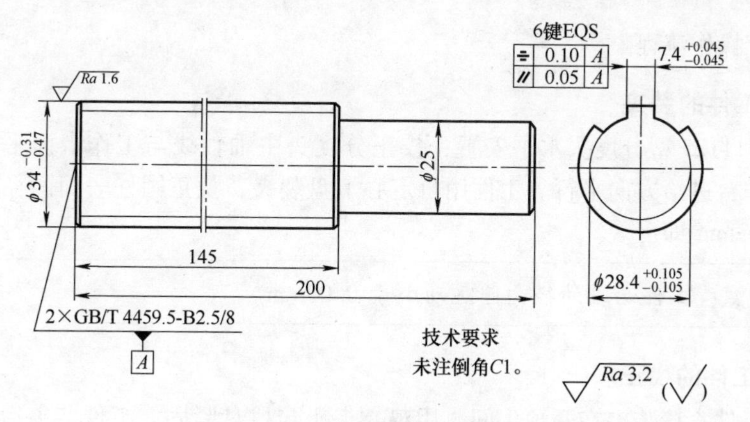

图 2-36 单刀铣削外花键

【任务分析】

按照图样的要求保证工件加工后的尺寸精度要求。

1. 加工机床的选用

由图样为例，介绍在 X6132 型卧式铣床上进行铣削外花键操作。

2. 铣刀的选用

以图样为例，选用直齿三面刃铣刀。

3. 铣削用量

主轴转速 $n=65$r/min。

进给速度 $v_f=85$mm/min。

4. 工艺分析

以图样为例，为了较好地保证尺寸精度的要求，所以用粗铣和精铣两道工序来完成。

5. 毛坯的选择

由图样所示可知，毛坯形状（圆柱体）选择相对规则即可，毛坯尺寸应大于图样尺寸。

6. 毛坯材料

被加工零件材料有钢、铝、铸铁、不锈钢、铜等。本任务所用毛坯材料为45钢。

【任务步骤】

加工操作流程。

1. 工件的装夹

将F11125型分度头水平安置，校正分度头主轴轴线与工作台面平行，并与纵向工作台进给方向平行。工件用自定心卡盘装夹，找正圆柱表面的径向圆跳动小于0.03mm即可。

> **注意：** 工件两端的径向圆跳动小于0.03mm。

2. 工件的找正

将工件直接装夹在两顶尖间，用鸡心夹头与拨盘紧固。工件装夹后，用百分表找正，如图2-37所示。

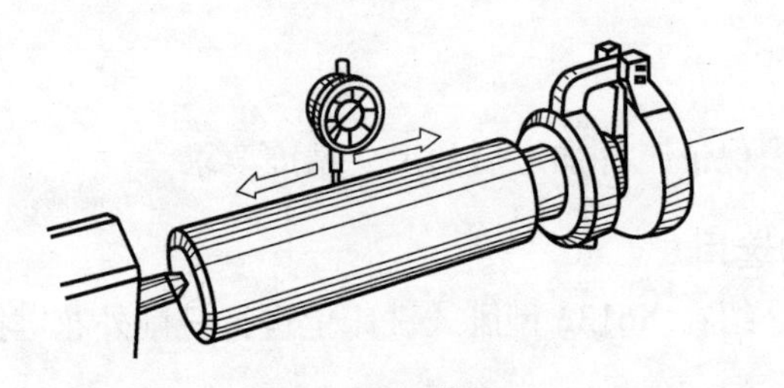

图2-37　工件找正

3. 对刀

采用切痕对刀法，其方法与铣削封闭键槽相同。

4. 手动铣削方式

1）起动机床，使主轴正转。

2）调整铣削深度。

3）调整工作台位置使刀具中心轴线和工件的中心位置重合。

4）铣刀上浇注切削液。

5）用手动进给铣削，选择合理的进给速度，均匀地摇动纵向手柄。

6）操纵进给手柄，首先铣削中间槽，再转动分度头，依次完成其余 5 个槽的加工，如图 2-38 所示。

7）操纵相应的手柄，铣削键侧 1。当中间槽铣削完后，将分度头主轴转过一定角度（该角度需计算得出）使键处于上方位置，根据原来的位置使工作台横向移动一定距离 S_1，如图 2-39 所示。

8）操纵相应手柄，铣削键侧 2，如图 2-40 所示。

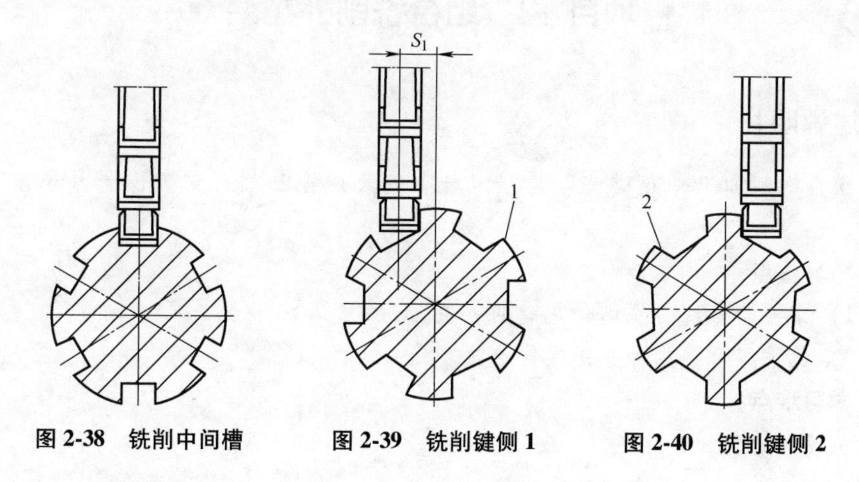

图 2-38 铣削中间槽　　图 2-39 铣削键侧 1　　图 2-40 铣削键侧 2

9）停止主轴转动。

10）松开机用虎钳，卸下工件。

11）再用上述方法进行花键的精加工。

【工件检测】

用百分表检测键的对称度及平行度，如图 2-41 所示。

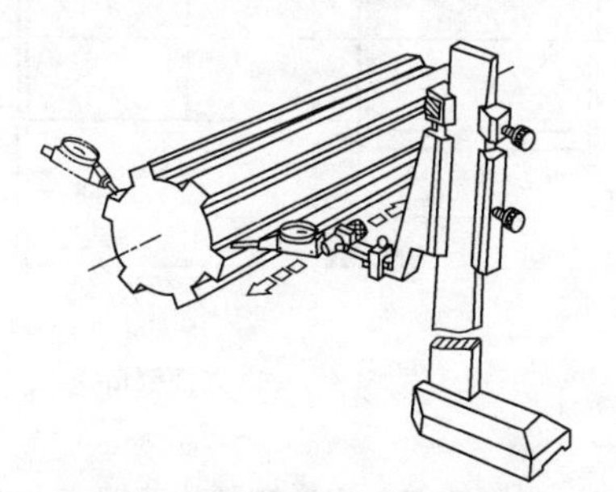

图 2-41 检测花键的对称度及平行度

【注意事项】

1）工件必须装夹牢固。
2）对刀必须准确。
3）分度值计算要求准确。
4）工件要求找正并有精度要求。
5）铣削钢件材料时，必须浇注切削液。
6）做到安全文明操作。

• 项目 12　组合铣削外花键 •

【阐述说明】

组合铣削加工外花键，即是在刀杆上安装两把三面刃铣刀，同时铣出两个键侧。

学习重点：

1）掌握组合铣刀铣削外花键的方法。
2）熟悉组合铣削外花键操作流程。

学习难点：

正确地铣削加工外花键。

【任务描述】

按图 2-42 所示的要求正确地加工工件。

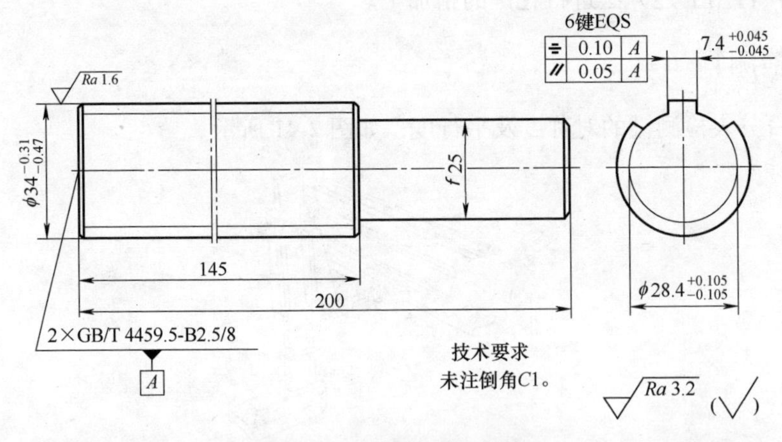

图 2-42　组合铣削外花键

【任务分析】

按照图样的要求保证工件加工后的尺寸精度要求和表面粗糙度。

1. 加工机床的选用

在 X6132 型卧式铣床上进行铣削外花键操作。

2. 铣刀的选用

以图样为例选用两把直齿三面刃铣刀。两把三面刃铣刀直径必须相同，现选用 63mm×8mm 两把三面刃铣刀。

3. 铣削用量

主轴转速 $n=65\mathrm{r/min}$。

进给速度 $v_f=85\mathrm{mm/min}$。

4. 工艺分析

以图样为例，为了较好地保证尺寸精度要求，所以用粗铣和精铣两道工序来完成。

5. 毛坯的选择

由图样所示，毛坯形状（圆柱体）选择相对规则即可，毛坯尺寸应大于图样尺寸。

6. 毛坯材料

被加工零件材料有钢、铝、铸铁、不锈钢、铜等。本任务所用毛坯材料为 45 钢。

【任务步骤】

加工操作流程。

（1）工件的装夹和找正　工件的装夹和找正方法与“先铣中间槽，后铣键槽”的铣削方法相同。

（2）对刀　采用试切法对刀，其方法是尽量使两把三面刃铣刀内侧齿刃对准工件轴心；然后开动机床，垂向工作台逐渐上升，使其与工件外圆同时相切；退出工件，垂向上升 2mm。试铣一段后，用百分表测量键的对称度。

（3）手动铣削方式　如图 2-43 所示。

1）起动机床，使主轴正转。

2）调整铣削深度。

3）调整到加工位置。

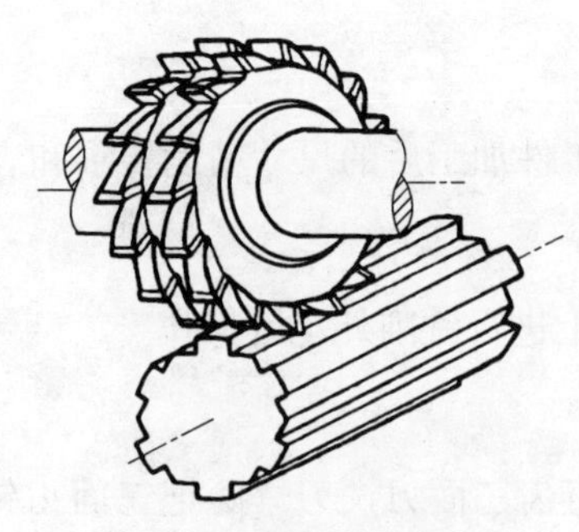

图 2-43　手动铣削外花键

4）铣刀上浇注切削液。

5）用手动进给铣削，选择合理的进给速度，均匀地摇动纵向手柄。

6）操纵相应手柄，当铣刀擦到工件外圆时，在垂向刻度盘上做记号，退出工件，垂向上升，依次完成花键的加工。

7）松开机用虎钳，卸下工件。

8）再用上述方法进行花键的精加工。

【工件检测】

用百分表检测键的对称度和平行度。

【注意事项】

1）工件装夹牢固。

2）两把三面刃铣刀直径必须相同，对刀准确。

3）分度值计算准确。

4）铣削钢件材料应及时浇注切削液。

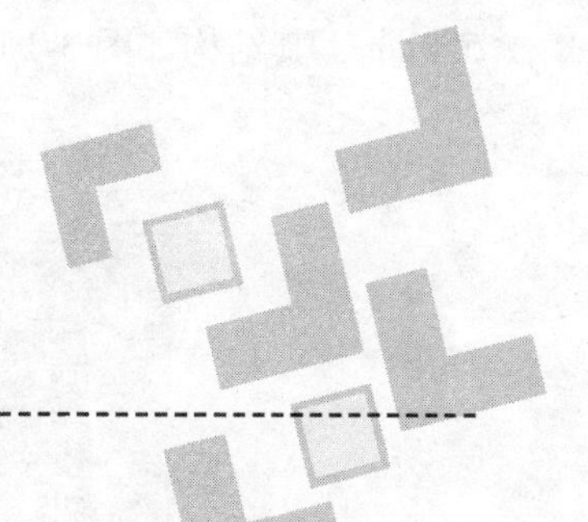

模块3

数控铣床

【阐述说明】

数控铣床（加工中心）是用计算机数字化信号控制的铣床，它可以加工由直线和圆弧两种几何要素构成的平面轮廓，加工立体曲面和空间曲线；采用多轴联动控制加工非圆曲线构成的平面轮廓。本模块介绍一些FANUC系统和GSK系统的相关知识，在模块4中会重点学习华中数控的编程与操作。

学习重点：

1）了解数控铣床的刀具。

2）了解数控铣床的操作面板。

学习难点：

熟练操作数控铣床更换刀具，熟悉操作面板按键。

【任务描述】

在MVC850B铣床上完成刀具装夹的操作。

【任务分析】

在MVC850B铣床上完成正常开机、刀具装夹、主轴变速、进给变速、工作台手动进给、机动进给的基本操作。

• 项目1 数控铣床简介 •

1. 外观结构

以数控铣床MVC850B（FANUC系统）为例，工作行程为800mm×500mm×

550mm，其结构如图 3-1 所示。

图 3-1　MVC850B 数控铣床的结构

2. 组成部分

数控铣床一般由铣床主机、控制部分、驱动部分及辅助部分组成，下面以 MVC850B 数控铣床为例进行介绍。

（1）铣床主机　它是数控铣床的机械本体，包括床身、主轴箱、工作台和进给机构等。工作台、滑座导轨副采用矩形导轨，其承载能力强，移动灵活平稳。工作台上面有三条 T 形槽，中间的 T 形槽为基准槽，用于固定平口钳，装夹待加工件，如图 3-2 所示。

图 3-2　数控铣床的工作台

（2）控制部分　它是数控铣床的控制中心。

（3）驱动部分　它是数控铣床执行机构的驱动部件，包括主轴电动机和进给伺服电动机等。

（4）辅助部分 它是数控铣床的一些配套部件，包括刀库、液压装置、气动装置、冷却装置、润滑系统和排屑装置等。

★ 气动装置——三相电气泵，放置在数控铣床操作间的外面，是实现机床快速装卸刀具的装置，气源压力为0.7~1MPa，如图3-3所示。

★ 平口钳——机用虎钳，精度较高，用于装夹形状比较规则的零件。夹紧力较大，安装到数控铣床的工作台上时，要根据加工精度要求，控制钳口与 *X* 轴或 *Y* 轴的平行度，如图3-4所示。

图3-3 三相电气泵

图3-4 常用机械式平口钳

★ 刀柄——数控铣床使用的刀具通过刀柄与主轴相连，刀柄通过拉钉紧固在主轴上，由刀柄夹持铣刀传递转速、转矩。刀柄与主轴的配合锥面一般采用7∶24锥柄。

★ 立铣刀——数控铣床上应用较多的一种铣刀，普通立铣刀端面中心处无切削刃，不能做轴向进给；侧面的螺旋齿起主要的侧面切削的作用；端面齿主要用来加工与侧面相垂直的底平面，如图3-5所示。

图3-5 立铣刀

★ 面铣刀——圆周表面和端面上都有切削刃，端面切削刃为副切削刃。面铣刀制成镶齿套式结构和可转位结构，刀齿的材料为高速钢或硬质合金，与刀柄安装一起的情形，如图3-6所示。

★ 球头铣刀——用于加工空间曲面的零件，如图3-7所示。

图 3-6　面铣刀

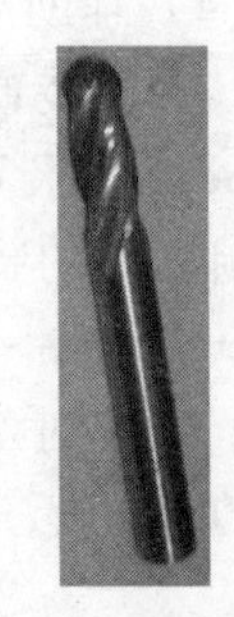

图 3-7　球头铣刀

★ 卸刀座——用于完成铣刀的装卸，其上方有一个圆柱形凸台（凸台的圆周面有两个正方形凸块），侧面有一个半圆的凹槽，如图 3-8 所示。

图 3-8　卸刀座

★ 卸刀扳手——用于拆卸铣刀，根据要拆卸的铣刀，选择相应规格的扳手，如图 3-9 所示。

★ 拆卸立铣刀——将立铣刀锥柄插入卸刀座的圆柱凸台中，凸台上的两个凸块与锥体端面的凹槽相配合，用卸刀扳手卸刀，如图 3-10 所示。

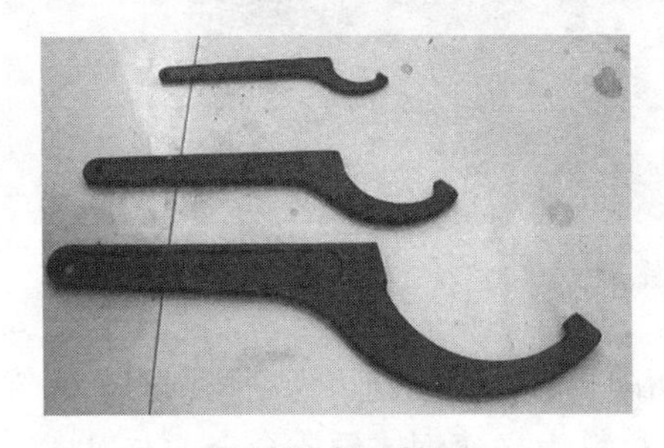

图 3-9　卸刀扳手

图 3-10　用卸刀座拆卸立铣刀

面铣刀的刀齿为小方块，放置在刀具盒内，如图 3-11 所示。

★ 刀齿更换——若加工过程中，面铣刀某个齿崩刃后，从铣床的主轴上将铣刀和锥柄的组合体卸下，放置在卸刀架上，用内六角扳手拆下刀齿的紧固螺栓，更换损坏的刀齿，如图 3-12 所示。

图 3-11 盒内放置若干块铣刀刀齿

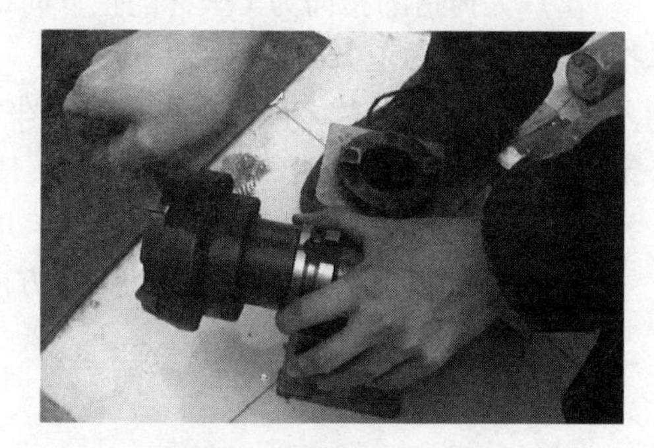

图 3-12 更换面铣刀的刀齿

★ 手动换刀——本机床的松刀、紧刀为气动控制，换刀需先按下机床操作面板上的夹刀/松刀键，换刀过程中，禁止主轴转动，主轴未夹紧之前，禁止主轴运转，如图 3-13 所示。

★ 换刀操作——左手握住刀具，要防止刀具脱落。将刀具的锥柄插入铣床的主轴中，调整位置安装；同时另一手按下主轴头操作面板上的主轴松刀键，如图 3-14所示。

图 3-13 换刀前主轴停转

图 3-14 按下夹刀/松刀键完成换刀

项目2 数控铣床坐标系

1. 坐标系

数控机床的成形运动和辅助运动，是由数控装置来控制。机床上运动的位移和运动方向，通过机床坐标系来实现。坐标系中 X、Y、Z 各轴的关系，用右手笛卡儿直角坐标系决定，具体如下：

1）伸出右手的大拇指、食指和中指，并互为90°。大拇指代表X坐标，食指代表Y坐标，中指代表Z坐标。

2）大拇指的指向为x坐标的正方向，食指的指向为y坐标的正方向，中指的指向为z坐标的正方向。

3）围绕X、Y、Z坐标旋转的旋转坐标分别用A、B、C表示。根据右手螺旋定则，大拇指的指向为X、Y、Z坐标中任意轴的正向，则其余四指的旋转方向即为旋转坐标A、B、C的正向，右手笛卡儿坐标系如图3-15所示。

4）数控铣床上给出三个运动的正方向，如图3-16所示。

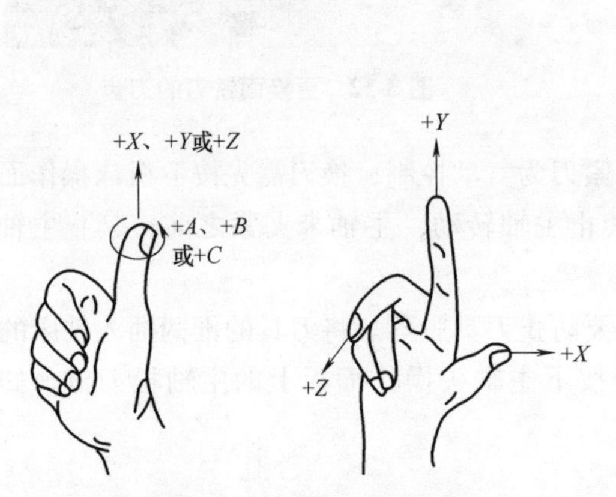

图3-15　右手笛卡儿坐标系

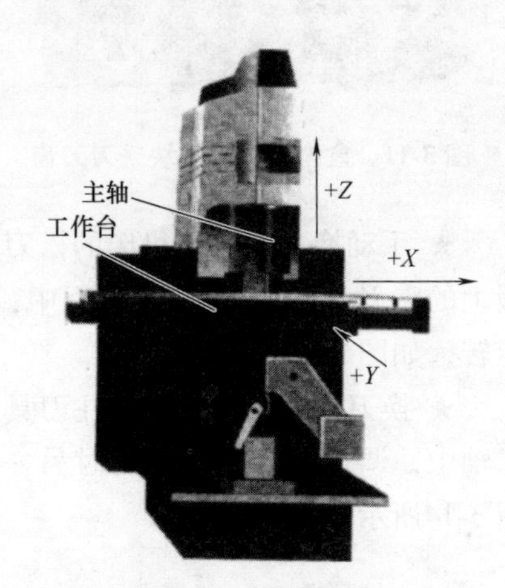

图3-16　铣床坐标系

★ Z坐标——平行于主轴，刀具离开工件的方向为正。

★ X坐标——与Z坐标垂直，主轴上的铣刀是旋转的，面对刀具主轴向立柱方向看，向右为正。

★ Y坐标——Z、X坐标确定后，用右手笛卡儿坐标系来确定。

2. 工件坐标系

工件坐标系又称编程坐标系。

加工原点也称为程序原点，指零件被装夹好以后，相应的编程原点在机床坐标系中的位置。

在切削过程中，数控机床是按照加工原点的位置进行加工。编程人员编制程序时，根据零件的加工图样选定编程原点，建立编程坐标系，计算坐标数值，而不必考虑零件毛坯装夹的实际位置。

加工人员装夹好零件后，调试程序时，将编程原点转换为加工原点，并确定加工原点的位置，在数控系统中给予设定。设定加工坐标系后就可根据刀具当前的位置，确定刀具起始点的坐标值。工件的尺寸坐标值是相对于加工原点而言的，按照加工坐标系的位置，数控机床完成加工。

• 项目3　数控铣床操作面板 •

数控铣床的操作面板。

1）CRT/MDI操作面板。广州数控的GSK 21MA操作面板如图3-17所示。

图3-17　GSK 21MA数控铣床的操作面板

2）可以将面板分成上、中、下三部分，上部由左右两部分组成，左边是显示屏及主要功能键，如图3-18所示。

图3-18　面板左上部的显示屏及功能键

3）面板上部的左边部分主要功能键名称及用途见表 3-1。

表 3-1　面板上部的左边部分主要功能键的名称及用途

序号	功 能 键	用　途
1	位置	显示当前位置的各种坐标
2	参数	显示对系统参数的设置选项
3	偏置	显示或输入刀具偏置量和磨耗值
4	状态诊断	显示各种诊断数据
5	PLC 诊断	所编程序继电器诊断
6	DNC	分布式数控（调用及保存程序）
7	图形	显示或输入设定的图形，选择图形的模拟方式

4）右边的键盘用于程序编辑，如图 3-19 所示。

图 3-19　面板上部的右边部分键盘

5）面板上部的右边部分主要功能键的名称及用途见表3-2。

表3-2 面板上部的右边部分主要功能键的名称及用途

序号	功能键	用途
1		翻页键，折痕向上使页面向后翻，折痕向下使页面向前翻
2	↑ ← → ↓	四种光标移动键 ↓ ——顺方向移动光标 ↑ ——反方向移动光标 → ——右方向移动光标 ← ——左方向移动光标
3	Tab	定位键
4	Shift	上档转换键
5	Ctrl	控制键
6	Back Space	退格键
7	Esc	退出键
8	Alt	交替换档键
9	End	结束键
10	Ins	插入键

6）面板中部、下部的整体部分如图 3-20 所示，面板中部的左边部分键盘如图 3-21 所示。

图 3-20　面板中部、下部的整体部分

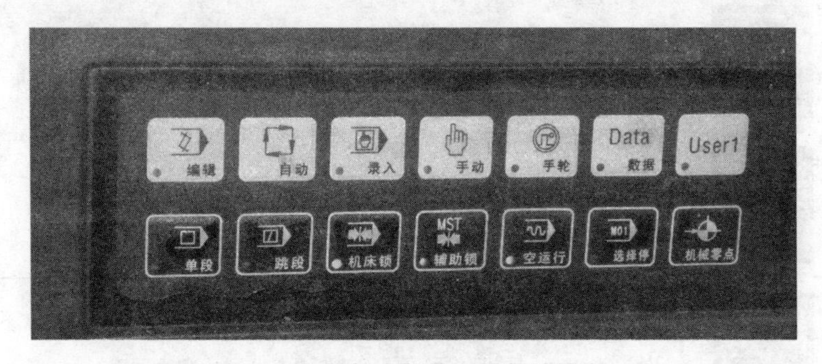

图 3-21　面板中部的左边部分键盘

7）面板中部的左边部分主要功能键的名称及用途见表 3-3。

表 3-3　面板中部的左边部分主要功能键的名称及用途

序号	功 能 键	用　　途
1	编辑	编辑方式选择键
2	自动	自动方式选择键
3	录入	手动数据方式选择键

（续）

序号	功能键	用途
4	 手动	设定手动进给方式
5	 手轮	手轮操作方式选择键
6	数据	数据输入/输出/备份等操作
7	User1	刀库回零键，在手动方式下按此键，刀库沿正向自动回到一号刀位
8	 单段	按下此键，灯亮，执行一个程序段
9	 跳段	按下此键，灯亮，程序运行时跳过带有“/”符的程序段
10	 机床锁	机床锁住，自动方式下按下此键，键上的指示灯亮，各轴均不移动。仅在屏幕上显示坐标轴的变化（使用此功能后一定要进行机床回零），程序运行过程中不能使用此功能
11	 MST 辅助锁	辅助功能锁住，自动方式下按下此键，键上的指示灯亮，机床的辅助功能不能执行
12	 空运行	按下此键，键上的指示灯亮，程序运行速度加快，用于模拟时进给锁定状态。此功能用于无工件装夹只检查刀具的运动
13	 M01 选择停	按下此键，灯亮，程序运行遇到 M01 指令时，机床处于进给暂停状态
14	 机械零点	机床回参考点方式选择键，在手动方式下按此键则进行机床回零操作，根据屏幕提示按相应轴即可自动回零

8）面板中部的右边部分键盘如图 3-22 所示。

9）面板中部的右边部分主要功能键的名称及用途见表 3-4。

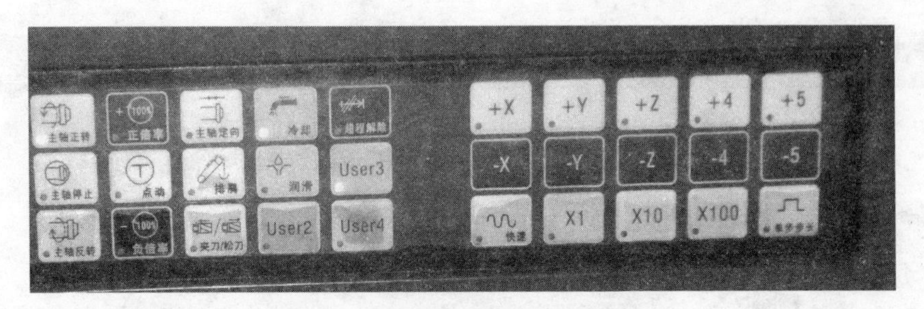

图 3-22 面板中部的右边部分键盘

表 3-4 面板中部的右边部分主要功能键的名称及用途

序号	功能键	用途
1	主轴正转	在 JOG（连续移动）方式下，处于夹刀状态时，按下此键，主轴正转启动（必须具有 S 值）
2	主轴反转	在 JOG（连续移动）方式下，处于夹刀状态时，按下此键，主轴反转启动（必须具有 S 值）
3	主轴停止	在 JOG（连续移动）方式下，主轴停止
4	+100% 正倍率	每按一次主轴倍率增加 5%，最大为 150%
5	点动	手动方式下使主轴点动
6	-100% 负倍率	每按一次主轴倍率减少 5%，最低为 5%
7	主轴定向	伺服主轴时按下此键完成主轴定向动作
8	排屑	排屑启动，手动方式下按下此键排屑，电动机开时其上指示灯亮（配排屑机时）
9	冷却	按下此键，灯亮，此时机床进入液冷状态，再次按该键，灯灭，表示液冷关闭。在任何方式下，其上的灯亮表示液冷打开；灯灭，表示液冷关闭

（续）

序号	功能键	用途
10	夹刀/松刀	夹刀/松刀使用键，每按一次主轴头上的夹刀/松刀键，则切换一次主轴刀具的松/紧动作
11	润滑	润滑启动，手动按下此键，润滑泵开时指示灯亮（选择电动润滑泵）
12	超程解除	当 X、Y、Z 任一轴的任一方向超越极限时，该灯亮。在JOG（连续移动）方式下，按此键，再按下超程解除的相反方向键，退出极限，即可解除超程
13	User3	控制机床工作灯
14	User4	刀库左移至后极限
15	+X +Y +Z -X -Y -Z	在JOG（连续移动）方式下，按下此键，灯亮，相应的轴进行运动，松开此键，则相应方向键的轴停止运动 在“回零”方式下，按正向键，灯闪烁，相应的轴回零运动，到位后，灯灭
16	快速 快速运动键	当各轴回零后，在JOG（连续移动）方式下，按坐标轴的同时按下该键，灯亮，相应的轴以快进速度运动；松开该键，将以手动速度运动
17	X1 X10 X100 步距选择键	在简装式手轮使用时，选择手轮进给步距 手动移动量分别为0.001mm×1，0.01mm×10，0.1mm×100
18	+4 +5 -4 -5	手动正/负向移动第四轴（有第四轴时）或刀库正反转 手动正/负向移动第五轴
19	单步步长	手动单步选择单步的步长值

10）面板下部主要功能键的名称及用途见表3-5。

表 3-5　面板下部主要功能键的名称及用途

序号	功能键	用途
1	急停按钮	使机床紧急停止（使用时用手掌心推入），断开伺服驱动器电源
2	绿灯 电源打开按钮	控制面板的绿色电源开关，按下后灯亮，电源接通
3	红灯 电源关闭按钮	控制面板的红色电源开关，按下后绿灯灭，电源断开
4	主轴转速倍率旋钮	在手动及程序执行状态时，调整主轴转速的倍率
5	速度倍率旋钮	在手动及程序执行状态时，调整各进给轴运动速度的倍率
6	手轮（手动脉冲发生器）	旋转手轮，顺时针旋转则各坐标轴正向移动，逆时针则各坐标轴负向移动。选择进给轴 x、y、z，由手轮轴倍率旋钮调节各刻度移动量的脉冲数

（续）

序号	功能键	用途
7	绿灯 循环启动键	按下此键，灯亮，程序运行
8	红灯 电源（关）	控制面板的红色电源开关，按下后上面绿灯（26）灭，电源断开

• 项目4 数控铣削编程的基础知识 •

1. 建立标准坐标系

建立的标准坐标系是一个右手笛卡儿直角坐标系（项目2中已经提及）。

1）通电后，执行手动返回参考点，以机床的零点为坐标系原点，建立笛卡儿直角坐标系。确定的坐标系会保持不变，直到电源关闭为止。

2）编写设定工件的坐标系（编程坐标系），确定坐标原点和坐标轴。将机床零点、工件零点、刀具原点最后归成一个零点。

2. 程序结构与格式

（1）数控铣床程序结构　数控铣系统的加工程序可分为主程序和子程序，其结构见表3-6。

（2）程序的组成　程序由程序号、程序内容和结束指令三部分组成。

1）程序号。每个程序都有一个程序号，位于程序的开头。在程序号前采用地址码，在FANUC系统中，采用英文字母“O”作为程序编号地址，而其他系统采用“P”“%”和“:”等。

2）程序内容。它是整个程序的核心，由许多个程序段组成。每个程序段由一个或多个指令组成，表示数控机床要完成的全部动作。

3）结束指令。程序结束指令M02或M30，是整个程序结束的符号。

表 3-6 主程序与子程序的结构形式

主 程 序	子 程 序
O2001; N10 G90 G21 G40 G80; N20 G91 G28 X0 Y0 Z0; N30 S2000 M03; N40 T01; …… N70 M98 P2002 L3; N80 G80; …… N110 M09; N120 G91 G28 Z0; M30;	O2002; N10 G91 G83 Y12 Z-12 R3 Q3.0 F200; N20 X12 L9; N30 Y12; …… N40 X-12 L9; N50 M99;

例：

%开始符

O1001；程序号

```
N10   G00   G54   X50 Y30   M03   S900;     ⎫
N20   G01   X88.1 Y30.2   F100 T01 M08;     ⎪
N30   X90;                                  ⎬程序内容
……                                          ⎪
……                                          ⎪
……                                          ⎭
```

N300 M30；结束指令

程序的内容由若干程序段组成，程序段由若干字组成，每个字又由字母和数字组成。

3. 程序段格式

一个程序段中含有执行一个工序所需的数据，程序段有许多指令时，字-地址程序段格式的编排顺序如下：

N___ G___ X___ Y___ Z___ I___ J___ K___ P___ Q___ R___ A___ B___ C___ F___ S___ T___ M___ LF

上述的程序段包含了各种指令，根据程序段的功能编写相应的指令。其格式如图 3-23 所示。

若有运行中需要执行的程序段，在段号字前面加“/”，称为程序段跳跃。仅在“段跳跃”功能被软件或接口信号触发后才生效。

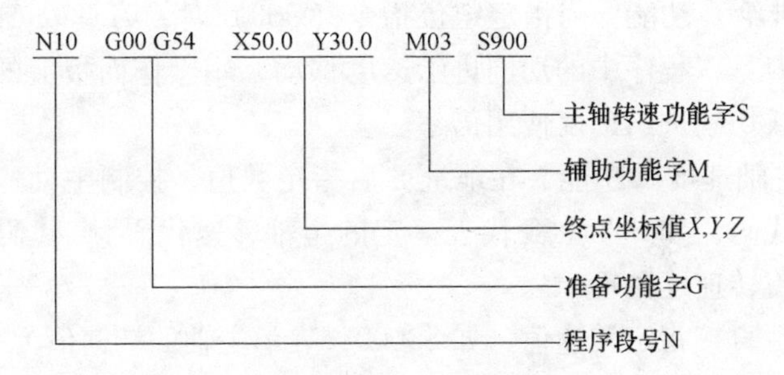

图 3-23 程序段格式

4. BEIJING-FANUC 0*i*-MB 常用指令代码及其含义

(1) 地址码中常用的英文字母及其含义见表 3-7

表 3-7 地址码中常用的英文字母及其含义

地址	功能	含义	地址	功能	含义
N	程序段号	程序段代号（1~9999）	R	坐标字	固定循环定距离或圆弧半径的指定移动指令（±99999. 999mm）
G	准备功能	确定移动方式等准备功能，是选择加工进给方式的指令（00~99）	A	坐标字	绕 *X* 轴旋转
X	坐标字	*X* 轴移动指令（±99999. 999mm）	B	坐标字	绕 *Y* 轴旋转
Y	坐标字	*Y* 轴移动指令（±99999. 999mm）	C	坐标字	绕 *Z* 轴旋转
Z	坐标字	*Z* 轴移动指令（±99999. 999mm）	F	进给速度	进给速度指令（1~10000mm/min）
I	坐标字	圆弧中心相对于起点的 *X* 轴向坐标	S	主轴功能	主轴转速指令（0~9999r/min）
J	坐标字	圆弧中心相对于起点的 *Y* 轴向坐标	T	刀具功能	刀具编号的指令（0~99）
K	坐标字	圆弧中心相对于起点的 *Z* 轴向坐标	M	辅助功能	切削液、机床开/关指令（0~99）
P	程序段号	暂停时间或程序中某功能开始使用的顺序号	L	子程序的标定及子程序调用次数	子程序的标定及子程序的重复调用次数设定（1~9999）
Q	程序段号	固定循环终止段号或固定循环中的定距	—	—	—

（2）F（进给）功能　当指定定位指令（G00）时，刀具以 CNC 设定的速度快速移动。若刀具以程序中的切削进给速度移动，用操作面板上的倍率旋钮，对快速移动速度或切削进给速度使用倍率。

（3）S（主轴速度）功能　在地址 S 后指定数值，控制主轴速度。可在 S 后指定一个数值代码，如 S08（08 代表一定的主轴转速代码），代码信号被送入机床去控制主轴旋转速度。

在地址 S 后直接指定转速值，如 S3000，表示主轴的转速值为 3000r/min。

恒表面切削速度控制，G96 S ___ 不管刀具的位置如何，主轴自动改变转速，维持表面的切削速度（刀具与工件之间的相对速度）恒定。

恒表面切削速度控制取消 G97 S ___

（4）T（刀具）功能　在一个程序段中，只能指定一个 T 代码，如 T01 表示选择机床上 1 号刀具。

5. 数控系统编程指令的应用

对于 BEIJING-FANUC 0*i*-MB 系统而言，有常用的 G 代码指令和 M 代码指令。G 代码的格式及含义见表 3-8；M 代码的格式及含义见表 3-9。

表 3-8　G 代码的格式及含义

功能及代码	说　明	编程格式
定位（G00）	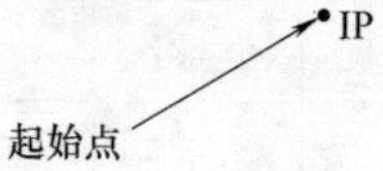 起始点 → IP	G00 IP __;
直线插补（G01）	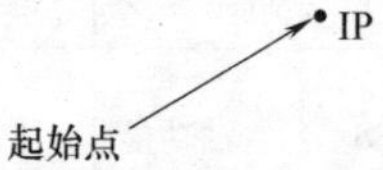 起始点 → IP	G01 IP __ F __;
圆弧插补（G02、G03）	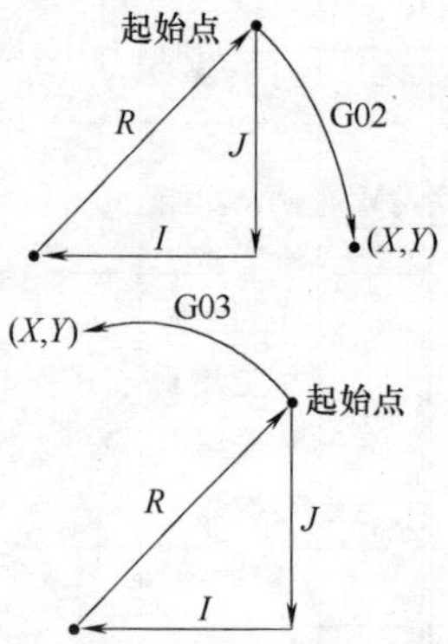 起始点, R, J, I, G02, (X,Y) (X,Y), G03, 起始点, R, J, I	G17 {G02 / G03} X __ Y __ {R __ / I __ J __} F __; G18 {G02 / G03} X __ Z __ {R __ / I __ K __} F __; G19 {G02 / G03} Y __ Z __ {R __ / J __ K __} F __;

（续）

功能及代码	说　明	编程格式
螺旋插补 （G02、G03）	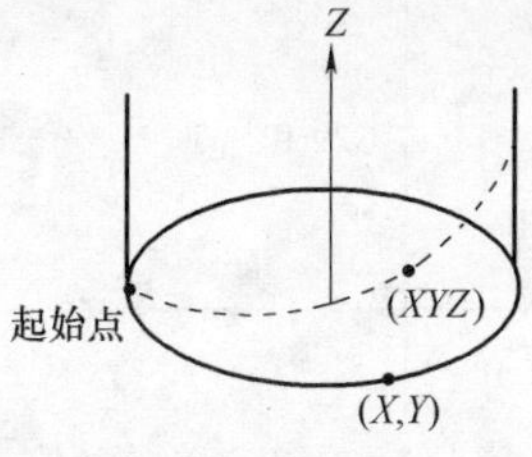 Z 起始点 (XYZ) (X,Y) （在XY平面）	$G17\left\{\begin{matrix}G02\\G03\end{matrix}\right\}X\_\ Y\_\left\{\begin{matrix}R\_\\I\_\ J\_\end{matrix}\right\}\alpha\_\ F\_;$ $G18\left\{\begin{matrix}G02\\G03\end{matrix}\right\}X\_\ Z\_\left\{\begin{matrix}R\_\\I\_\ K\_\end{matrix}\right\}\alpha\_\ F\_;$ $G19\left\{\begin{matrix}G02\\G03\end{matrix}\right\}Y\_\ Z\_\left\{\begin{matrix}R\_\\J\_\ K\_\end{matrix}\right\}\alpha\_\ F\_;$ α：任何圆弧插补轴以外的轴地址
暂停（G04）		$G04\left\{\begin{matrix}X\_\\P\_\end{matrix}\right\};$
准确停止（G09）	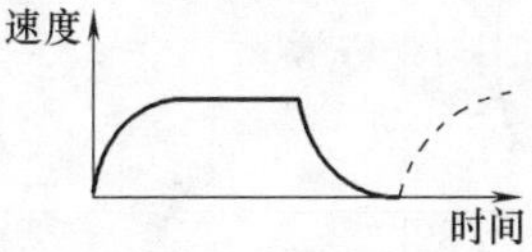 速度 时间	$G09\left\{\begin{matrix}G01\ G02\\G03\end{matrix}\right\}IP\_;$
极坐标指令 （G15、G16）	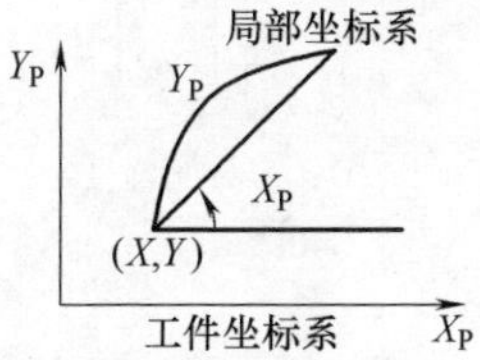 局部坐标系 Y_P Y_P X_P (X,Y) 工件坐标系 X_P	$G17G16X_P\_\ Y_P\_\cdots;$ $G18G16X_P\_\ Z_P\_\cdots;$ $G19G16Y_P\_\ Z_P\_\cdots;$ G15；取消
平面选择 （G17、G18、G19）		G17； G18； G19；
英制/米制转换 （G20、G21）		G20；英制输入 G21；米制输入
返回参考点检测 （G27）	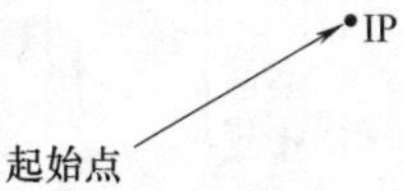 IP 起始点	G27 IP __；
返回参考点 检测（G28） 返回第二参考点 检测（G30）	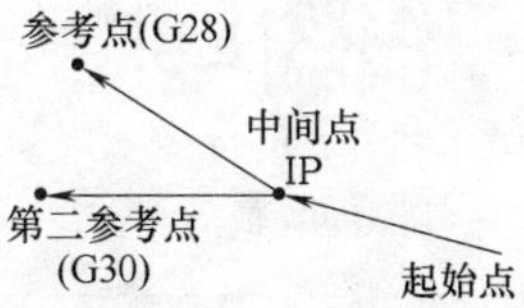 参考点(G28) 中间点 IP 第二参考点 (G30) 起始点	G28 IP __； G30 IP __；

（续）

功能及代码	说　明	编程格式
从参考点返回到起始点（G29）	 参考点 中间点 IP	G29 IP __;
跳转功能（G31）	 IP 跳转信号 起始点	G31 IP __ F __;
螺纹切削（G33）	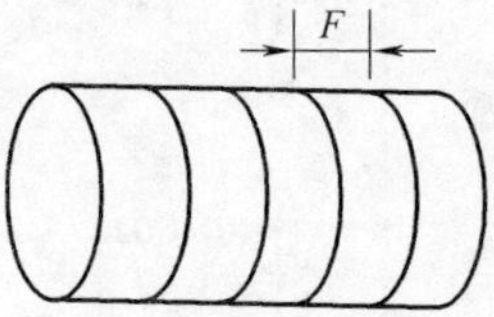 F	G33 IP __ F __; F：螺距
刀具半径补偿 C（G40~G42）	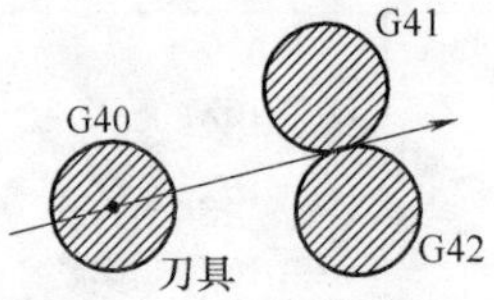 G41 G40 刀具 G42	$\begin{Bmatrix}G17\\G18\\G19\end{Bmatrix}\begin{Bmatrix}G41\\G42\end{Bmatrix}$ D __; D：刀具偏置号 G40：取消
刀具长度补偿 A（G43、G44、G49）	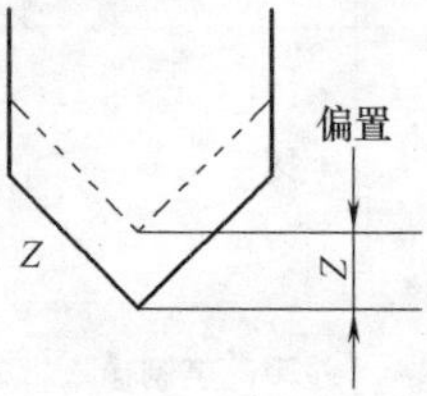 偏置 Z Z	$\begin{Bmatrix}G43\\G44\end{Bmatrix}$ Z __ H __; $\begin{Bmatrix}G43\\G44\end{Bmatrix}$ H __; H：刀具偏置号 G49：取消
刀具长度补偿 B（G43、G44、G49）		$\begin{Bmatrix}G17\\G18\\G19\end{Bmatrix}\begin{Bmatrix}G43\\G44\end{Bmatrix}\begin{Bmatrix}Z\ \_\_\\Y\ \_\_\\X\ \_\_\end{Bmatrix}$ H __; $\begin{Bmatrix}G17\\G18\\G19\end{Bmatrix}\begin{Bmatrix}G43\\G44\end{Bmatrix}$ H __; H：刀具偏置号 G49：取消

(续)

功能及代码	说明	编程格式
刀具长度补偿C (G43、G44、G49)		{G43 / G44} α __ H __; α: 单轴地址 H: 刀具偏置号 G49: 取消
刀具偏置 (G45~G48)		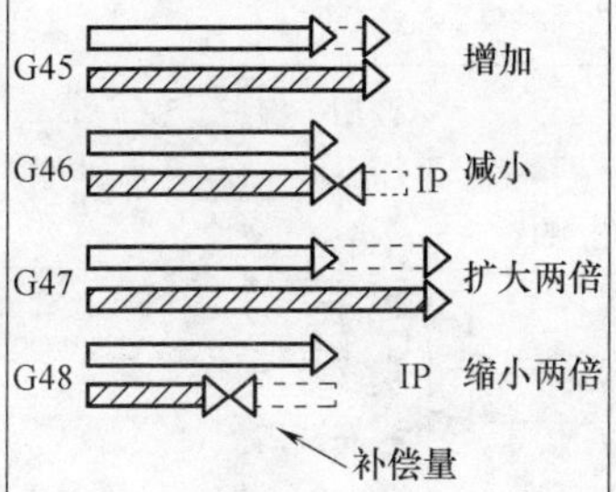 {G45 / G46 / G47 / G48} P __ D __; D: 刀具偏置号
比例缩放 (G50、G51)	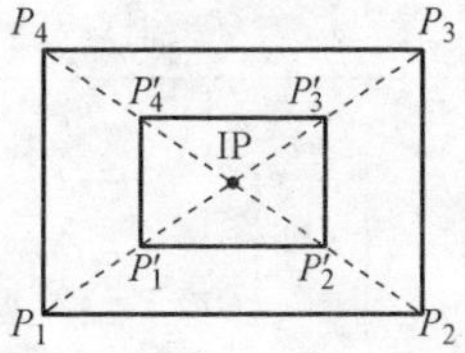	G51X __ Y __ Z __ {P __ / I __ J __ K __}; P, I, J, K: 比例缩放倍率 X, Y, Z: 比例缩放中心坐标 G50: 取消
可编程镜像 (G50.1、G51.1)	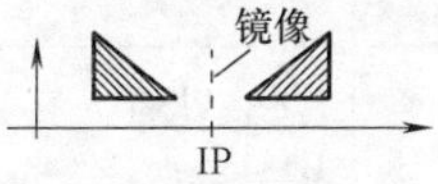	G51.1 IP __; G50.1; (取消)
局部坐标系设定 (G52)	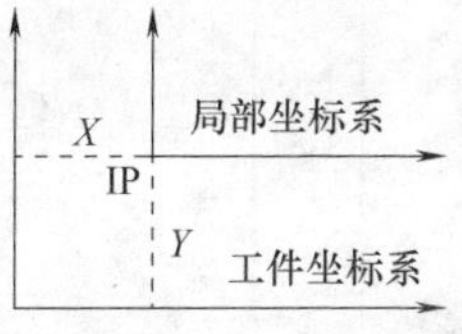	G52 IP __;
机床坐标系选择 (G53)		G53 IP __;
工件坐标系选择 (G54~G59)		{G54 / ⋮ / G59} IP __;
单向定位 (G60)	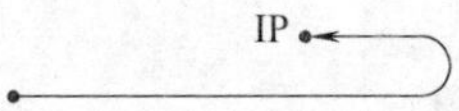	G60 IP __;

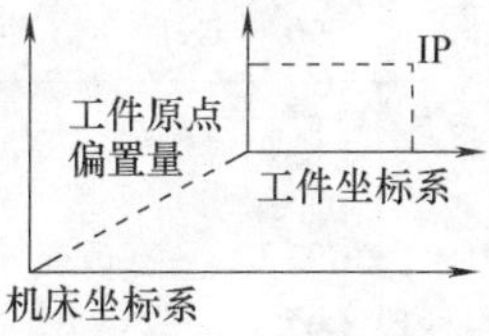

（续）

功能及代码	说　明	编程格式
切削方式（G64） 准确停止方式（G61） 攻螺纹方式（G63） 自动拐角倍率（G62）	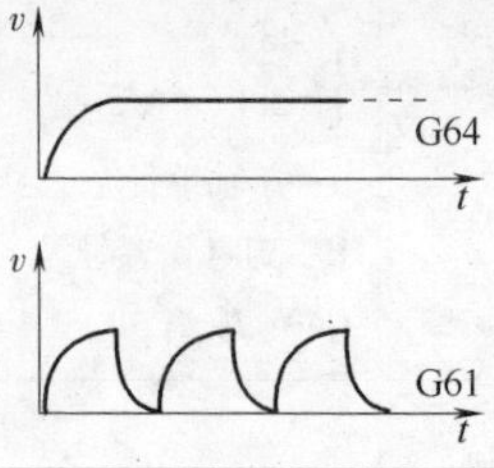	G64 __；（切削方式） G61 __；（准确停止方式） G63 __；（功螺纹方式） G62 __；（自动拐角倍率）
用户宏程序 （G65、G66、G67）	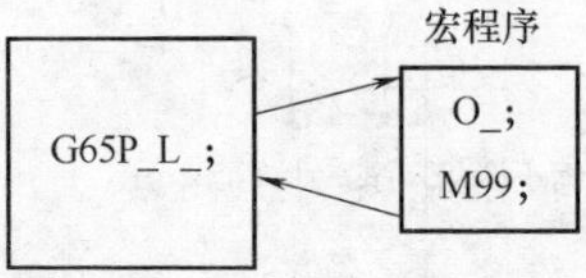	调用一次 G65 P __ L __ <指定自变量>； P：程序号 L：重复次数 模态调用 G66 P __ L __<自变量赋值>； G67；（取消）
坐标系旋转 （G68、G69）	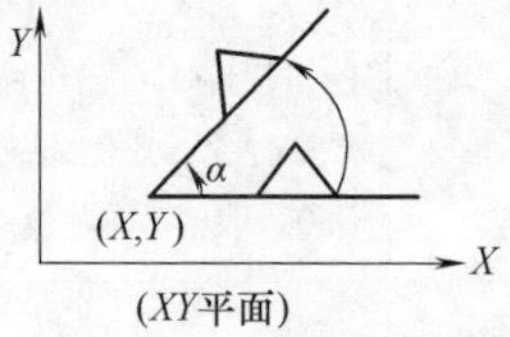	G68 {G17 X __ Y __ ／ G18 Z __ X __ ／ G19 Y __ Z __} Rα； G69；（取消）
固定循环 （G73、G74、 G76、G80～G89）		G80；（取消） {G73 ／ G74 ／ G76 ／ G81 ／ ⋮ ／ G89} X __ Y __ Z __ P __ Q __ R __ F __ K __；
绝对指令/增量指令 编程（G90/G91）		G90 __；（绝对指令） G91 __；（增量指令） G90 __ G91 __；（并用）
工件坐标系变更 （G92） 最大主轴速度钳制 （G92）	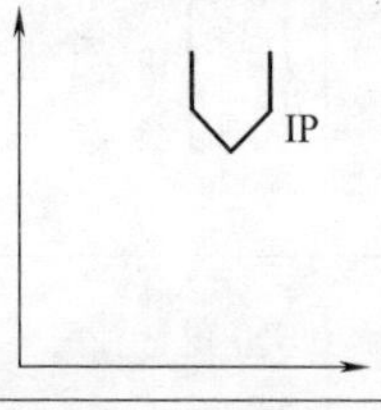	G92 IP __；（改变工件坐标系） G92 S __；（最大主轴速度钳制）

（续）

功能及代码	说　明	编程格式
工件坐标系预置（G92.1）		G92.1 IP 0;
每分/每转进给（G94、G95）	mm/min mm/r	G94 F __；（每分钟进给） G95 F __；（每转进给）
恒表面切削速度控制（G96、G97）		G96 S __；（启动恒表面切削速度控制） （表面速度指令） G97 S __；（取消恒表面切削速度控制） （最大主轴速度指令）
返回起始点/返回 *R* 点（G98、G99）		G98 __; G99 __;

表3-9　M代码的格式及含义

代码	含　义	格　式
M00	停止程序运行	M00…;
M01	选择性停止	M01…;
M02	结束程序运行	M02…;
M03	主轴正向转动开始	M03…;
M04	主轴反向转动开始	M04…;
M05	主轴停止转动	M05…;
M06	换刀指令	M06 T __;
M08（M07）	冷却液开启	M08…; （M07）
M09	冷却液关闭	M09…;
M30	结束程序运行且返回程序头	M30…;
M98	子程序调用	M98 Pxxnnnn 调用程序号为Onnnn的程序xx次
M99	子程序结束	子程序格式： Onnnn M99;

注：1. 00组G代码是单次作用代码，其他均为模态作用代码。

2. BEIJING-FANUC 0*i*-MB数控铣床支持的辅助功能M代码。

• 项目5 MVC850B数控铣床的操作练习 •

【阐述说明】

熟悉该铣床的GSK 21MA操作系统，了解刀补功能添加与撤销的合理性，熟练掌握基本指令的综合使用能力。培养对简单工件的实际加工能力。

1. 开机操作

1）打开机床侧面的电源总开关，即将按钮推上到“ON”位置，如图3-24所示。

2）气泵开关位于总开关的下方，绿色按钮为开，红色为关。按压绿色按钮，这时上面的指示灯（红灯）亮起，显现气泵进入工作状态，气泵向管道中充入压缩空气，如图3-25和图3-26所示。

图3-24 按钮推上到“ON”位置

图3-25 按压气泵的绿色按钮后红灯亮

图3-26 气泵向管道中充入压缩空气

3）数控铣的正面有操作面板，将面板按位置划分上、中、下三个部分。

上部分左边的显示屏是数据的显示区，右边是程序的录入编辑区。中间部分是机床的工作选择状态区。

按压下部分左边的绿色按钮打开电源，等待显示屏进入稳定状态后（大约需要10s），再进行下一阶段的操作，如图3-27所示。

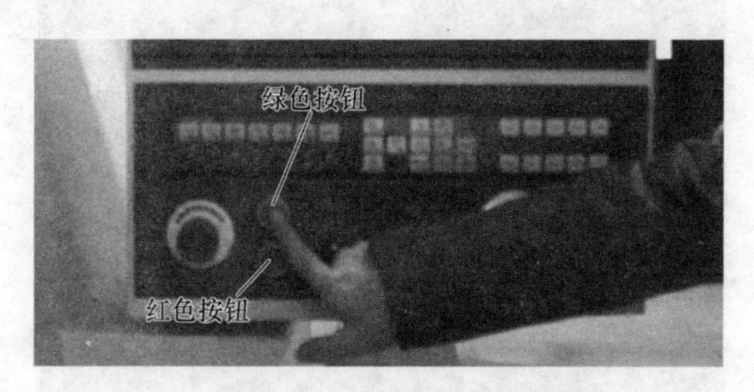

图3-27 按压下部的绿色按钮打开显示屏

在这十几秒的时间里，中部的机床工作选择状态区的指示灯瞬间都亮，然后熄灭，如图3-28所示。

图3-28 中部的机床工作选择状态区的指示灯瞬间都亮

仅有最上方的编程指示灯亮，然后各指示灯依次亮起熄灭，这时系统对每个状态都进行检测，如图3-29和图3-30所示。

图3-29 最上方的编程指示灯亮

图3-30 下面的指示灯亮

显示屏进入稳定状态后，最后仅有“手动”和“主轴停止”的指示灯亮。如图 3-31 所示。这时显示屏上的 X、Y、Z 三轴的坐标是刀位点在当前的绝对坐标系（工件坐标系）的位置，显示功能为“手动点动”。

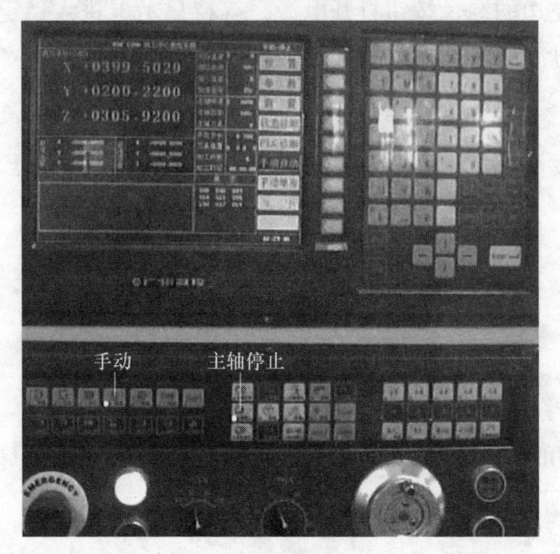

图 3-31　显示屏进入稳定状态

2. 急停操作（EMERGENCY）

1）“急停”按钮的位置在操作面板下方最左侧，是红色大按钮。在机床运行过程中，当刀具要与机床床身、工件夹具碰撞时，用手掌拍按下“急停”按钮，其功能类似汽车的紧急刹车，是保护机床的一种安全措施，如图 3-32 所示。

图 3-32　红色急停按钮（电源开关的左侧）

2）急停时，电动机的电源被切断。

3）按下“急停”按钮后，机床的一切移动立即停止，所有的输出如主轴的转动，切削液等也全部关闭。

4）按下“急停”按钮后，解除的方法是用手旋转“急停”按钮，按钮内部的弹簧将其弹出复位（松开），但所有的输出都要重新启动（完成一半的程序要从头进行）。

3. 了解面板功能操作

显示功能键的各项功能如下：

〔位置〕：显示现在位置，反复按〔位置〕键可以循环显示“相对坐标”“绝对坐标”。

〔程序〕：编辑显示程序，反复按〔程序〕键可以循环显示“MDI”“程序”和“程序目录”三个界面。

〔刀补〕：显示、设定补偿量和宏变量。

〔参数〕：显示、设定参数。

〔诊断〕：显示各种诊断数据。

〔报警〕：显示报警信息。

〔图形〕：显示图形信息。

〔调试〕：机床软操作键。

当按下这些显示功能键后，可直接显示对应的画面。

1）连续两次按同一显示功能键，相当于按〔下页〕键。如按〔图形〕键显示图形参数，再次按〔图形〕键时，显示图形画面。

2）在编辑模式下，显示程序画面，再次按〔程序〕键时，显示程序目录画面；再次按〔程序〕键时，显示程序画面。

3）当选择工件坐标系G54~G59时，〔刀补〕与〔工件坐标〕共用一个显示功能键，再次按时不作为换页键，如果需要换页时，应按翻页键。

4. 〔调试〕功能操作

按压“单段”开关，……选择

按压“跳段”开关，……选择

按压“机床锁”“辅助锁”“空运行”，程序模拟运行。

按压“选择停”，……

按压“机床零点”，……

MDI手动进给方式，在录入方式下运行程序时，G90/G91无效，由此开关设定，关机后保持。

按压“参数”开关，不保持，开机时为关，用于机床参数修订。

〔程序保护〕开关，不保持，开机时为关。

5. 超程处理

如果刀具进入了由参数规定的禁止区域（存储行程极限），导致 X、Y、Z 轴方向上有超程，则显示超程报警，系统的反应是控制刀具减速后，运动停止。此时需要手动把刀具向安全方向移动，然后按〔复位〕键，解除报警。

6. 报警处理

当显示器上显示报警时，如果显示“PS□□□□”，则是关于程序或者参数设置方面的错误，应修改程序或者修改参数。

当显示器上没有显示报警代码时，根据显示器的显示知道系统运行到何处和处理的内容，判断原因，正确处理。

7. 程序的录入与编辑

（1）程序存储、编辑操作前的准备　操作方式设定为编辑方式，在调试画面打开程序开关，按显示键选择程序画面。即可编辑程序。

（2）把程序存入存储器中　选择编辑方式，选择程序画面，输入地址“O”，输入程序号，按〔插入〕键，通过这个操作，存入程序号，然后输入程序中的每个字，按〔插入〕键，将键入的程序存储起来。

例如：在程序画面时，录入“O6001”然后按〔插入〕键，即把程序号为“O6001”的程序存储到铣床中。

（3）程序检索　当存储器存入多个程序，显示程序时，总是显示当前程序指针指向的程序，即使断电，该程序的指针也不会丢失，可以通过检索的方法调出需要的程序，对其编辑或执行，此操作称为程序检索。

1）检索方法（编辑或自动方式）：按地址键〔O〕，键入要检索的程序号，再按光标键〔↓〕。检索结束时，在显示器画面上显示检索出的程序，在画面的右上部显示已检索的程序号。

2）扫描法：按地址键〔O〕，再按光标键〔↓〕。编辑方式时，反复按地址键〔O〕，光标键〔↓〕，可逐个显示存入的程序。

注意：当被存入的程序全部显示出来后，便返回到上一个程序。

（4）程序的删除　按地址键〔O〕，再输入要删除的程序号，最后按〔删除〕键，则对应键入程序号的存储器中的程序被删除。

例如：输入程序号“O6001”，按〔删除〕键，则“O6001”的程序被删除。

（5）删除全部程序　删除存储器中全部程序的方法是：按地址键〔O〕，输入“-9999”并按〔删除〕键。

（6）字的插入、修改、删除　存入存储器中程序的内容可以修改，先将光标移动到要修改的位置，按〔修改〕、〔插入〕、〔删除〕键进行字的修改、插入、删除等编辑操作。

1）字的插入：检索或扫描到要插入的前一个字，用键输入要插入的地址和数字，并按〔插入〕键。

2）字的修改：检索或扫描到要变更的字，输入要变更的地址、数据、按〔修改〕键，则新键入的字代替了当前光标所指的字。

3）字的删除：检索或扫描到要删除的字，按〔删除〕键，则当前光标所指的字被删除。

4）删除到EOB：将从当前光标到EOB的内容全部删除，光标移动到下个字地址下面，按〔EOB〕键，再按〔删除〕键。

5）多个程序段的删除：从现在显示的字开始，删除到指定序号的程序段。

按地址键〔N〕，输入程序号，按〔删除〕键，直至刚才输入顺序号的程序段被删除。光标移到下个字的地址下面。

8. 返回到程序开头的方法

按〔复位〕键，在编辑方式下选择程序画面，返回到程序开头，显示程序的内容。

9. 机床回零点

1）按下电源启动开关，检查"急停"按钮是否在松开状态，若未松开，旋转"急停"按钮，将其松开。

2）检查操作面板上回原点的指示灯是否亮，若指示灯亮，则已进入回零点模式，如图3-33所示。若指示灯不亮，则按下机床工作状态区的〔回零〕键，转入回零点模式，如图3-34所示。

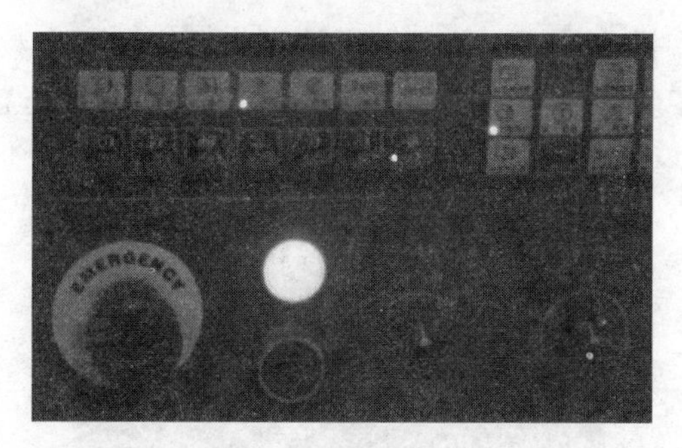

图3-33 按下〔回零〕键（指示灯亮）

图3-34 按下〔+Z〕键（指示灯亮）

3）在回原点模式下，首先用手轮方式将机床向 X、Y、Z 三个方向的负方向移动，使其与机床零点的距离在50mm以上。

4）先将 Z 轴回原点，按下机床工作状态选择区的〔+Z〕键，如图3-35所示。按回车键确定，如图3-36所示。直至 Z 轴回原点指示灯变亮，数据显示区中Z的绝对坐标变为"0.0000"。

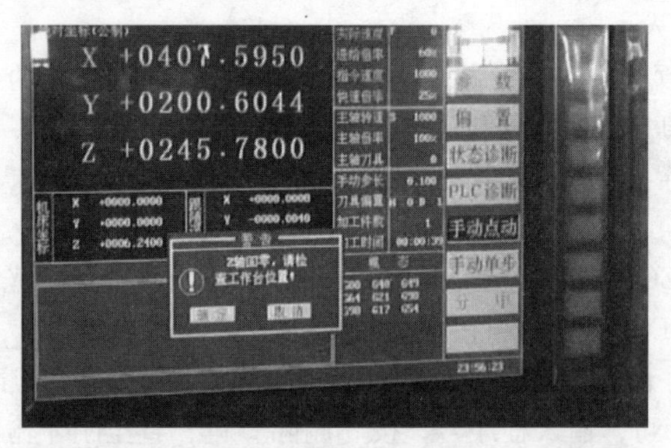

图 3-35　系统提示 Z 轴回零，要检查工作台的位置

图 3-36　按〔回车〕键确定 Z 轴回零

同样，再分别按下〔+X〕、〔+Y〕键，使 X 轴、Y 轴回原点指示灯变亮，数据显示区中显示三轴的绝对坐标均为零。机械回零前，显示屏上方的指示灯为红色，如图 3-37 所示。三轴完成回零后，红灯灭，黄灯亮，如图 3-38 所示。

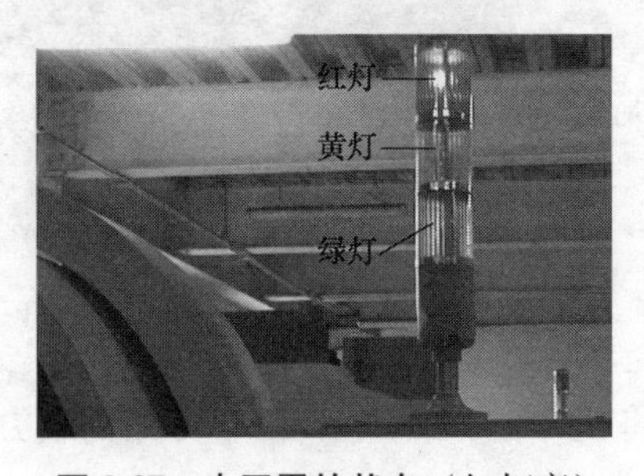

图 3-37　未回零的状态（红灯亮）

图 3-38　回零的状态（黄灯亮）

10. 检查程序的方法

采用双保险的方法，其一是系统对加工件的编写程序检查，查出程序段及代

码编写的错误。其二是用三维坐标，观察数控程序的运行轨迹，通过动态旋转、动态放缩和动态平移等方式对三维运行轨迹进行全方位动态观察。

（1）编写程序检查

1）实际加工工件时，当完成机械回零后，下一步的工作是检查加工件的编程。按下〔编辑〕键后，该键所对应的指示灯会亮，如图3-39所示。

2）屏幕上会出现系统内所存的程序号，选定需要加工的工件程序号，如图3-40所示。

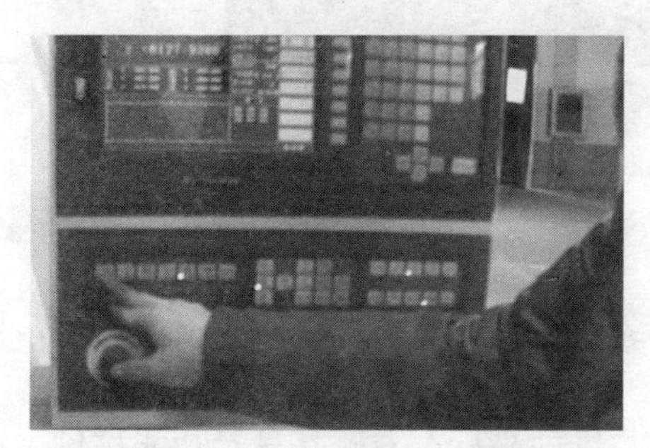
图3-39 按下〔编辑〕键，准备检查程序

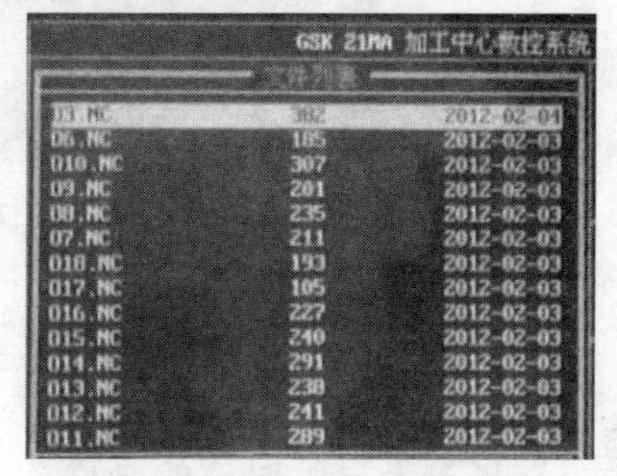

图3-40 选出待加工件的程序号

3）按压右侧的〔打开文件〕键，屏幕上会出现所输入加工件的编程程序，如图3-41所示。

4）按压右侧的〔打开文件〕键后，屏幕上会弹出对话框，系统对编写的程序进行语法检查；如果有错误，系统会提示在哪一行的编写代码有错误。若编写正确，就会顺利完成程序检查，如图3-42所示。

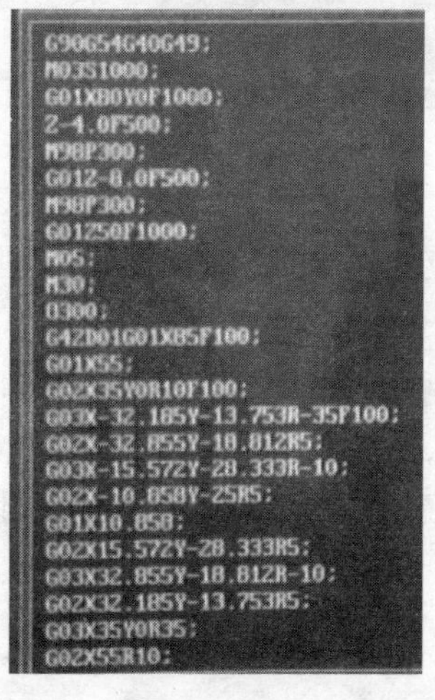

图3-41 屏幕上显示加工件的编程

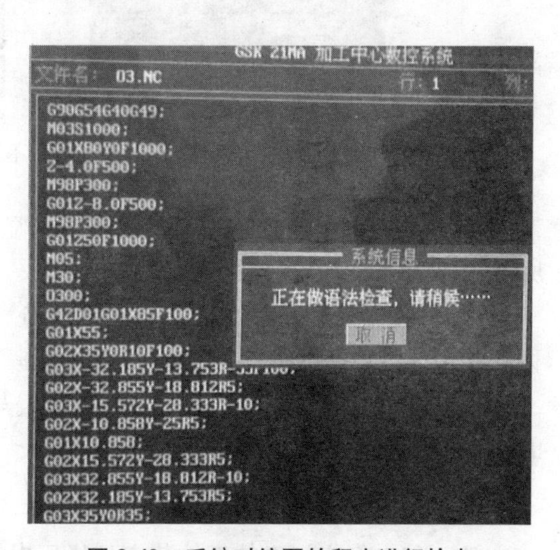

图3-42 系统对编写的程序进行检查

(2) 运行轨迹检查

1) 完成程序的检查后，按下面板最下边的〔自动运行〕、〔主轴停止〕、〔机床锁〕、〔辅助锁〕、〔空运行〕等键，使其对应的指示灯亮，如图 3-43 所示。

图 3-43　按下〔机床锁〕、〔辅助锁〕、〔空运行〕等键

2) 检查图形要对三维运行轨迹进行全方位动态观察，按下〔图形〕键，如图 3-44 所示。

3) 屏幕上显示对应的画面，左侧是二维的坐标，右侧是显示功能按键，按下〔平面切换〕键，如图 3-45 所示。

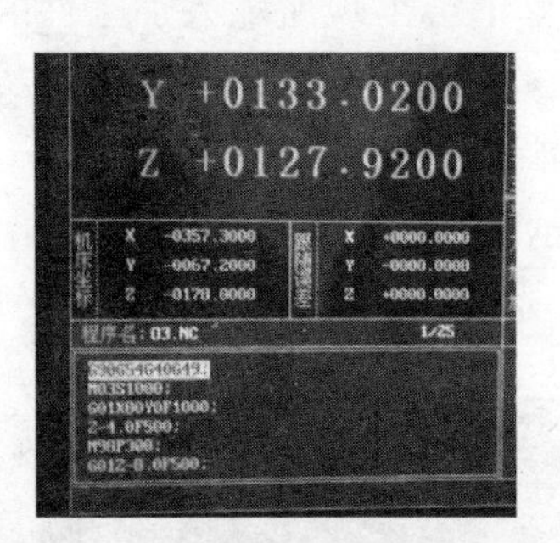

图 3-44　按下〔图形〕键

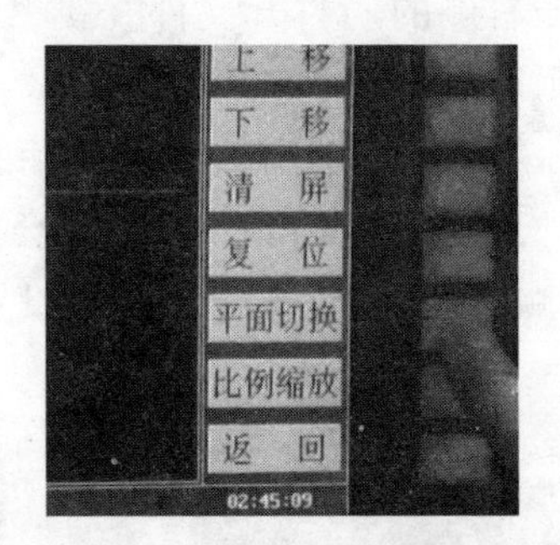

图 3-45　按下〔平面切换〕键

4) 再次按下〔平面切换〕键，屏幕上显示对应的画面是三维坐标，如图 3-46 所示。

5) 系统按编写的程序，模拟运动轨迹，通过动态旋转、动态缩放和动态平移等方式进行动态观察，检验编写的程序是否有误，如图 3-47 所示。

6) 按下〔循环启动〕开关，系统按编写的加工程序、加工路线、绘制刀具的移动轨迹及图形，如图 3-48 所示。

11. 对刀过程

(1) 首先将待加工的工件装夹到机用虎钳之中，用套筒扳手将工件夹紧，如图 3-49 所示。

图 3-46 显示三维坐标

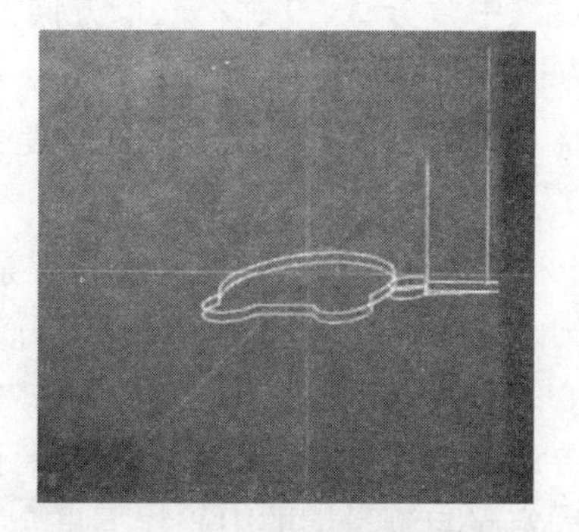

图 3-47 动态观察，检验程序

图 3-48 按下〔循环启动〕，屏幕上显示移动轨迹

（2）按下底部的〔手轮〕、〔主轴正转〕键。再按屏幕旁边的〔位置〕键，屏幕上出现刀位点的 X、Y、Z 相对坐标，如图 3-50 所示。

图 3-49 将工件放入机用虎钳中夹紧

图 3-50 按〔位置〕键，出现 X、Y、Z 相对坐标

对刀是建立编程所用工件坐标系与机床自身坐标系的联系，在三坐标数控铣

床对刀过程中，分 X、Y、Z 三个方向对刀，其中 X 方向、Y 方向可以采用寻边器，Z 方向对刀可以采用 Z 轴定位器。如果没有上述设备，可以采用试切法，试切法的优点是不需要外部设备，缺点是会损伤已加工表面。

（3）X 方向对刀

1）采用寻边器对刀原理。通过观察组成寻边器的两个不同轴的晃动程度来实现对刀，它由固定端和测量端两部分组成。固定端由刀具夹头夹持在机床主轴上，中心线与主轴轴线重合。测量时，主轴以 400r/min 的转速旋转，通过手动方式，使寻边器向工件基准面移动靠近，让测量端接触基准面。在测量端未接触工件时，固定端与测量端的中心线不重合，两者呈偏心状态。当测量端与工件接触后，偏心距减小，这时使用手轮微调进给（或点动方式），寻边器继续向工件方向移动，偏心距逐渐减小，当测量端与固定端的中心线重合的瞬间，主轴中心位置距离工件基准面的距离等于测量端的半径，如图 3-51 所示。

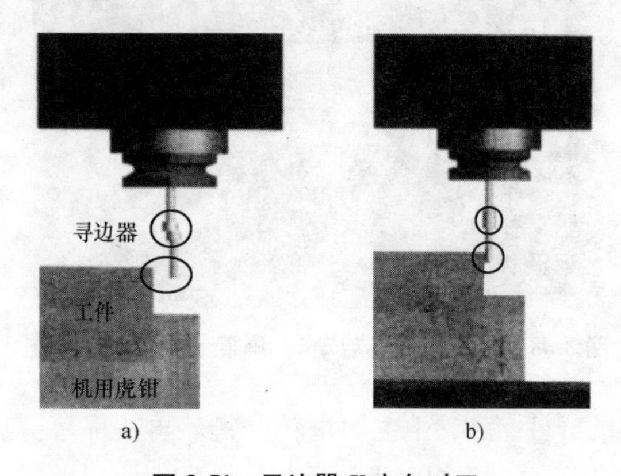

图 3-51　寻边器 X 方向对刀

a）测量端靠近基准面　b）测量端与固定端轴线重合

2）对刀步骤。按下机床功能选择区〔位置〕键，使数据显示区显示机床的位置信息。将手脉（手动脉冲发生器）方向档调为“X”，倍率调为“×100”档，沿“-”方向转动手轮将寻边器移动到工件的一侧（要多移动一段距离，避免下降时与工件边缘碰撞），再按方向档调为“Z”，沿“-”方向转动手轮将寻边器下降，要降到比工件表面稍低的位置。

然后将方向档调为“X”，沿“+”方向转动手轮将寻边器靠近工件；当寻边器距离工件较近时，倍率调为“×10”档，继续沿“+”方向转动手轮将寻边器靠近工件，当寻边器距离工件非常近时，将倍率调为“×1”档，在缓慢转动手轮的同时，集中注意力观察寻边器的变化，当测量端与固定端的中心线重合的瞬间，即与工件刚好接触时，机床屏幕上相对坐标界中“X”闪动，按〔取消〕键，将此时 X 的相对坐标清零。将方向档调为“Z”，倍率调为“×100”档，将寻边器抬高，离开工件表面，然后将寻边器移动到工件 X 方向的另一侧，用同样的方法使寻边器与工件紧密接触，此时机床屏幕显示的相对坐标即为工件 X 向尺寸与寻边器直径之和，按下〔分中〕键，系统运算后将数值除以 2，如图 3-52 所示。屏幕显示 X 坐标为该数值，将寻边器移动到该值，反复按〔位置〕键，记录下屏幕显示 X 坐标（机床坐标）。

（4）采用试切法 X 方向对刀　采用试切法对刀与使用寻边器的步骤相同，只是最终观察的不是寻边器的变化，而是旋转铣刀对工件表面的微小切削。

1）按下〔主轴正转〕键，利用〔+Z〕、〔+X〕键，摇动手轮将铣刀调整到工件 X 轴方向的一侧，当铣刀在工件表面切下微小切屑时（看铣刀位置，听声音），停止转动手轮，如图 3-53 所示。

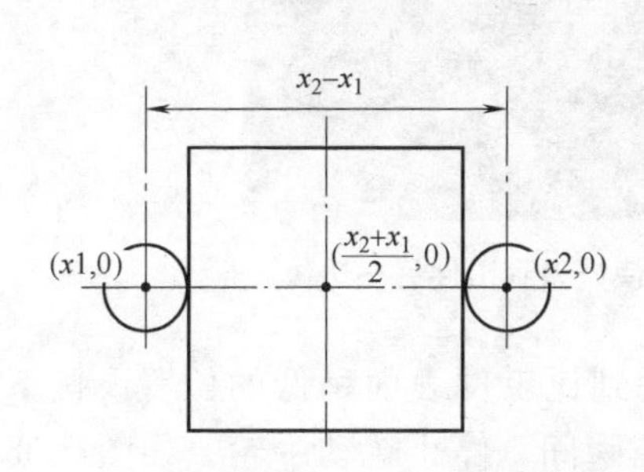

图 3-52　测量 X 方向的另一侧得出中点

图 3-53　铣刀在工件一侧表面切下微小切屑

2）在面板上方的右侧分别按下〔0〕、〔X〕两个键，如图 3-54 所示。

3）屏幕上弹出对话框，询问是否完成将“X”清零，按下〔确认〕键，如图 3-55 所示。

图 3-54　按下〔0〕、〔X〕两个键

图 3-55　按〔回车〕键确定清零

4）屏幕上显示的相对坐标 X 完成清零，如图 3-56 所示。

5）按下〔+Z〕键，将铣刀快速提起；再按〔+X〕键，用手轮摇动工作台沿 X 轴方向平移，使铣刀处于工件另一边上方的位置，如图 3-57 所示。

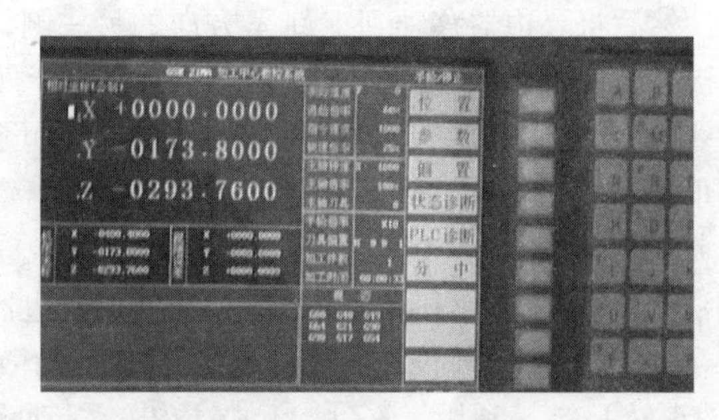

图 3-56　完成 *X* 的清零

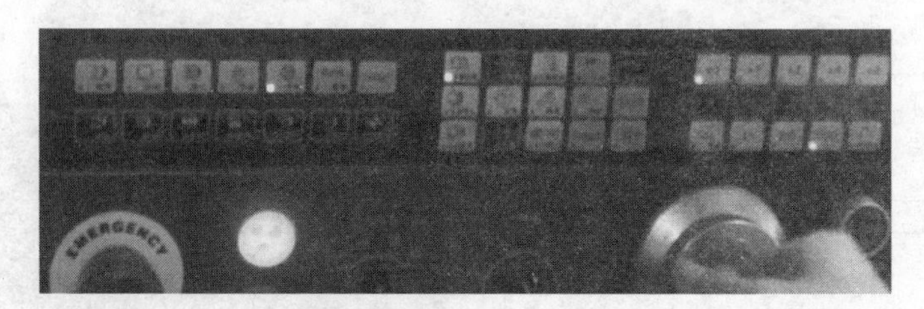

图 3-57　按下〔+Z〕、〔+X〕键，使铣刀到工件另一边

6）按下〔+Z〕键，转动手轮使铣刀移动到比工件表面稍低的位置。按下〔+X〕按键，当铣刀在工件表面切下微小切屑瞬间，停止转动手轮，如图 3-58 所示。

7）此时屏幕上显示工件左边的 *X* 坐标值（右边的 *X* 坐标值已经清零），需要计算工件长度方向的中点，按下〔分中〕键，如图 3-59 所示。

图 3-58　在工件的另一侧切下微小切屑

图 3-59　按下〔分中〕按键

8）按下〔分中〕按键后，按键的颜色变成黑色，屏幕上会弹出对话框，询问是否要完成分中，按回车键确定即可，如图 3-60 所示。

9）按下〔+Z〕按键，将铣刀快速提起；再按〔+X〕按键，用手轮摇动工作台沿 *X* 轴方向慢慢平移到中间位置，如图 3-61 所示。

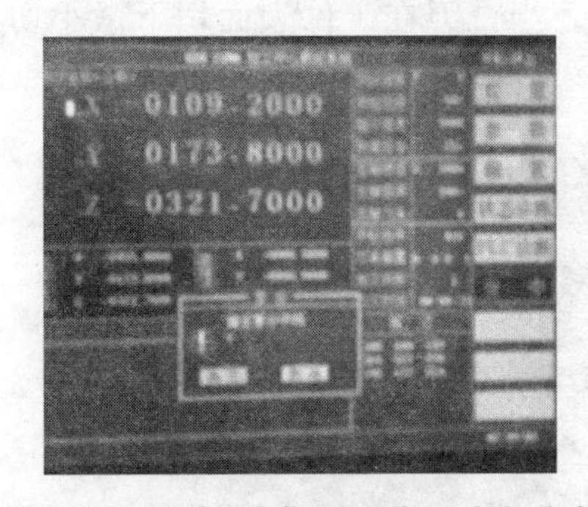

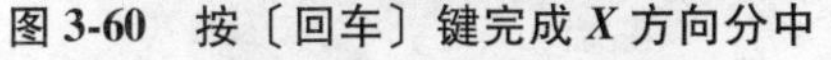
图3-60 按〔回车〕键完成X方向分中

图3-61 将铣刀移动到中间位置

10）慢慢地摇动手轮，铣刀移动到X轴的中点，即“对中”点时，屏幕上X轴的相对坐标为+0000.0000，如图3-62所示。

（5）Y方向对刀 Y方向对刀与X方向相同，只是实施的方向在Y向。

1）铣刀此时在X轴中点的位置，按下〔+Y〕键，转动手轮，工作台沿Y轴前移，使铣刀到了工件后边；按下〔+Z〕键，铣刀下移到比工件表面低的位置。再按下〔+Y〕键，慢慢转动手轮，当铣刀在工件表面切下微小切屑瞬间，停止转动手轮，如图3-63所示。

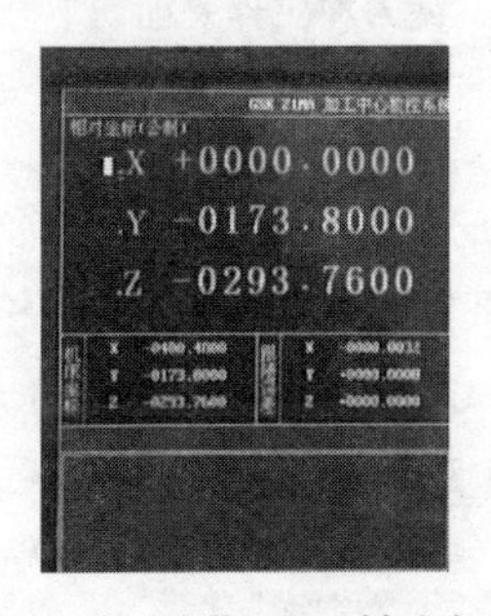

图3-62 “对中”后X轴坐标为零

图3-63 铣刀在工件后表面切下微小切屑

2）要将工件的Y坐标清零，的在程序录入编辑区内，按下〔0〕、〔Y〕键，如图3-64所示。

3）屏幕上会弹出对话框，询问Y轴是否要完成清零，按回车键确定即可，如图3-65所示。

4）完成Y轴清零后，屏幕上X、Y的坐标为零，但含义不同，X的“零”是已经完成X方向对中的“零”。而Y轴的零是将Y轴的一边设定为“零”，如图3-66所示。

5）按下〔+Z〕键，将铣刀快速提起；再按〔+Y〕键，用手轮摇动工作台沿Y轴方向移动，铣刀移动到工件的前面；按下〔+Z〕键，铣刀下移到比工件表面低的位置。再按下〔+Y〕键，慢慢转动手轮，当铣刀在工件表面切下微小切屑瞬间，停止转动手轮，如图 3-67 所示。

图 3-64 按下〔0〕、〔Y〕键

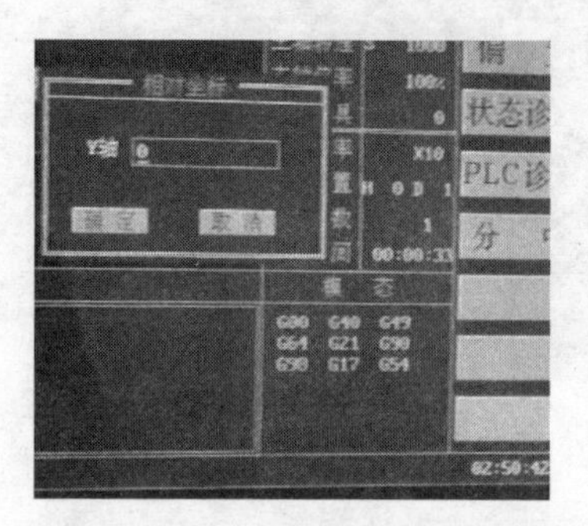

图 3-65 按〔回车〕键确定清零

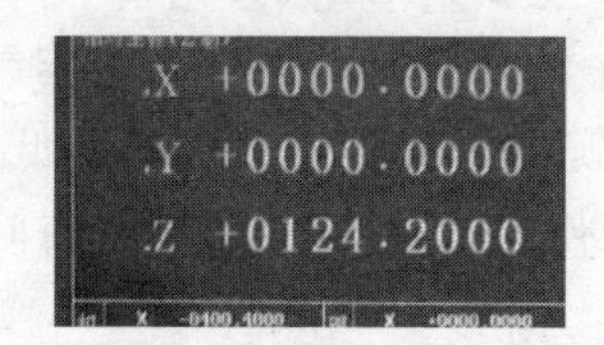

图 3-66 屏幕上 *X*、*Y* 的坐标为零

图 3-67 铣刀在工件表面切下微小切屑

6）按下〔分中〕按键，对 *Y* 坐标值分中，屏幕上出现对话框后，按回车键确认，就得到工件 *Y* 方向长度的中点，如图 3-68 所示。

7）按下〔+Z〕按键，将铣刀快速提起；再按〔+Y〕按键，用手轮摇动工作台沿 *Y* 轴移动到分中位置，这时屏幕上 *Y* 坐标为+0000. 0000，工件的 *X*、*Y* 轴均已完成对刀，确定坯料上表面的中心为零点，如图 3-69 所示。

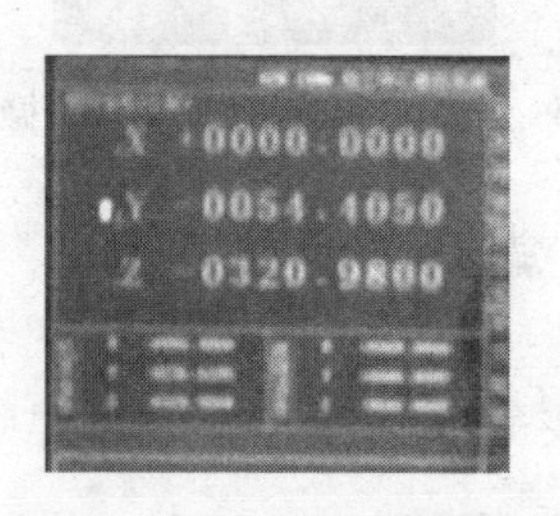

图 3-68 对 *Y* 坐标值分中

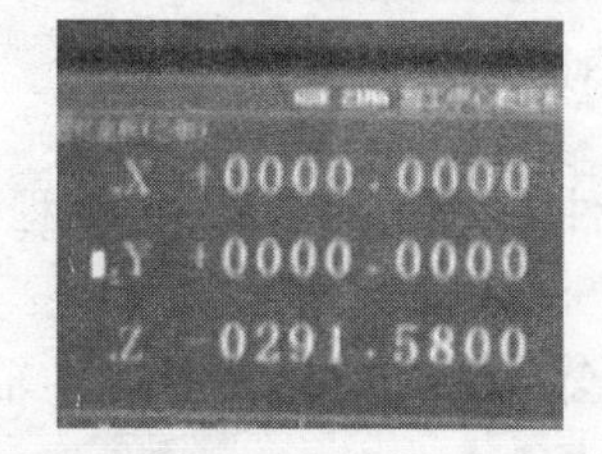

图 3-69 完成工件 *X*、*Y* 方向对刀

（6）*Z* 轴对刀

1）采用 *Z* 轴定位器对刀。*Z* 轴定位器（见图 3-70）是具有标准高度，表面具有较高硬度的量具。使用它可以避免对已加工表面造成损伤。

将 *Z* 轴定位器放置在工件表面，方向档调为“Z”，倍率调为“×100”档，沿“-”方向转动手轮将铣刀移动到 Z 轴定位器的上方，当铣刀距离工件较近时，倍率调为“×10”档。当铣刀距离工件非常近时，将倍率调为“×1”档，在缓慢转动手轮的同时，集中注意力观察，铣刀与 Z 轴定位器刚好接触时，Z 轴定位器会发出光信号，将此时的刀具 Z 向坐标值加上 Z 轴定位器的高度值，即得到刀尖到工件表面的距离，如图 3-71 所示。

图 3-70　Z 轴定位器

图 3-71　采用 Z 轴定位器对刀

2）采用试切法对刀。试切法对刀与使用 Z 轴定位器的步骤相同，只是最终观察的不是 Z 轴定位器的光信号，而是旋转铣刀对工件表面所铺薄纸的挤压。

试切法 Z 向对刀时，按下〔手动〕、〔主轴停止〕、〔+Z〕键，先快速地让铣刀接近工件，距离工件非常近时，则要缓慢转动手轮，如图 3-72 所示。

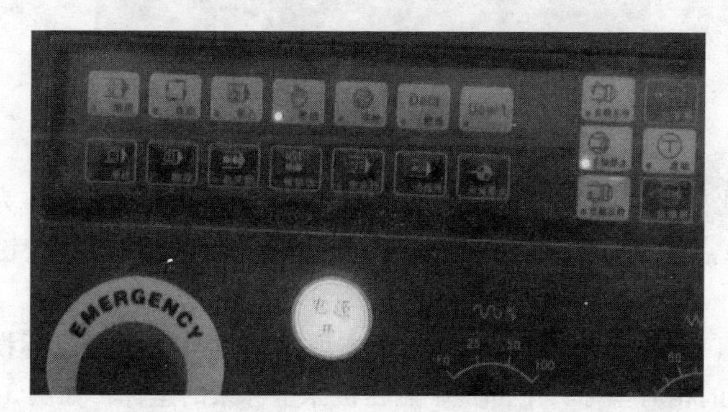

图 3-72　按下〔手动〕、〔主轴停止〕等键

工件的上表面涂抹一点润滑油，将一张纸覆盖其上，纸被油浸润后，紧密地贴合在工件上表面，如图 3-73 所示。

用一只手按住纸张，使其在工件的上表面滑动；另一只手慢慢转动手轮，使铣刀下移。当纸被铣刀恰好顶住而不能移动时，马上停止手轮转动，如图 3-74 所示。

图 3-73　工件表面覆盖一张纸

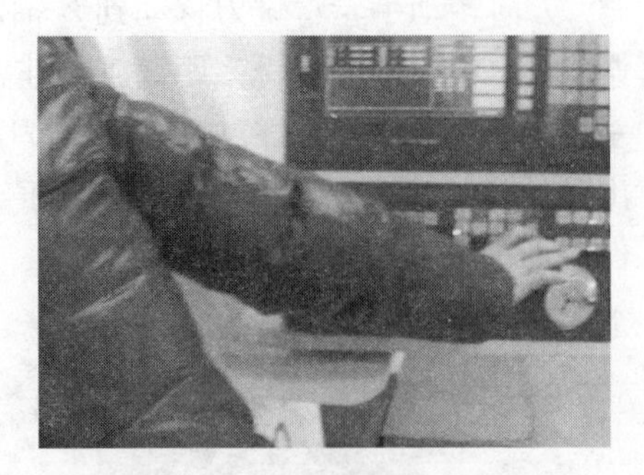

图 3-74　纸不能移动时停止手轮转动

3）屏幕右侧是程序录入编辑区，按键输入〔0〕、〔Y〕后，屏幕弹出的对话框询问是否 Z 轴回零，按回车键确认，如图 3-75 所示。

图 3-75　输入〔0〕、〔Y〕后确认 Z 轴回零

4）工件坐标系（编程坐标系）中，工件的表面的中点，要作为加工的零点（对刀点），该点的坐标为：$X=0$、$Y=0$、$Z=0$，按下〔偏置〕按键，如图 3-76 所示。

5）按下〔偏置〕键，显示屏的右侧出现〔刀偏设置〕、〔坐标设置〕键，左侧上部是中点的相对坐标，下部是中点在机床坐标系的坐标，如图 3-77 所示。

6）按下显示屏右侧的〔坐标设置〕键，如图 3-78 所示。

7）出现的画面是坐标设置表，上边的 X、Y、Z 坐标是中点在机床坐标系的位置，而下边的坐标是 G54（选择的工件坐标系）的位置，要把下光标键〔↓〕移动到 G54 的 X 坐标，然后按〔自动输入〕键，如图 3-79 所示。

8）同样将下光标键〔↓〕移动到 G54 的 Y、Z 坐标，然后按〔自动输入〕按键，这样 G54 的 X、Y、Z 坐标就与它在机床坐标系的坐标值相同，如图 3-80 所示。

图 3-76 中点的相对坐标为（0，0，0）

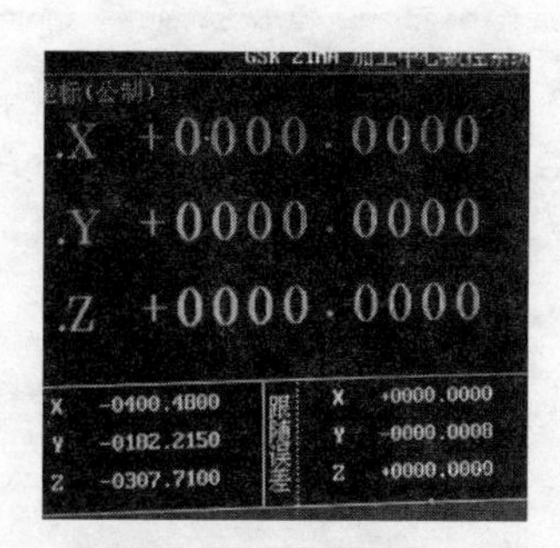

图 3-77 按下〔偏置〕键出现的画面

图 3-78 按下〔坐标设置〕键

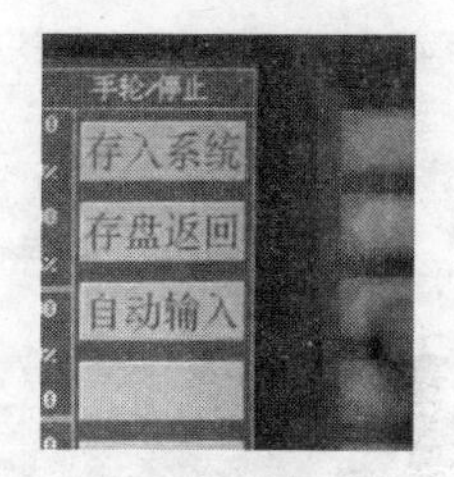

图 3-79 用光标键〔↓〕和〔自动输入〕键修改 *X* 值

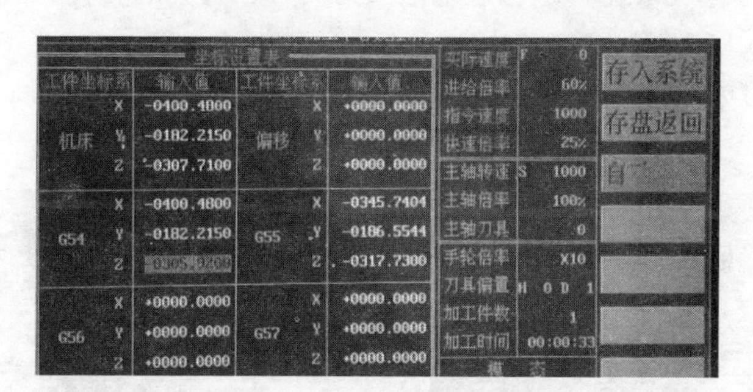

图 3-80 将 G54 的坐标修改成机床坐标

9）完成 G54 的坐标修改后，按下〔存盘返回〕按键，这样工件表面的中点（编程零点）的偏置量输入到机床的偏置器中，如图 3-81 所示。

10）存盘返回后，要再次打开查看两坐标相同对应的坐标值是否相同，以免出现差错，要养成这种复查的习惯，如图 3-82 所示。

11）完成坐标设置后，还要进行刀具补偿，按下〔设置〕、〔刀具偏置〕键，如图 3-83 所示。

12）显示屏上出现刀具的偏置号、刀具的长度、刀具的直径等，移动光标〔↓〕到所需刀具号（画面中是 001），输入刀具直径的数值，如图 3-84 所示。

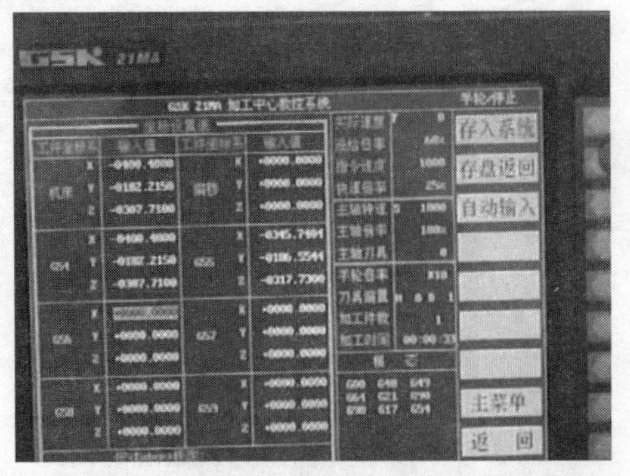

图 3-81　完成 G54 的坐标修改后存盘返回

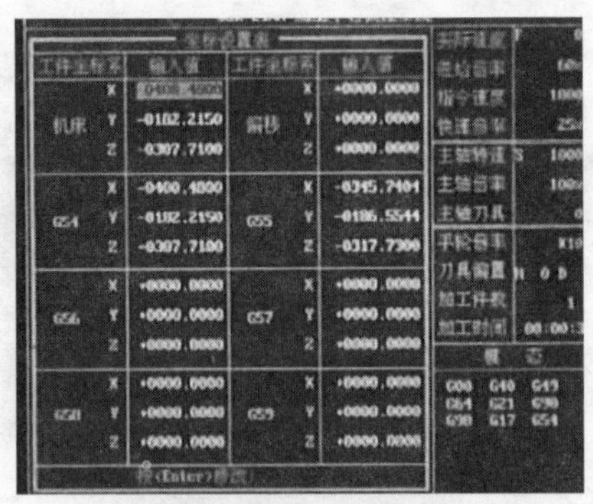

图 3-82　存盘返回后要再次复查

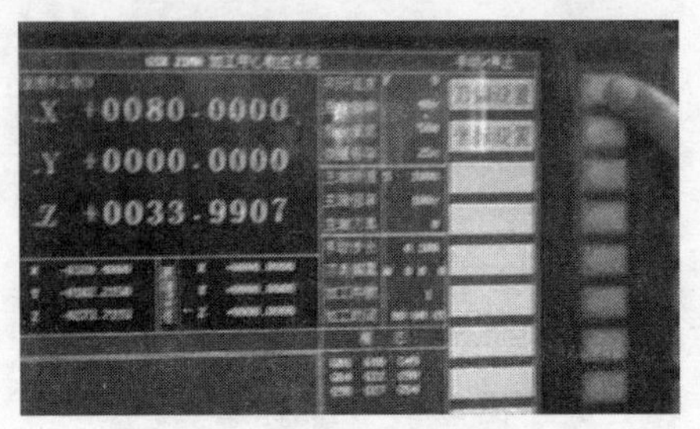

图 3-83　按下〔刀具偏置〕键

图 3-84　在 1 号刀具位置输入数值

13）按下〔存入系统〕键，系统记录刀具号、刀具的直径、配给对应的刀具补偿值，如图 3-85 所示。

14）按下〔存盘返回〕键，进行刀具补偿的设置，准备进行工件的加工，如图 3-86 所示。

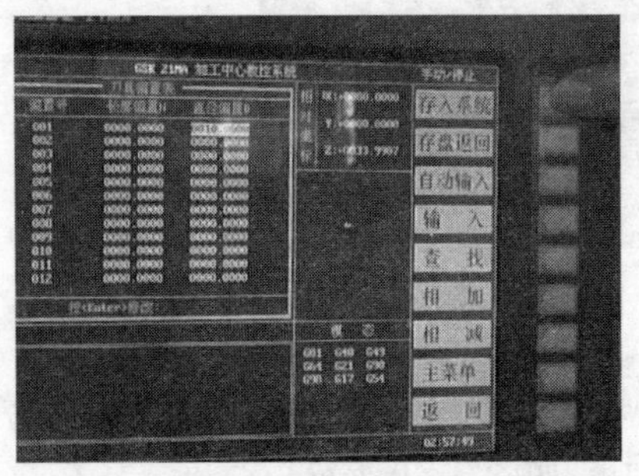

图 3-85　将刀具号及刀具直径存入系统

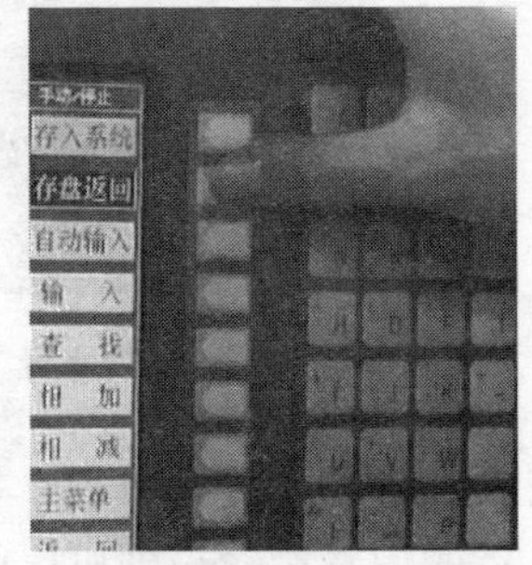

图 3-86　按下〔存盘返回〕键完成刀具补偿

12. 加工工件的步骤

1）按下最下方的〔编辑〕键，其上的指示灯亮，如图 3-87 所示。

2）显示器上出现系统所存程序号、程序的编写时间等，移动光标〔↓〕到选出加工件所需的程序，然后按下〔打开文件〕键，如图 3-88 所示。

图 3-87 按下最下方的〔编辑〕键

图 3-88 选出程序后打开文件

3）文件打开后，显示器上出现工件的编程程序，如图 3-89 所示。

4）按下〔运行程序〕键，系统会自动对所编写的程序段进行检查，准备加工，如图 3-90 所示。

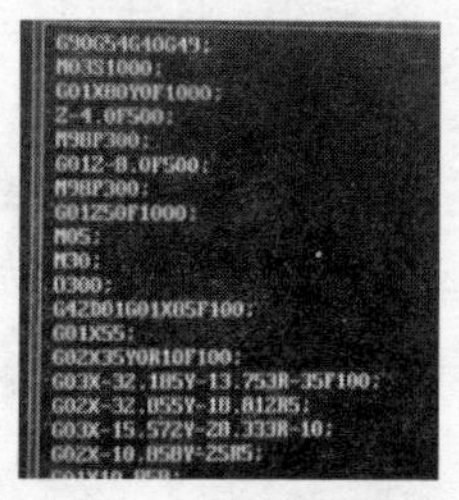

图 3-89 工件的编程程序

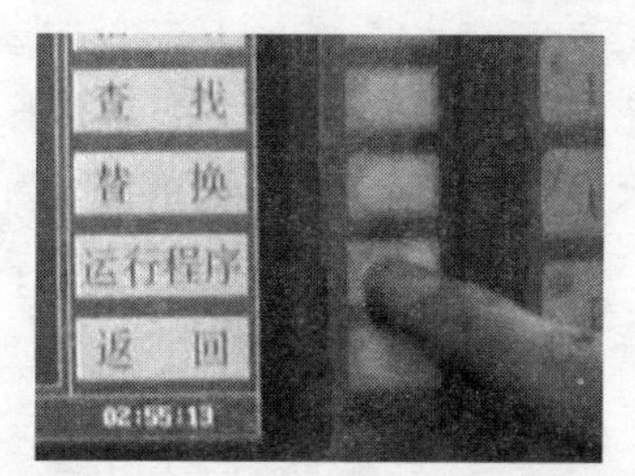

图 3-90 按下〔运行程序〕键准备加工

5）屏幕左上显示工件对刀点的“相对坐标”、左中部是机床坐标，左下边是加工编程；按下〔循环启动〕按钮，如图 3-91 所示。

6）根据工件的材料，铣削深度等，将转速、切削速度的按钮调整到适当的位置，如图 3-92 所示。

图 3-91 按下〔循环启动〕按钮

图 3-92 调整好转速及切削速度按钮

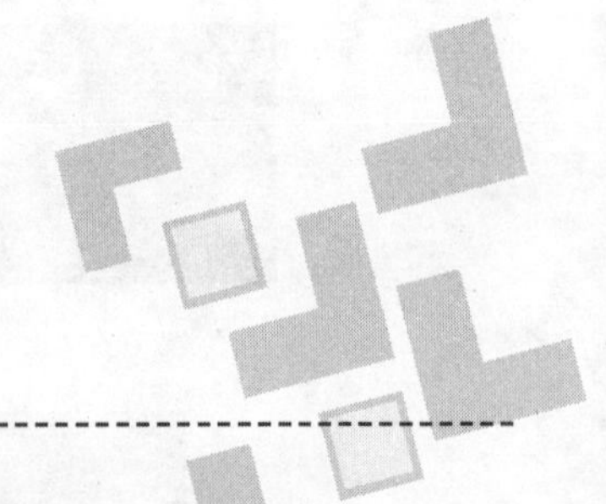

模块4

手工编程与操作

学习内容：

本模块主要使学生了解加工中心的基础知识，熟悉华中数控系统的操作面板；独立完成编程原点的设置及刀具长度的测定；铣削平面的编程与加工；铣削圆弧轮廓的编程与加工；铣削加工平面凸轮；铣削加工凹槽；铣削加工凹凸配合件；钻削加工孔；镗削加工孔；铣削加工孔和螺纹；旋转加工；镜像加工；薄壁零件加工；典型零件加工。

学习目标：

完成本模块的各项学习任务后，学生达到如下目标：

1）熟悉机床面板及各个按钮的作用。

2）掌握对刀及工件坐标系设定的方法。

3）掌握手工编程与加工平面的方法。

4）掌握圆弧插补指令G02/G03的编写格式。

5）掌握改变刀具半径补偿值，实现零件粗、精加工的方法。

6）掌握配合件编程与加工的方法。

7）掌握孔加工固定循环指令编程与加工的方法。

8）掌握铣削螺纹编程与加工的方法。

9）掌握特殊功能指令编程与加工的方法。

10）掌握典型零件编程与加工的方法。

学习提示：

加工中心是一类带有刀库及自动换刀装置的数控机床，它能在一次装夹中自动连续地完成铣、钻、镗、扩、铰、攻螺纹等多种工序的加工。要达到手工编程与操作的目的，在加工中心实训场按照任务驱动法，实施理论、实习一体化教学。

• 项目1　加工中心操作准备 •

【阐述说明】

随着科学技术的发展，机械产品的形状和结构不断改进，因此对零件加工质量的要求越来越高，特别是在汽车、航天、模具和国防等工业；零件结构的要求越来越复杂，精度的要求越来越高，普通机床的加工已不能满足生产需求，加工中心就是在这种条件下发展起来的一种适用于精度高、形状复杂零件的中、小批量生产的自动化机床。图4-1所示为一台三轴联动的加工中心，它可以完成形状复杂的零件的加工。

图4-1　三轴联动的加工中心

学习重点：

1）加工中心机床的基础知识。

2）加工中心机床的基本操作。

学习难点：

加工中心机床的基本操作。

【任务描述】

认识加工中心机床、了解加工中心的基本结构和主要技术参数，掌握华中数控系统（HNC-21/22M）加工中心的基本操作。

知识准备

加工中心能够完成直线、斜线、曲线轮廓等的铣削加工，可以加工具有复杂型面的工件，如凸轮、样板、模具、叶片、螺旋槽等。加工中心由数控系统控制机床运动，完成零件的加工，目前数控系统大致分为国内和国外两大类系统，国外系统在国内的应用以德国西门子、日本发那科（FANUC）等系统为代表，在前面的模块 3 中介绍了发那科（FANUC）系统。国内系统近几年发展得很快，其中以华中数控系统最为突出，在企业中得到了广泛的应用。

1. 分类

加工中心是一类用途广泛的数控机床，可以按照不同方法进行分类：

1）按机床形态分类，分为卧式、立式、龙门式和万能加工中心。

2）按换刀形式分类，分为带刀库、机械手的加工中心，无机械手的加工中心和转塔刀库式加工中心。

2. 主要组成部分

加工中心由床身导轨、主轴立柱、刀库、数控系统及电柜组成。

3. 主要技术参数

★ 工作台尺寸（长×宽）——工作台面大小，表示能容纳多大尺寸的工件。

★ 行程（X×Y×Z）——表示各轴方向最大位移、刀具最大的移动范围。

★ 主电动机功率——表示主轴电动机的额定功率，如 7.5/11kW，正常工作可以维持在 7.5kW，短时间负载功率可达 11kW。

★ 主轴转速范围（无级调速）——主轴转速的调整范围，且最大主轴转速取决于主轴结构，如变频调速的主轴一般可达到 3000r/min 左右，而电动机主轴转速可达 1×10^4r/min 以上。

★ 定位精度、重复定位精度——各轴定位的准确性，决定了该机床加工的精度。

★ 进给速度——表示各进给轴快进速度，刀具切削的极限速度。

★ 工作台承重——工作台可以承受的最大重量。

★ 刀柄——主轴使用的刀柄类型，换刀方式以及换刀时间，刀柄承重和回转直径等。

★ 数控系统——机床使用的数控系统。

★ 机床重量——机床总重量。

4. 机床坐标轴的命名

坐标系采用右手笛卡儿坐标系。用 X、Y、Z 表示直线进给轴，相互关系由右手法则决定，如图 4-2 所示，图中大拇指的指向为 X 轴正方向，食指指向为 Y 轴正方向，中指指向为 Z 轴正方向。

围绕 X、Y、Z 各轴旋转的圆周进给坐标轴分别用 A、B、C 表示，其正方向根据右手螺旋定则进行判断：以大拇指指向 $+X$、$+Y$、$+Z$ 方向，其余四指的指向

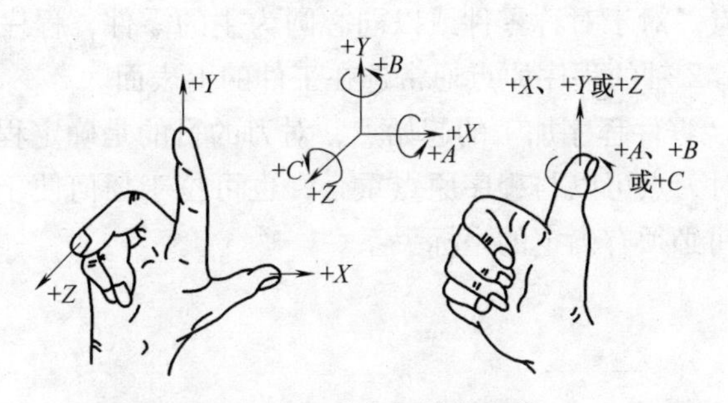

图 4-2　机床坐标轴的命名

就是圆周进给运动的+A、+B、+C 方向。

数控机床的进给运动是由主轴带动刀具、工作台带动工件形成相对运动来实现的。上述坐标轴的正方向，是假定工件不动，刀具相对于工件做进给运动的方向。如果是工件移动而刀具位置不动，则用加“′”的字母表示，如+X'、+Y'、+Z'，按相对运动关系，工件运动的正方向恰好与刀具运动的正方向相反。无论采用哪种描述方式，在编程时一律按刀具相对工件发生运动的情况进行处理，也就是使用 X、Y、Z 坐标方向来描述加工运动。

5. 相关定义

（1）轴（Axis）　机床的部件可以沿其做直线移动或回转运动的基准方向。

（2）机床坐标系（Machine Coordinate System）　机床固有的坐标系，以机床零点为基准的笛卡儿坐标系。

（3）机床零点（Machine Zero）　机床零点由机床制造商规定。

（4）机床坐标原点（Machine Coordinate Origin）　机床坐标系的原点，在机床经过设计制造和调整后，这个原点便被确定下来，它是固定的点。数控装置上电时并不知道机床零点的位置，为了正确地在机床工作时建立机床坐标系，通常在每个坐标轴的移动范围内设置一个机床参考点（测量起点）。机床起动时通常要进行机动或手动返回参考点，以建立机床坐标系。机床参考点可以和机床零点重合，也可以不重合，通过参数来指定机床参考点到机床零点的距离，机床回到了参考点位置，也就找到了机床零点位置。

（5）工件坐标系（Workpiece Coordinate System）　工件坐标系是编程人员在编程时使用的，编程人员选择工件上的某一已知点作为原点（也称程序原点），建立的一个新的坐标系。

（6）工件坐标原点（Workpiece Coordinate Origin）　工件坐标原点即工件坐标系原点。工件坐标系原点的选择要尽量满足编程简单、尺寸换算少、引起的加工误差小等条件。一般情况下，对于以坐标进行尺寸标注的零件，程序原点应选在尺寸标注的基准点。对于对称零件或以同心圆为主的零件，程序原点应选在对称中心线或圆心上。Z 轴的程序原点通常选在工件的上表面。

（7）对刀点　零件程序加工的起始点，对刀的目的是确定程序原点在机床坐标系中的位置。对刀点可以与程序原点重合，也可位于任何便于对刀之处，但该点与程序原点之间必须有确定的坐标关系。

【任务步骤】

1. 基本操作

（1）开、关机操作

1）开机操作。

① 检查加工中心的机械状态（如油位、气压等）是否正常。

② 如果加工中心状态正常，按下急停按钮。

③ 打开强电开关，系统通电。

④ 系统启动后，打开加工中心急停开关。此时进行下一步加工操作。

2）关机操作。

① 加工结束后，按下控制面板上的急停按钮。

② 断开机床强电电源。

（2）复位操作　数控系统通电后，进入软件操作界面。此时，数控系统的工作方式为“急停”。为控制系统运行，需顺时针旋转“急停”按钮，使系统复位。此时，机床电路中继电器吸合，伺服电源接通。

（3）返回参考点　基本操作如下：

按下 回参考点 键。

按下轴和方向的选择开关，选择要返回参考点的轴和方向，如 +X 、 +Y 、 +Z ，相应的轴回到参考点，同时按键内的指示灯亮。

（4）加工中心的坐标轴移动操作　手动移动机床坐标轴的操作由手持单元和机床控制面板上的方式选择、轴手动、增量倍率、进给修调、快速修调等按键共同完成。

1）手动连续进给。按一下 手动 键（指示灯亮），系统处于手动连续进给运行方式，可手动连续移动机床坐标轴（下面以手动连续进给移动 X 轴为例说明）：

① 按压 +X 或 -X 键（指示灯亮），X 轴将产生正向或负向连续移动。

② 松开 +X 或 -X 键（指示灯灭），X 轴即减速停止。

用同样的操作方法可以使 Y 轴、Z 轴、$4TH$ 轴产生正向或负向连续移动。

在手动进给时，若同时按压“快进”键，则产生相应轴的正向或负向快速运动。

在手动连续进给时，进给速率为系统参数“最高快移速度”的1/3乘以进给修调选择的进给倍率。按压进给修调或快速修调右侧的“100%”键（指示灯亮），进给或快速修调倍率被置为100%，按一下“+”按键，修调倍率递增5%，按一下“-”按键，修调倍率递减5%。

2）手摇进给。当手持单元的坐标轴选择波段开关置于“X”“Y”“Z”“4TH”档时，按一下控制面板上的增量键（指示灯亮），系统处于手摇进给方式，可手摇进给机床坐标轴（下面以手摇进给 X 轴为例说明）：

① 手持单元的坐标轴选择波段开关置于“X”档；

② 旋转手摇脉冲发生器，可控制 X 轴正、负向运动；

③ 顺时针/逆时针旋转手摇脉冲发生器一格，X 轴将向正向或负向移动一个增量值。用同样的操作方法使用手持单元可以使 Y 轴、Z 轴、$4TH$ 轴向正向或负向移动一个增量值。手摇进给方式每次只能增量进给一个坐标轴。

④ 手摇倍率选择。手摇进给的增量值（手摇脉冲发生器每转一格的移动量）由手持单元的增量倍率波段旋钮“×1”“×10”“×100”“×1000”控制。增量倍率波段旋钮的位置和增量值的对应关系见表4-1。

表4-1 增量倍率波段旋钮的位置与增量值的对应关系

增量倍率波段旋钮	×1	×10	×100	×1000
增量值/mm	0.001	0.01	0.1	1

3）超程解除。在各坐标轴位置两端各有一个极限开关，限定各个方向的工作范围。超出工作范围或工作台上触点碰到极限开关，就会出现“超程”报警，机床不能动作，必须使“超程”报警解除，数控机床才能正常工作。“超程”解除的操作为：

① 设置工作方式为“手动”或“手摇”方式。

② 一直按压超程解除键。

③ 在手动（手摇）方式下，使该轴往相反的方向退出超程状态。

④ 松开超程解除键。

若显示屏上运行状态栏显示“运行正常”，即表示恢复正常，可以继续操作。

4）主轴控制（手动方式下）。

① 主轴正转，按“主轴正转”键，主电动机以机床参数设定的转速正转。

② 主轴反转，按“主轴反转”键，主电动机以机床参数设定的转速反转。

③ 主轴停止，按“主轴停止”键，主电动机停止运转。

5）机床锁住与 Z 轴锁住。

① 手动运行方式下，按下“机床锁住”键。然后进行手动操作，系统继续执行，虽然显示屏上的坐标轴位置信息变化，但机床静止不动。

② 手动运行方式下，按下“Z 轴锁住”键。然后进行手动移动 Z 轴，虽然显示屏上的 Z 轴坐标位置信息变化，但 Z 轴不运动。

6）刀具夹紧与松开。在手动方式下，通过按压“换刀允许”键使得“允许刀具松紧”操作有效。按一次“刀具松紧”键，松开刀具，再按一次该键为夹紧刀具，如此循环。

7）冷却启动与停止。按“冷却开停”键，指示灯亮，切削液开，再按一下该键，指示灯灭，切削液关。

2. 换刀与工件的装夹

（1）换刀操作　接通气源，气压表上的数值不得低于 0.6MPa，主轴停转。

1）安装刀具操作。

① 按压换刀允许键，指示灯亮。

② 确认刀具和刀柄的重量不超过机床规定的许用最大重量。

③ 清洁刀柄锥面和主轴锥孔。

④ 左手手持刀柄下部，将刀柄侧的豁口对准主轴口上的定位块，垂直伸入到主轴内，不可倾斜。

⑤ 右手按住主轴侧面的换刀按钮，此时压缩空气从主轴内吹出以清洁主轴和刀柄，并松开主轴拉紧刀柄拉钉机构，松开此按钮，刀柄即被自动夹紧，确认后方可松手。

⑥ 刀柄装夹后，用手转动主轴，检查刀柄是否正确装夹。

2）拆卸刀具操作。

① 按压换刀允许键，指示灯亮。

② 左手先手持刀柄下部，之后右手按住主轴侧面的换刀按钮，此时压缩空气的压力使主轴拉紧刀柄拉钉机构松开，取下刀柄。

（2）工件装夹　待加工零件的装夹如图 4-3 所示。方形料的装夹可用压板或机用虎钳，通常使用机用虎钳较为方便，也可采用阶梯垫铁完成，如图 4-3a 所示。在工作台上装好垫铁，调整好，找正锁紧，完成装夹。

圆形棒料的装夹可用压板或自定心卡盘来夹持，如图 4-3b 所示。用压板压紧时，将压板螺杆的矩形一端装在工作台的 T 形槽中，压板稍薄的一端放在工件上，另一端根据高度放在阶梯垫铁的一个台阶上（或等高垫铁上），用螺栓拧紧。一个工件需要几组压板时，要保证切削时工件不产生窜动即可。用自定心卡盘装夹时，卡盘用压板固定在工作台上。调整卡盘的锁紧机构，使卡盘夹紧工件。

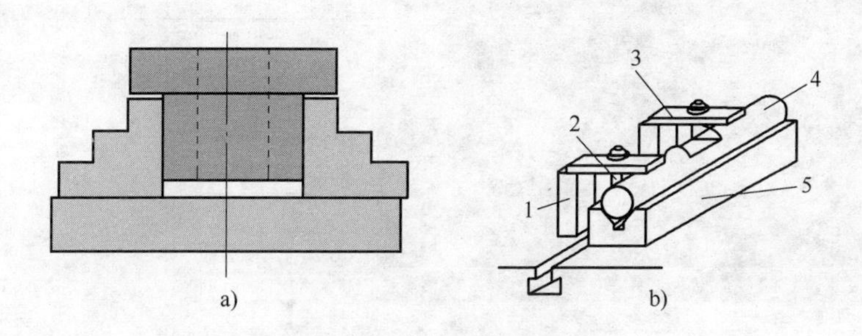

图 4-3　待加工零件的装夹

a）装夹方形料　b）装夹圆形棒料

1—等高垫铁　2—螺栓　3—压板　4—圆形棒料　5—V 形块

3. 找正

把千分表或百分表固定在机床床身的某个位置，表针压在工件或夹具的定位基准面上，然后使机床工作台沿垂直于表针的方向移动，调整工件或夹具的位置，如指针基本保持不动，则说明工件的定位基准面与机床该方向的导轨平行，如图 4-4 所示。

图 4-4　工件找正

【注意事项】

1）每次开机电源接通、急停信号或超程报警信号解除后，应首先进行机床的返回参考点操作，然后再运行其他方式，以确保机床的定位精度。

2）在返回参考点前，应确认机床坐标位置在参考点轴向的相反侧。

3）换刀时主轴必须停止转动，手动换刀必须在松刀前用手接住刀具。

项目 2　系统面板操作

【阐述说明】

熟练操作系统面板是加工中心操作者提高生产率的重要条件，图 4-5 所示为华中数控系统（HNC-21/22M）加工中心操作面板。

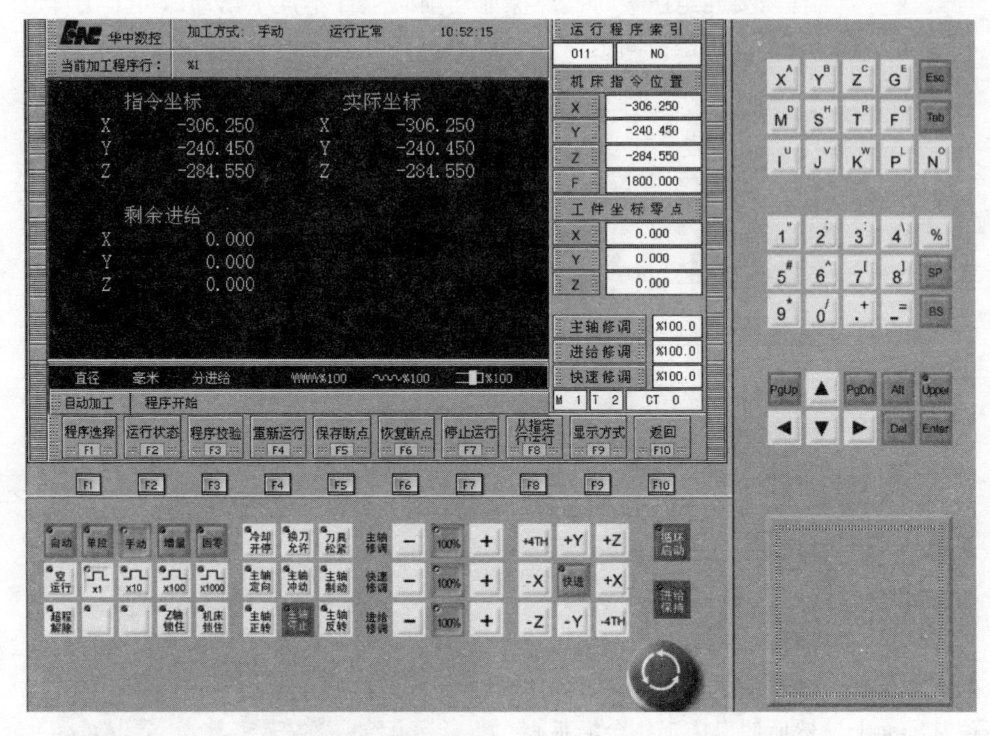

图 4-5　华中数控系统（HNC-21/22M）加工中心操作面板

学习重点：

1）熟悉系统操作面板及各按键功能。

2）系统操作面板各按键的使用。

学习难点：

加工中心系统操作面板各功能键的使用。

【任务描述】

操作华中数控系统加工中心，将已有的数控加工程序输入并保存，之后进行程序校验。

```
%0001
N10 G90 G54 G00 Z100;
N20 X0 Y0;
N30 M3 S800;
N40 X30;
N50 G91 G02 I-30 Z-1 L10;
N60 G90 G00 Z100;
```

N70 M05;

N80 M30;

【任务分析】

了解 HNC-21/22M 华中数控系统操作面板上按钮的组成及按键含义，利用 HNC-21/22M 系统进行程序输入，对系统操作面板进行熟悉操作。

【任务步骤】

1. 认识 HNC-21/22M 系统的操作界面

（1）机床控制面板按键　机床控制面板也叫 MCP 键盘，如图 4-6 所示，主要用于机床动作的直接控制或加工控制，根据功能的不同，分为工作方式按键区、机床控制区、速度修调区、轴控制区和运行控制区。

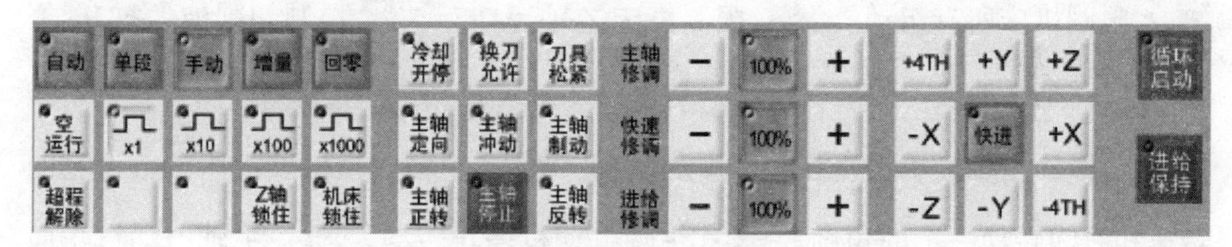

图 4-6　MCP 键盘

1）机床工作方式按键区如图 4-7 所示。

图 4-7　机床工作方式按键区

自动：自动运行方式，机床逐行运行所选择的程序，直至程序结束，如果在校验模式下运行程序，则机床并不进行相关运动，只是在屏幕上模拟出刀具的运动轨迹来，也可以运行 MDI 方式下的程序段。

单段：单程序段执行方式，在这种方式下，每运行完一行程序，机床便会处于暂停状态，需再次按下循环启动按钮，机床才继续运行下一行程序。此按键通常用于首件工件的加工调试。

手动：手动连续进给方式，可执行换刀、冷却开停、主轴转停、各个轴的移动等。

增量：增量方式，在此方式下，机床默认为步进状态，可控制机床各轴按照给定的进给倍率向指定方向单步运动，接通手轮时，可进行手摇操作。

回参考点：回参考点方式，即返回机床参考点，是使机床确定机床坐标原点的步骤，一般情况下，系统上电后首先要进行回参考点操作。

2）机床控制区如图4-8所示。

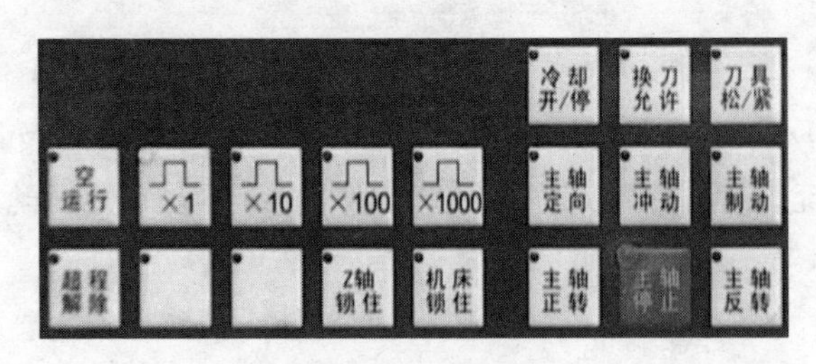

图4-8 机床控制区

空运行：坐标轴以最大速度移动。×1 ×10 ×100 ×1000：增量倍率，增量方式下，按一下对应倍率按键，其灯亮，增量倍率有效。超程解除：解除伺服机构超出行程故障。机床锁住：限制机床所有运动。Z轴锁住：限制机床Z轴运动。冷却开停：控制切削液的打开/停止。换刀允许：是手动换刀的准备步骤，是否允许刀具松/紧操作。刀具松紧：使刀具夹紧或松开。主轴定向：主轴准确停止在某一固定位置。主轴冲动：主轴电动机以机床参数设定的转速和时间转动一定的角度。主轴制动：主轴电动机停止转动。主轴正转：主轴电动机正向转动。主轴反转：主轴电动机反向转动。主轴停止：主轴电动机停止转动。

3）速度修调区按键如下。

主轴修调 − 100% +：对于主轴的旋转速度进行修调，修调范围为0~150%。

快速修调 − 100% +：对于程序中G00的速度进行修调，修调范围为0~100%。

进给修调 − 100% +：对于手动移动速度和程序中的G01、G02、G03等插补指令的进给速度进行修调，修调范围为0~200%。

4）轴控制区如图4-9所示。

-X +X：X轴点动。+Y -Y：Y轴点动。+Z -Z：Z轴点动。+4TH -4TH：$4TH$轴点动。快进：快速进行。

5）运行控制区按键如下。

循环启动：自动运行启动。

进给保持：自动运行暂停。

（2）NCP键盘区按键　如图4-10所示，它主要用来编写程序和查看开头，包括一些数字和字母，还有一些功能键。

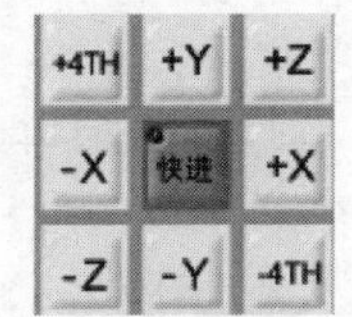

图 4-9　轴控制区

图 4-10　NCP 键盘区

X ~ Z：字母键，上档键转换对应的字母。0 ~ 9：数字键，上档键转换对应的字符。Esc：退出当前窗口。Tab：制表键。SP：光标向后移并留一个空格。BS：光标向前移并删除前面的字符。Upper：上档有效。Enter：确认回车。Alt：快捷按键。Del：删除键。PgDn：向后翻页。PgUp 向前翻页。▲◀▼▶：光标移动键。

（3）屏幕显示区　如图 4-11 所示。

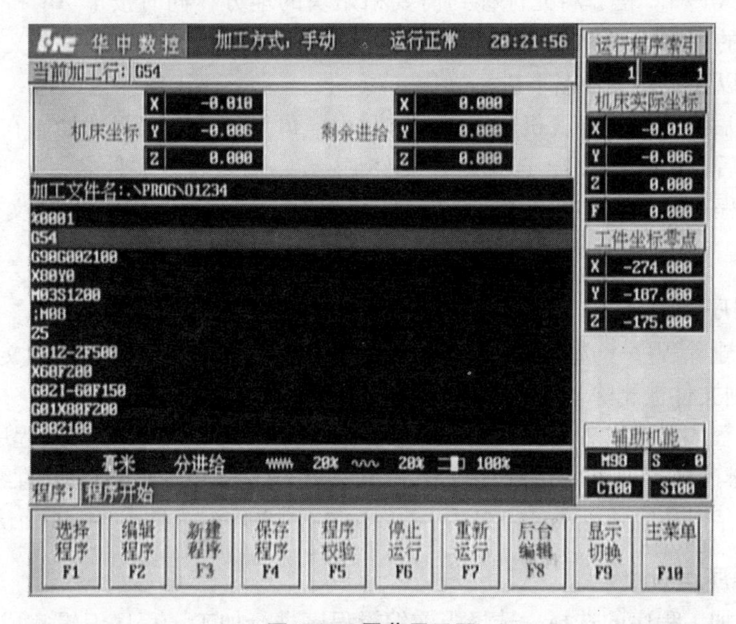

图 4-11　屏幕显示区

1）工作方式显示区。正常工作时显示当前工作方式，机床在非正常工作时，则显示红色报警信号或急停信息。

2）窗口显示区。有正文显示、图形显示、大字符显示、坐标联合显示四种显示模式。

3）功能按键显示区。用来显示各功能按键的功能，为三级菜单结构。

4）辅助功能区。包括运行程序索引区、坐标值显示区、工件坐标零点显示区和辅助功能显示区。

2. 程序的输入编辑

（1）新建程序　在主菜单下按下程序 F1 键，选择程序编辑 F2 键，选择新建程序 F3 键，在命令提示行中输入新文件名，文件名必须以字母“O”开头，如输入“O1234”，按下 Enter 键，在命令提示行中输入程序段号，程序段号必须以“%”开头，后跟数字，按 Enter 键确认后就可以输入程序，主程序以 M30 结束，程序编辑完后，选择保存文件 F4 键，按 Enter 键确认完成程序的编辑操作。

（2）编辑当前加工程序　在加工准备状态下，选择程序编辑 F2 键，即可对该程序进行编辑操作。

（3）选择编辑程序　在主菜单下，按下选择程序 F1 键，通过翻页键以及光标键找到要编辑的程序段号，按下 Enter 键，按程序编辑 F2 键，程序即被调入编辑区域。

（4）程序编辑时的块操作　将光标移到粘贴块的最前面，同时按下 Alt 和 B 键，定义块首，将光标移到粘贴块的最后面，同时按下 Alt 和 E 键，定义块尾，同时按下 Alt 和 C 键，将光标移到需要粘贴块的地方，同时按下 Alt 和 V 键，则刚才复制的程序段被粘贴到当前位置，复制粘贴操作可以在同一个文件名下操作，也可以在不同文件名下进行操作。

（5）后台编辑程序　机床在加工过程中，可使用后台编辑功能。在扩展菜单下，选择后台编辑 F8 键，选择新建文件 F3 键，输入新的文件名，按 Enter 键确认，打开程序编辑窗口，开始程序编辑，程序编辑完成后，按保存文件 F4 键，按 Enter 键确认，则后台编辑程序操作完成。

3. 程序管理

（1）删除程序　选择程序，通过翻页键以及光标键找到要删除的文件，按下 Del 键，则文件被删除。

（2）程序另存　程序在编辑状态下，选择保存程序 F4 键，修改程序段号后，按 Enter 键确认，即可将该程序保存到当前目录下，并进入新程序的编辑状态，如要求另存到其他硬盘或者目录中，输入相应的文件名，按 Enter 键确认即可。

4. 程序运行

（1）加工程序的选择　选择当前编辑程序进行加工，程序编辑完成后，按下循环启动按钮，即可对当前程序进行操作，或选择存储盘中的程序进行操作。

（2）程序模拟运行　加工程序选择完成后，在主菜单下，按下选择程序 F1 键，按下程序校验 F5 键，选择自动控制方式，按下循环启动按钮，系统便开始校验程序，此时也可通过 F9 键切换不同显示状态。若程序有错，命令行则提示错误行数，之后可以进行修改。

（3）程序单段运行　工件装夹固定好后，选择要加工的程序，在单段工作方式下，按下循环启动按钮，程序运行完一行指令，便会切换到暂停状态，再次按下循环启动按钮，系统则运行下一行指令，此方法多用于新程序首件加工调试。

（4）程序自动运行　工件装夹固定好后，选择要加工的程序，在自动工作方式下，按下循环启动按钮，机床便按照程序开始加工工件。

【注意事项】

1）新建程序时，程序名要以字母“O”开头，程序段号要以“%”后跟数字开始。

2）程序编辑时，应先选择所要编辑的程序。

3）程序校验时，应先将机床锁住，再按下循环启动按钮，防止机床突然运动，发生危险。

项目3　编程原点的设置及刀具长度的测定

【阐述说明】

加工工件（见图 4-12）要依据程序，而编程首先要选择工件坐标系。工件坐标系设置正确才能加工出图 4-12a 所示的合格产品。如果设置的工件坐标系不正确，就会出现图 4-12b 所示的情况。

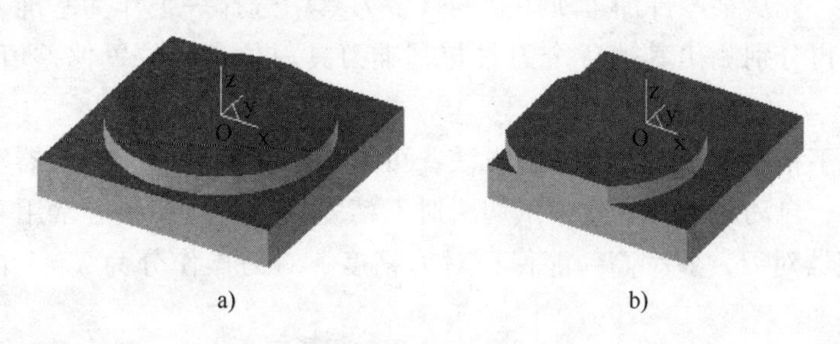

图 4-12　加工工件

a）合格　b）不合格

学习重点：

1）掌握对刀的方法。

2）掌握工件坐标系的设定方法。

学习难点：

工件坐标系的设定方法。

【任务描述】

试用下列方法将工件坐标系设定在工件的上表面左下角点。

1）用 G92 设定工件坐标系的方法。

2）用 G54～G59 选择工件坐标系的方法。

【任务分析】

数控加工是要对工件上每一个点的位置要素进行确定，所以必须设置工件坐标系。坐标系原点位置不同，工件上每一个点所对应的坐标位置也不相同，在数控加工中这一步骤很重要。

1. 机床的对刀

对所选择的刀具，在使用前都需对刀具尺寸进行严格的测量以获得精确数据，并由操作者将这些数据输入到数控系统，经程序调用完成加工，从而加工出合格的零件。

建立工件坐标系的过程称为对刀，即确定程序原点在机床坐标系中的位置。

零件加工程序执行 G92 指令的起刀点称为对刀点，它与程序原点之间必须有固定的坐标关系。对刀点可以和程序原点重合，也可以在任何便于对刀之处，在实际加工中，多使对刀点和程序原点重合。

加工中心的对刀内容，包括基准刀具的对刀和各个刀具相对偏差的测定两部分。对刀时，先从某零件加工所用到的众多刀具中选择一把作为基准刀具，进行对刀操作，再分别测出其他各个刀具与基准刀具刀位点的位置偏差值，如长度、直径。

根据加工精度要求选择对刀的方法，可采用试切法对刀、寻边器对刀、机内对刀仪对刀、自动对刀等。其中试切法对刀精度较低；加工中心常用寻边器对刀和 *Z* 向设定器对刀，效率高，能保证对刀精度。对刀操作分为 *X*、*Y* 向对刀和 *Z* 向对刀。

（1）对刀工具　*X*、*Y* 向对刀的工具有偏心式寻边器和光电式寻边器等，*Z* 向对刀的工具有 *Z* 向设定器，分别如图 4-13 和图 4-14 所示。

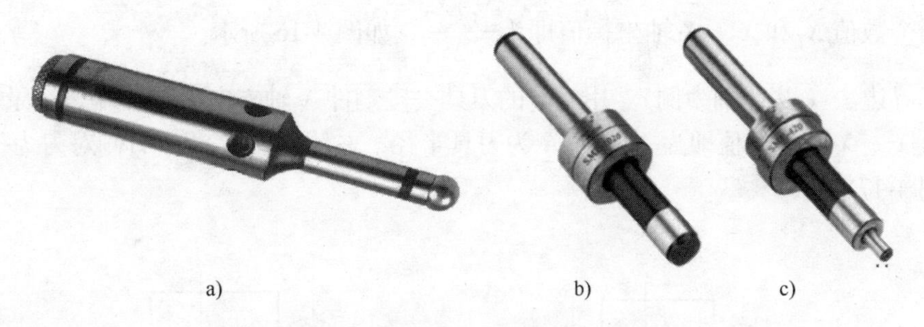
a)　　b)　　c)

图 4-13　寻边器

a）光电式（OEF-3/4” LA）　b）偏心式（SME-1020）　c）偏心式（SMC-420）

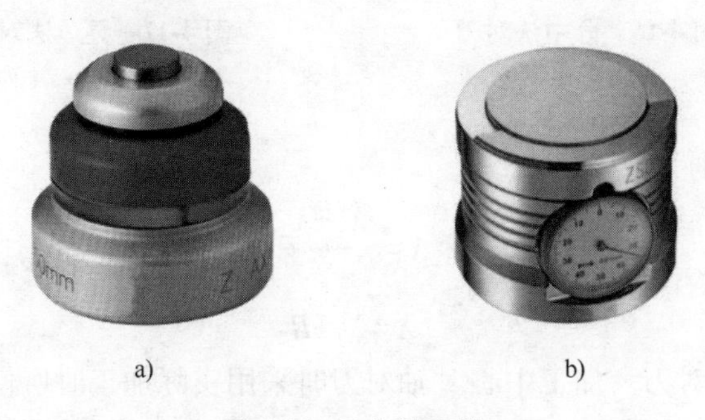
a)　　b)

图 4-14　*Z* 向设定器

a）光电式（ZOP-50）　b）带表式（DS-50N）

（2）对刀常用方法

1）以毛坯或外形的对称中心为对刀位置点，用百分表找孔中心，如图 4-15 所示，用磁力表座将百分表粘在机床主轴端面上，手动或低速旋转主轴。然后，手动操作时旋转的表头依 *X*、*Y*、*Z* 方向的顺序逐渐靠近被测表面，用增量的方式，调整移动 *X*、*Y* 方向，使表头旋转一周时，其指针的跳动量在允许的对刀误差内，并记下机床坐标系中的 *X*、*Y* 方向上的标志，即为所找孔中心的位置。

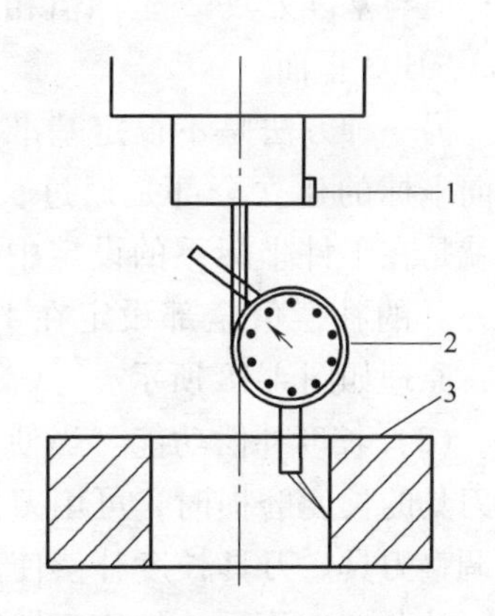

图 4-15　用百分表找孔中心

1—磁力表座　2—百分表　3—工件

2）以毛坯相互垂直的基准边线的交点为对刀位置点。

① 使用寻边器或直接使用刀具对刀。

分中法（以 *X* 轴为例）。用旋转的刀具分别去碰工件 *X* 轴方向上的两端，记

录两个数值 X_1 和 X_2，X 轴坐标值即为 $\frac{X_1+X_2}{2}$，如图 4-16 所示。

寻边法（以 X 轴为例）。用旋转的刀具去碰工件 X 轴方向上的一端，记录一个数值 X_1，X 轴坐标值即为 $X_1 \pm R$（R 为刀具半径，左侧对刀为 $+R$，右侧对刀为 $-R$），如图 4-17 所示。

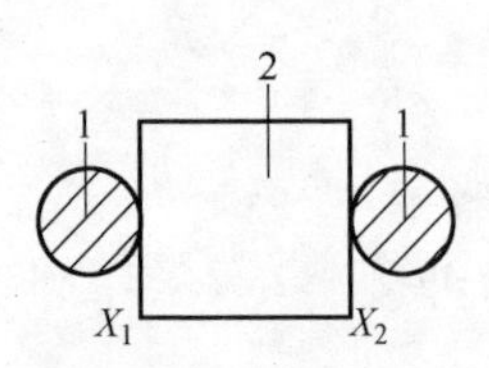

图 4-16　分中法对刀

1—刀具　2—工件

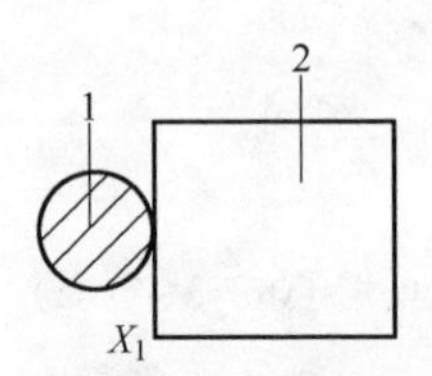

图 4-17　寻边法对刀

1—刀具　2—工件

计算公式分别为

$$X=\frac{X_1+X_2}{2} \tag{4-1}$$

$$X=X_1 \pm R \tag{4-2}$$

② 刀具 Z 向对刀。加工中心 Z 轴对刀时采用实际加工时所使用的刀具，有多少把刀就对多少次，其中一种方法是以其中的一把刀具作为基准刀具，记录 Z 坐标，在工件坐标系中设定（如在 G54 中的 Z 坐标中进行设定），其余刀具的 Z 轴坐标值与基准刀具 Z 坐标值相减，作为不同刀具间的长度补偿值，分别输入到 H02、H03 里面。

另一种方法是不设定基准刀具，工件原点 Z 方向坐标的建立全部是通过长度补偿来实现的，也就是在工件坐标系的设定中 Z 值为 0，而把相应刀具的补偿值全部设定在 H01、H02、H03 里面，原理如图 4-18 所示。

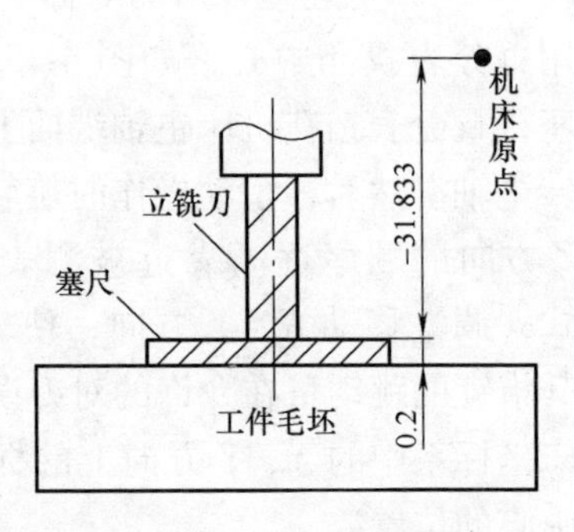

图 4-18　Z 向对刀原理

（3）长度补偿功能　当使用不同长度的刀具或刀具的长度磨损时，可用刀具长度补偿功能重新调整刀具。刀具长度补偿使刀具垂直于走刀平面（比如 XY 平面，由 G17 指定）偏移一个刀具长度修正值，刀具长度补偿要视情况而定，一般而言，刀具长度补偿对于两坐标和三坐标联动数控加工是有效的，但对于刀具摆动的四、五坐标联动数控加工，刀具长度补偿则无效，在进行刀位计算时可以不考虑刀具长度，但后置处理计算过程中必须考虑刀具长度。

【格式】

$$\begin{Bmatrix} G43 \\ G44 \\ G49 \end{Bmatrix} Z\_H\_;$$

【功能】对刀具的长度进行补偿。

【说明】

1）G43 指令为刀具长度正补偿。

2）G44 指令为刀具长度负补偿。

3）G49 指令为取消刀具长度补偿。

4）刀具长度补偿指刀具在 Z 方向的实际位移比程序给定值增加或减少一个偏置值。

5）格式中的 Z 值是程序中的指令值。

6）H 为刀具长度补偿代码，后面两位数字是刀具长度补偿寄存器的地址符。

H01 指 01 号寄存器，在该寄存器中存放对应刀具长度的补偿值。H00 寄存器必须设置刀具长度补偿值为 0，调用时起取消刀具长度补偿的作用，其余寄存器存放刀具长度补偿值；

执行 G43 时：$Z_{实际值}=Z_{指令值}$+H_中的偏置值

执行 G44 时：$Z_{实际值}=Z_{指令值}$−H_中的偏置值

注意：

1）当由于偏置号改变而使刀具偏置值改变时，偏置值变为新的刀具长度偏置值，新的刀具长度偏置值不加到旧的刀具偏置值上。

G90 G43 Z100.0 H1；Z 将移到 120（H1：刀具长度偏置值 20）

G90 G43 Z100.0 H2；Z 将移到 130（H2：刀具长度偏置值 30）

2）当几个主轴有刀具长度偏置时，指定 G53、G28 和 G30 的所有轴都被取消。但是，只有最后进行刀具长度偏置的轴，偏置矢量才能恢复，任何其他轴不能恢复。

3）包含 G40、G41 或 G42 的程序段，刀具长度偏置矢量不能恢复。

例：如图 4-19 所示，A 点为刀具起点，加工路线为 1→2→3→4→5→6→7→8→9。要求刀具在工件坐标系零点 Z 轴方向向下偏移 3mm，按增量坐标方式编程（提示把偏置量 3mm 存入地址为 H01 的寄存器中）。

程序如下：

%1

N01 G91 G00 X70 Y45 S800 M03;

```
N02 G43 Z-22 H01;
N03 G01 G01 Z-18 F100 M08;
N04 G04 X5;
N05 G00 Z18;
N06 X30 Y-20;
N07 G01 Z-33 F100;
N08 G00 G49 Z55 M09;
N09 X-100 Y-25;
N10 M30;
%
```

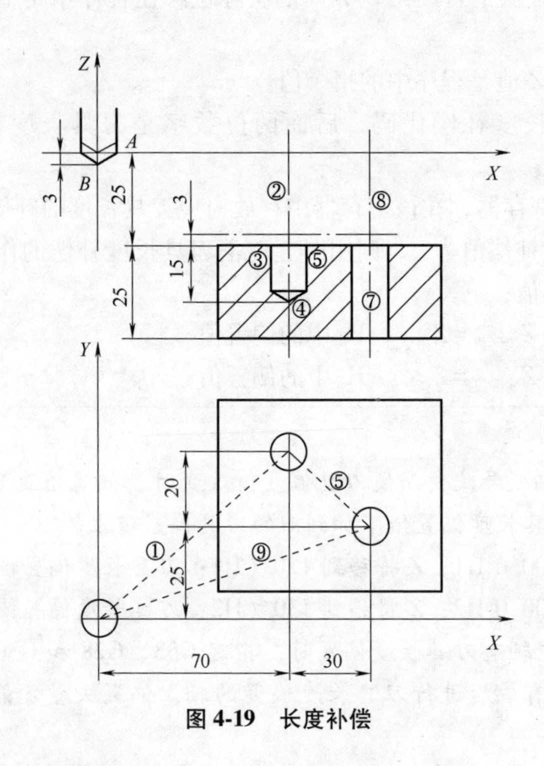

图 4-19　长度补偿

2. 工件坐标系的设定方法

（1）用 G92 设定工件坐标系的方法

【格式】 G92 X_ Y_ Z_;

【功能】 设定工件坐标系。

【说明】

1）在机床上建立工件坐标系（也称编程坐标系）。

2）如图 4-20 所示，坐标值 *X*、*Y*、*Z* 为刀具刀位点在工件坐标系中的坐标值

（也称起刀点或换刀点）。

3）操作者必须于工件安装后检查或调整刀具刀位点，以确保机床上设定的工件坐标系与编程时在零件上所规定的工件坐标系在位置上重合一致。

4）对于尺寸较复杂的工件，为了计算简单，在编程中可以任意改变工件坐标系的程序零点。

5）G92 指令需后续坐标值指定当前工件坐标值，且须单独一个程序段指定。在使用 G92 前应使刀具处于对刀点。

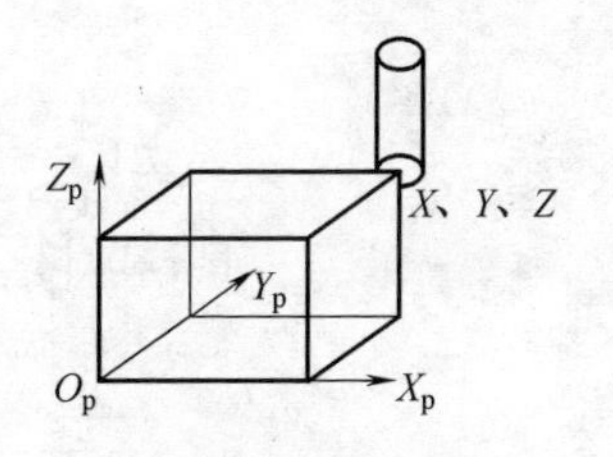

图 4-20 G92 设定工件坐标系

（2）用 G54~G59 选择工件坐标系的方法

【格式】G54~G59 X_ Y_ Z_;

【说明】G54~G59 在数控系统面板上可预定 6 个工件坐标系，它们之间的关系如图 4-21 所示。

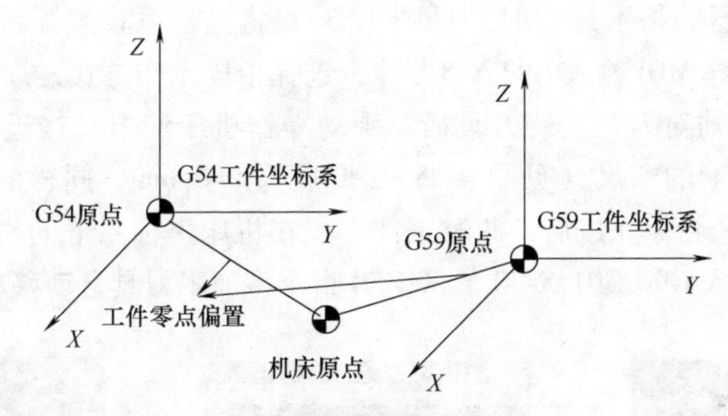

图 4-21 工件坐标系的关系（G54~G59）

使用 G54~G59 建立工件坐标系时，该指令可单独指定，也可与其他指令同段指定。使用 G54 指令在开机前，必须返回一次参考点（即回零操作），以保证位置准确。

【任务步骤】

1. 加工前准备

毛坯：长方体（长×宽×高为 80mm×80mm×25mm）；对刀仪。

2. 使用 G92 指令建立工件坐标系

G92 对刀的目的就是通过对刀，将刀具刀位点准确地移到程序起点，即图 4-22 所示的工件坐标系坐标值为 *X*、*Y*、*Z* 的位置，当进行工件坐标系设定时，如程序首行为 G92，此时程序起点为 G92 X-30 Y-30 Z50。

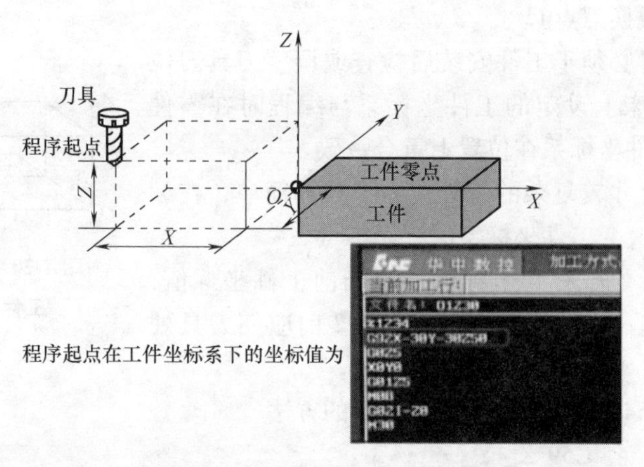

图 4-22　G92 指令建立工件坐标系

寻边器的测头直径为 10mm，找正工件后，手动操作机床，使寻边器接触工件左侧壁，当寻边器的指示灯亮时（见图 4-23），将坐标系设置显示为工件坐标系（见图 4-24），选择 MDI 输入 G92 X-5 指令，选择单段工作方式，按循环启动按钮，同样方法操作 *Y* 轴对刀，安装刀具后，手动操作机床使刀具接近 *Z* 方向的工件壁，塞入正好厚度的塞尺（见图 4-25），厚度为 0. 09mm，同样的方式输入 G92 Z0. 09 指令，三个指令完成后，此时工件零点在机床坐标系下的坐标值已经被正确设定，故可输入 G90 G01 X-30 Y-30 Z50 指令将加工刀具自动移动到程序起点。

图 4-23　*X* 轴、*Y* 轴设定

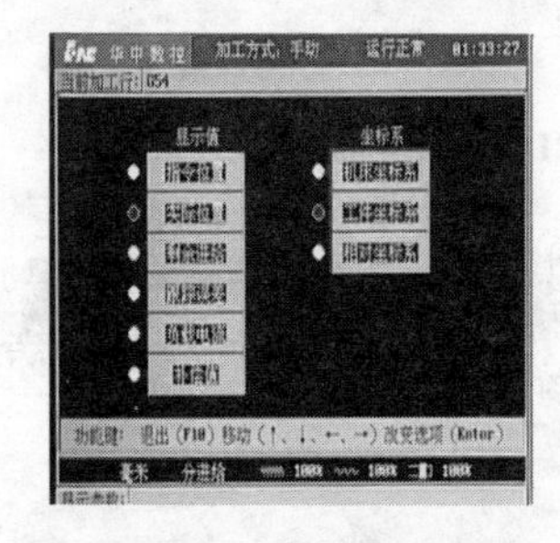

图 4-24　选定坐标系

图 4-25　*Z* 轴设定

3. 使用 G54 ~ G59 指令预设置工件坐标系

当进行坐标系选择时（G54 ~ G59），程序首行为 G54。G54 对刀的目的就是将对刀后的 *X*、*Y*、*Z* 值在机床坐标系的实际值输入到 G54 的寄存器里，以确定工件零点的位置，寻边器的测头直径为 10mm，首先找正工件。

（1）*X* 轴对刀　在主轴上安装寻边器后，移动机床使寻边器以适当的速度，接触工件左侧壁，注意观察机床坐标系中 *X* 值的变化，当寻边器的指示灯亮时，

读取此时的机床 X 轴坐标值，如图 4-26 所示，可根据刀位点，工件零点、机床原点的相互位置关系，计算出工件零点在机床坐标系下 X 轴的坐标值，X 值=读数值+（±刀具半径值），即当前刀具刀位点在机床坐标系下的坐标值加上正负刀具半径值，刀具半径值的正负根据实际情况而定，例如读数值为 338.753mm，已知寻边器的半径值为 5mm，要求工件零点在机床坐标系下的坐标值 X，X=338.753mm+5mm=343.753mm，将该值存入到 G54 的 X 坐标值中，完成 X 轴对刀，如图 4-27 所示。

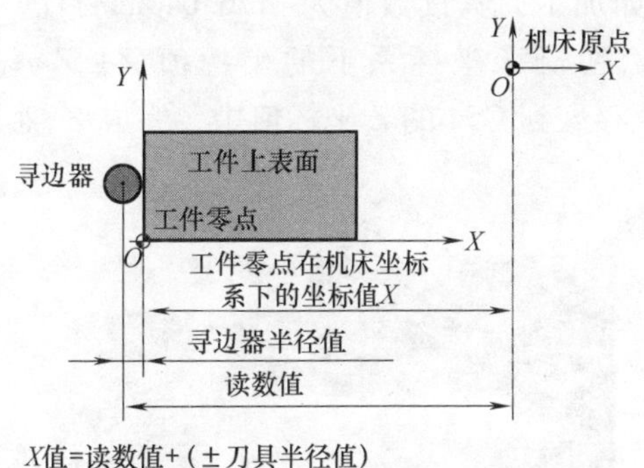

图 4-26　X 轴对刀

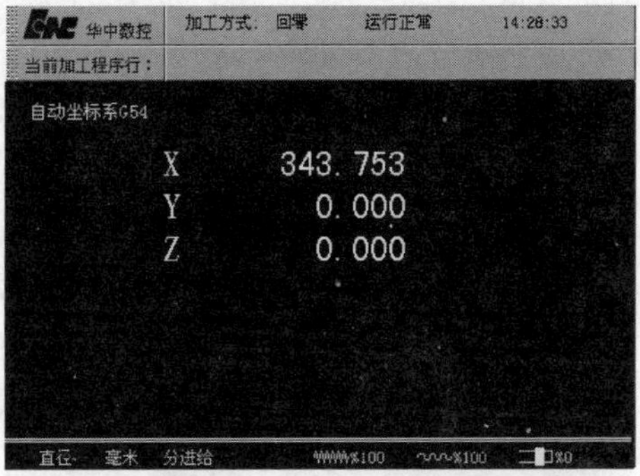

华中数控　加工方式：回零　运行正常　14:28:33
当前加工程序行：
自动坐标系G54
X　343.753
Y　0.000
Z　0.000
直径　毫米　分进给

图 4-27　输入 X 轴坐标值

（2）Y 轴对刀　移动寻边器接触工件前端，灯亮时读取此时刀具在机床坐标系下 Y 轴的坐标值，如图 4-28 所示，可根据刀位点、工件零点、机床原点的相互位置关系，计算出工件零点在机床坐标系下 Y 轴的坐标值，Y 值=读数值+（±刀具半径值），即当前刀具刀位点在机床坐标系下的坐标值加上正负刀具半径值，刀具半径值的正负根据实际情况而定，例如读数值为−249.801mm，已知寻边器的半径值为 5mm，要求工件零点在机床坐标系下的坐标值 Y=−249.801mm+5mm=−244.801mm，将该值存入到 G54 的 Y 坐标值中，完成 Y 轴对刀，如图 4-29 所示。

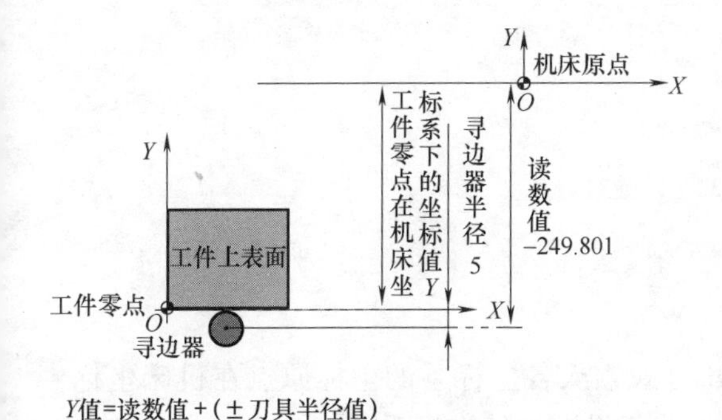

图 4-28　Y 轴对刀

图 4-29　输入 Y 轴坐标值

（3）*Z* 轴对刀　安装加工刀具指令如图 4-30 所示，在 MDI 方式下，在命令提示行中，输入 M06 T01，按下循环启动按钮，更换当前刀具为 1 号刀，如图 4-31 所示。移动机床使刀具接近工件上方，然后用标准棒在工件上方滚动，缓慢移动刀具，接近标准棒，感觉有轻微阻力，读取此时刀具在机床坐标系下的 *Z* 轴坐标值，如图 4-32 所示，可根据刀位点、工件零点、机床原点的相互位置关系，计算出工件零点在机床坐标系下的 *Z* 轴的坐标值，*Z* 值=读数值+(±标准棒直径值)，即当前刀具刀位点在机床坐标系下的坐标值加上正负标准棒直径值，刀具半径值的正负根据实际情况而定，此处为负，例如加工刀具读数值为-176.040mm，已知标准棒的直径为 16mm，要求工件零点在机床坐标系下的坐标值 *Z*，*Z*=-176.040mm-16mm=-192.040mm，将该值存入到 G54 的 Z 坐标值中，完成 *Z* 轴对刀，如图 4-33 所示。

图 4-30　换刀指令

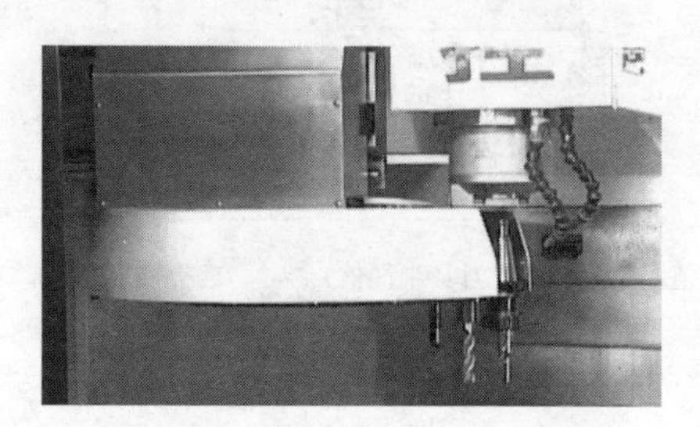

图 4-31　换刀过程

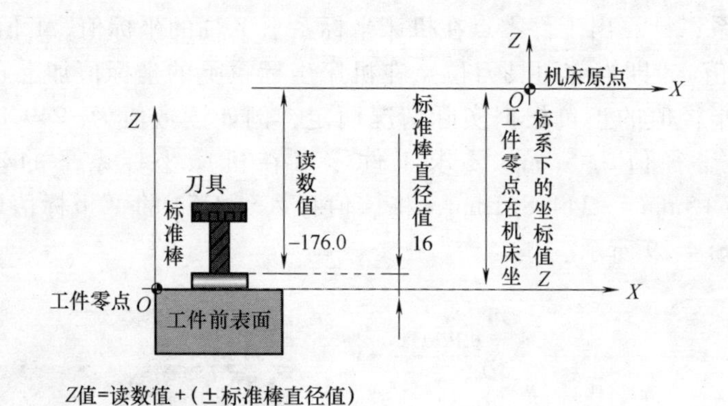

图 4-32　Z 轴对刀

【注意事项】

使用 G54~G59 指令前，先用 MDI 方式输入各坐标系的坐标原点在机床坐标系中的坐标值。通过 MDI 在设置参数方式下设定工件坐标系的，一旦设定，加工

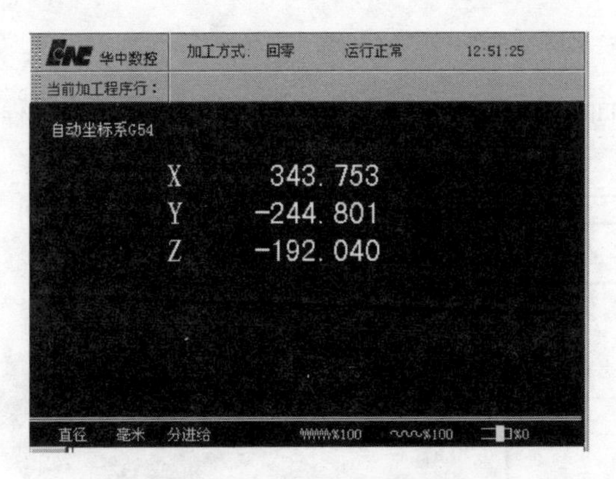

图4-33 输入Z轴坐标值

原点在机床坐标系中的位置是不变的，它与刀具的当前位置无关，除非再通过MDI方式修改。

G92指令与G54~G59指令都是用于设定工件坐标系的，但在使用中是有区别的。G92指令是通过程序来设定、选用工件坐标系的，它所设定的工件坐标系原点与当前刀具所在的位置有关，这一原点在机床坐标系中的位置是随当前刀具位置的不同而改变的。

• 项目4 铣削平面编程与加工 •

【阐述说明】

在加工工件时，往往需要一个较为平整的平面作为基准，然而毛坯料（100mm×80mm）的表面一般都不会是很平整的，如图4-34所示，所以要对毛坯进行平面加工。

图4-34 零件毛坯

学习重点：

1）掌握绝对坐标编程、增量坐标编程的方法。

2）合理安排平面铣削时刀具的运动路线。

3）掌握子程序的编写与调用。

学习难点：

1）绝对坐标编程、增量坐标编程的方法。

2）调用子程序加工平面的方法。

【任务描述】

铣削工件上平面，如图 4-35 所示，去除毛坯 2mm，编制程序。

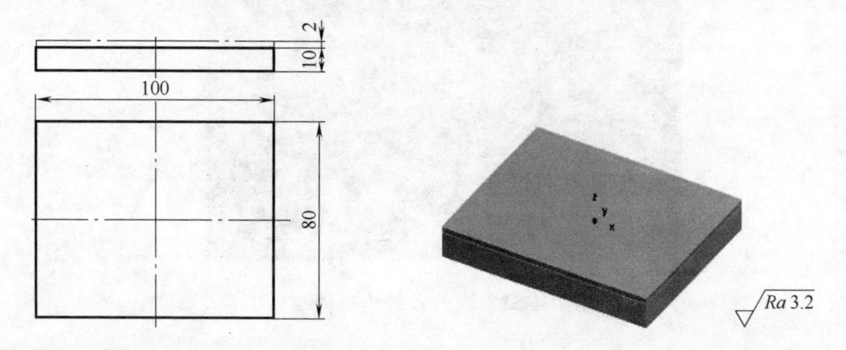

图 4-35　铣削工件上平面

【任务分析】

铣削工件上平面，深度为 2mm，尺寸精度为自由公差。在毛坯上去除 2mm，在进行工件装夹时注意工件底面的找正，这样才能保证两表面的平行度。

1. 数控编程常用指令

（1）辅助功能

1）程序暂停 M00。当 CNC 执行到 M00 指令时，将暂停执行当前程序，以方便操作者进行刀具和工件的尺寸测量、工件调头、手动变速等操作。暂停时，机床的进给停止，而全部现存的模态信息保持不变，欲继续执行后续程序，重按操作面板上的“循环启动”按钮。

M00 为非模态后作用 M 功能。

2）程序结束 M02。M02 一般放在主程序的最后一个程序段中。

当数控机床执行到 M02 指令时，机床的主轴、进给、冷却液全部停止，加工结束。使用 M02 结束程序后，若要重新执行该程序，就得重新调用该程序，或在自动加工子菜单下按 F4 键，然后再按操作面板上的“循环启动”按钮。

M02 为非模态后作用 M 功能。

3）程序结束并返回到零件程序头 M30。M30 和 M02 功能基本相同，只是 M30 指令还兼有控制返回到零件程序头（%）的作用。

使用 M30 结束程序后，若要重新执行该程序，只需再次按操作面板上的“循环启动”按钮。

4）子程序调用 M98 及从子程序返回 M99。M98 用来调用子程序。M99 表示子程序结束，执行 M99 使控制返回到主程序。

① 子程序的格式：

%＊＊＊＊

……

M99；

在子程序开头，必须规定子程序号，以作为调用入口地址。

在子程序的结尾用 M99，以控制执行完该子程序后返回主程序。

② 调用子程序的格式：

M98 P_L_；

P：被调用的子程序号。

L：重复调用次数。

子程序可以由主程序调用，被调用的子程序也可以调用另一个子程序，称为子程序嵌套，如图 4-36 所示。

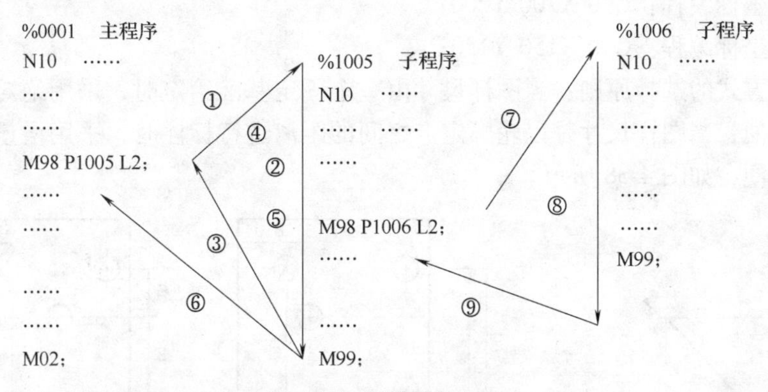

图 4-36　子程序的嵌套

在上述主程序中调用子程序%1005 两次，调用执行顺序为①→②→③→④→⑤→⑥，子程序%1005 调用子程序%1006，执行程序为⑦→⑧→⑨。

5）主轴控制指令 M03、M04、M05。M03 启动主轴以程序中编制的主轴速度顺时针方向（从 Z 轴正向朝 Z 轴负向看）旋转。

M04 启动主轴以程序中编制的主轴速度逆时针方向旋转。

M05 使主轴停止旋转。

M03、M04 为模态前作用 M 功能；M05 为模态后作用 M 功能，M05 为默认功能。

M03、M04、M05 可相互注销。

6）切削液打开、停止指令 M08、M09。

M08 指令将打开切削液管道。M09 指令将关闭切削液管道。M08 为模态前作用 M 功能；M09 为模态后作用 M 功能，M09 为默认功能。

（2）准备功能

1）绝对坐标编程和增量坐标编程。

【格式】G90;

G91;

【功能】设定坐标输入方式。

【说明】

G90 指令建立绝对坐标输入方式，移动指令的目标点的坐标值 X、Y、Z 表示刀具离开工件坐标系原点的距离。

G91 指令建立增量坐标输入方式，移动指令的目标点的坐标值 X、Y、Z 表示刀具离开当前点的坐标增量。

G90、G91 为模态功能，可相互注销，G90 为默认值。其可用于同一程序段中，但要注意其顺序所造成的差异。

例：如图 4-37 所示，分别用 G90、G91 编程，控制刀具由 A 点运动到 B 点。

绝对坐标编程：G90 X200 Y200;

增量坐标编程：G90 X150 Y150;

编程方式的选择原则：当图样尺寸由一个固定基准给定时，采用绝对坐标编程较为方便，当图样尺寸是以轮廓定点之间的距离进行标注时，采用增量坐标编程较为方便，如图 4-38 所示。

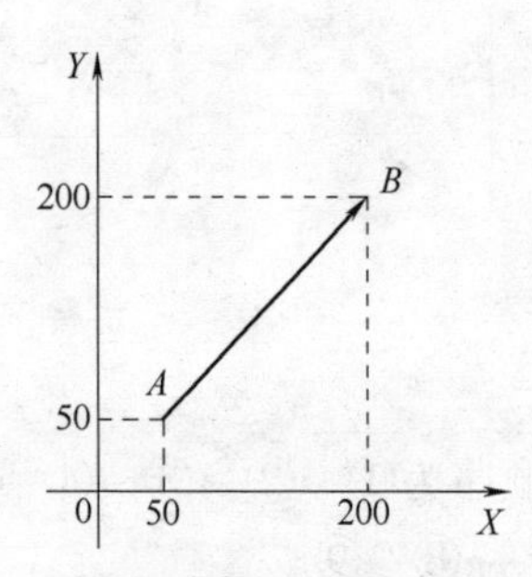

图 4-37　G90、G91 编程

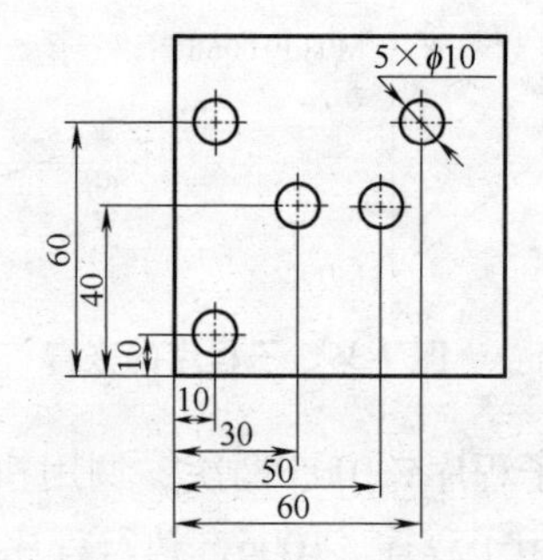

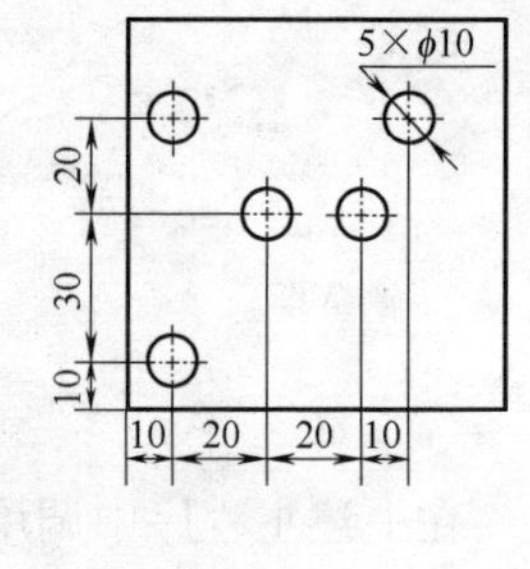

图 4-38　G90、G91 编程区别

2）工件坐标系选择 G54～G59。

【格式】

G54;

G55;

G56;

G57;

G58;

G59;

【说明】G54 ~ G59 是系统预定的 6 个工件坐标系，可根据需要任意选用。

加工时，必须设定工件坐标系的原点在机床坐标系中的坐标值，否则加工出的产品就有误差或报废，甚至出现危险。

这 6 个预定工件坐标系的原点在机床坐标系中的值（工件零点偏置值）可用 MDI 方式输入，系统自动记忆。

工件坐标系一旦选定，后续程序段中绝对坐标编程时的指令值均为相对此工件坐标系原点的值。

3）快速点定位 G00 指令。

【格式】G00 X_Y_Z_;

【功能】快速点定位。

【说明】

① 刀具以各轴确定的速度由起始点（当前点）快速移动到目标点。

② 刀具运动轨迹与各轴快速移动速度有关。

③ 刀具在起始点开始加速至预定的速度，到达目标点前减速定位。

例：如图 4-39 所示，刀具从 *A* 点快速移动至 *C* 点，使用绝对坐标与增量坐标的方式编程。

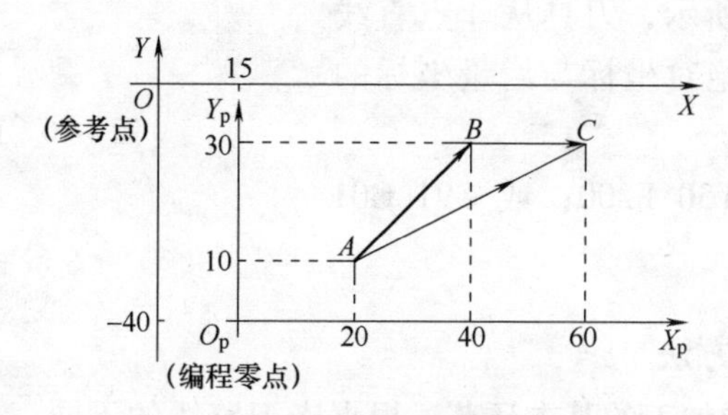

图 4-39 快速定位

绝对坐标编程：

G90 G54 G00 X0 Y0 Z0；设工件坐标系原点，换刀点 *O* 与机床坐标系原点重合

G90 G00 X15 Y-40；刀具快速移动至 O_p 点

G92 X0 Y0；重新设定工件坐标系，换刀点 O_p 与工件坐标系原点重合

G00 X20 Y10；刀具快速移动至 *A* 点定位

X60 Y30；刀具从起始点 *A* 快移至终点 *C*

增量坐标编程：

G90 G54 G00 X0 Y0 Z0；

G91 G00 X15 Y-40；

G92 X0 Y0;

G00 X20 Y10;

X40 Y20;

在例题中，刀具从 A 点移动至 C 点，若机床确定的 X 轴和 Y 轴的快速移动速度是相等的，则刀具实际运动轨迹为一折线，即刀具从起始点 A 按 X 轴与 Y 轴的合成速度移动至点 B，然后再沿 X 轴移动至终点 C。

4）直线插补指令。直线插补 G01 指令。

【格式】G01 X_Y_Z_F_;

【功能】直线插补运动。

【说明】

① 刀具按照 F 指令所规定的进给速度直线插补至目标点。

② F 代码是模态代码，在没有新的 F 代码替代前一直有效。

③ 各轴实际的进给速度是 F 速度在该轴方向上的投影分量。

④ 用 G90 或 G91 可以分别按绝对坐标或增量坐标的方式编程。

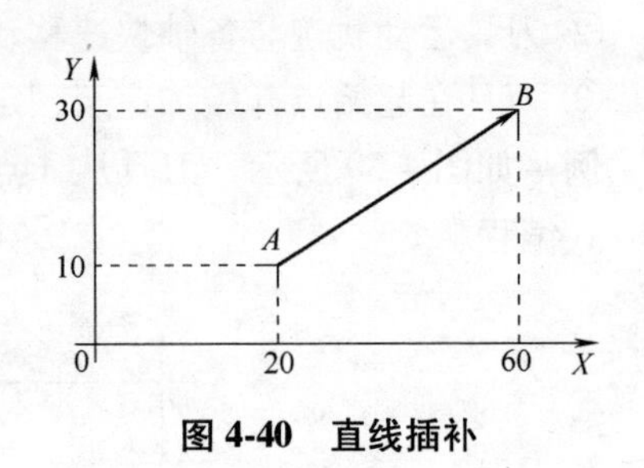

图 4-40　直线插补

例：如图 4-40 所示，刀具从 A 点直线插补至 B 点，使用绝对坐标与增量坐标的方式编程。

G90 G01 X60 Y30 F200；或 G91 G01 X40 Y20 F200;

2. 平面加工的方法

平面加工是机械加工的基本环节，根据走刀路线的不同，平面加工的方法如图 4-41 所示，主要有以下几种：

（1）双向横坐标平行法　该方法为刀具沿平行于横坐标方向加工，并且可以改变方向，如图 4-41a 所示。

（2）单向横坐标平行法　该方法为刀具仅沿一个方向平行于横坐标方向加工，如图 4-41b 所示。

（3）单向纵坐标平行法　该方法为刀具仅沿平行于纵坐标方向加工，如图 4-41c 所示。

（4）双向纵坐标平行法　该方法为刀具沿平行于纵坐标方向加工，并且可以改变方向，如图 4-41d 所示。

（5）内向环切法　该方法为刀具以矩形轨迹分别平行于纵坐标、横坐标由外向内加工，并且可以改变方向，如图 4-41e 所示。

（6）外向环切法 该方法为刀具以矩形轨迹分别平行于纵坐标、横坐标由内向外加工，并且可以改变方向，如图4-41f所示。

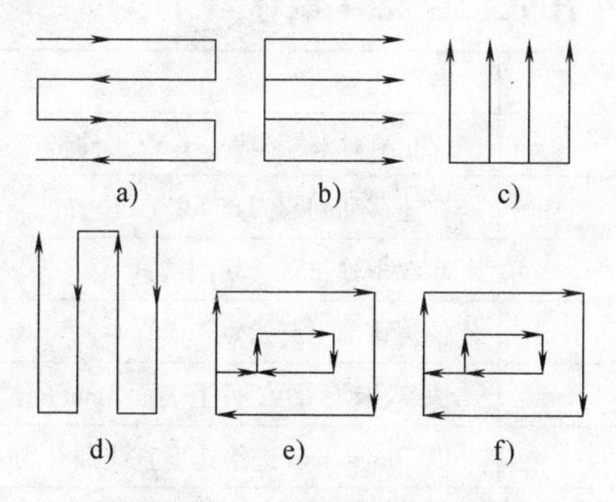

图4-41 平面加工的方法

其中最常用的是双向横坐标平行法，因为刀具运动线路有规律，所以可以选用子程序调用方法来实现。

【任务步骤】

1. 毛坯准备

零件的材料为45钢，长方体（长×宽×高为100mm×80mm×12mm），未加工上表面。

2. 确定工艺方案及加工路线

（1）选择编程零点 确定长×宽为100mm×80mm的对称中心及上表面（O点）（见图4-42）为编程原点，并通过对刀设定零点偏置G54。

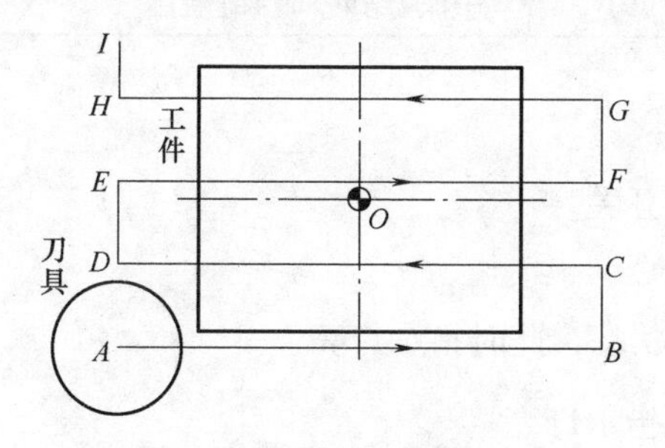

图4-42 加工路线

（2）确定装夹方法 根据图样的图形结构，选用机用虎钳装夹工件。

（3）铣削用量及加工路线的确定 选用ϕ20mm平底立铣刀，并确定铣削用量，进给路线如图4-42所示。

3. 根据图样要求计算编程尺寸

4. 按华中数控系统 HNC-21/22M 编程

% 1	程序段号
G90 G54 G00 Z100;	G90 绝对坐标编程，G54 工件坐标系，Z100 安全高度
X0 Y0;	快速移动到起刀点 X0 Y0 位置
M03 S600 M08;	M03 主轴正转，切削液开
X-75 Y-45;	快速移动至起始点
Z5;	快速移动到距工件上表面 5mm 的位置
G01 Z-2 F200;	以 20mm/min 进给速度直线插补切入工件 2mm 深
M98 P2 L4;	调用子程序 4 次
G90;	取消增量坐标编程
G00 Z100;	快速移动到距工件上表面 100mm 处
X0 Y0;	快速移动到 X0 Y0 点
M05;	主轴停止
M30;	程序结束
%2	采用行切法进行加工的子程序段号
G91;	增量坐标编程
X150;	铣削加工，*X* 正向移动 150mm
Y15;	铣削加工，*Y* 正向移动 15mm
X-150;	铣削加工，*X* 负向移动 150mm
Y15;	铣削加工，*Y* 正向移动 15mm
M99;	子程序结束，返回主程序

5. 加工工件

1）打开机床电源开关。

2）机床返回参考点。

按[回参考点]键，到回零状态，此时指示灯亮。

按[+Z]键回 *Z* 轴，指示灯亮。

按[+X]键回 *X* 轴，指示灯亮。

按[+Y]键回 *Y* 轴，指示灯亮。

完成返回参考点操作后，显示屏显示如图 4-43 所示：

机床指令坐标系 *X*、*Y*、*Z* 分别显示为零。

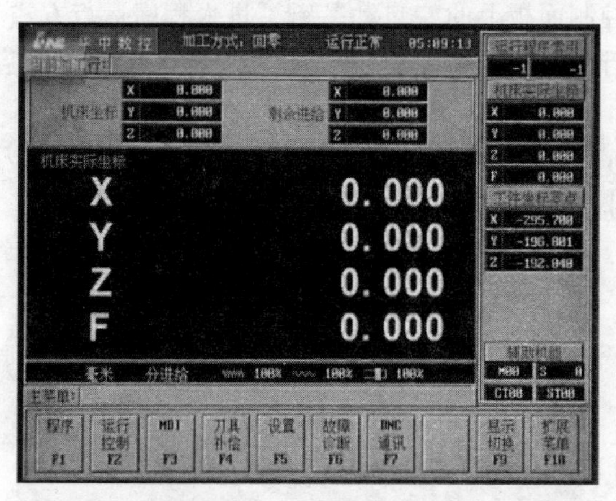

图 4-43　机床回参考点各轴坐标显示为“0.000”

3）工件装夹。选用机用虎钳正确装夹工件，如图 4-44 所示，找正机用虎钳固定钳口，保证其与 *X* 轴的平行度。

4）对刀。

① *X* 轴采用分中法对刀（1 点和 2 点确定 *X* 轴坐标值），如图 4-45 所示。

② *Y* 轴采用分中法对刀（3 点和 4 点确定 *Y* 轴坐标值），如图 4-45 所示。

③ *Z* 轴采用试切法对刀（5 点确定 *Z* 轴坐标值），如图 4-45 所示。

④ 将 *X*、*Y*、*Z* 数值输入到机床的工件坐标系 G54 中。

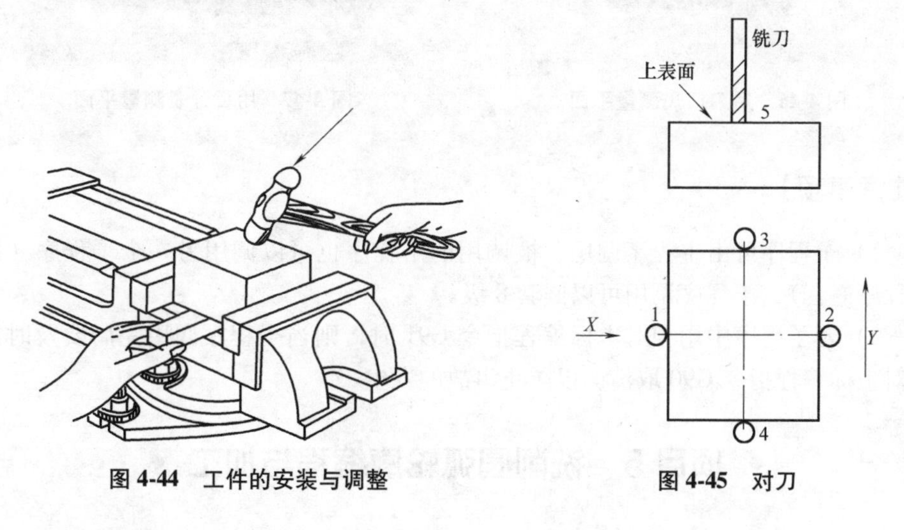

图 4-44　工件的安装与调整　　　　图 4-45　对刀

5）程序输入。将已经编好的程序输入到机床中（详见程序输入）。

6）程序校验。

① 打开要加工的程序。

② 按下机床控制面板上的“自动”键，进入程序运行方式。

③ 在程序运行菜单下，按“程序校验”F5 键，按“循环启动”按钮，校验开始。

如果程序正确，显示窗口会显示出正确的轮廓轨迹及走刀路线，校验完成后，光标将返回到程序头。

7）自动加工，铣顶面。

【工件检测】

1. 选用量具

刀口尺，百分表。

2. 测量方法

1）用刀口尺测量工件加工平面，如图 4-46 所示。

2）用百分表测量工件加工平面，如图 4-47 所示。

图 4-46　用刀口尺测量平面

图 4-47　用百分表测量平面

【注意事项】

1）子程序可由主程序调用，被调用的子程序也可以调用另一个子程序（即子程序嵌套），子程序调用可以嵌套 8 级。

2）若子程序中用相对坐标编程指令 G91 时，则当子程序调用完后要及时用绝对坐标编程指令 G90 取消，以防止事故的发生。

项目 5　铣削圆弧轮廓编程与加工

【阐述说明】

在实际加工中，许多零件轮廓不仅有直线，有些情况下还需要有圆弧，如

图4-48所示的槽轮，需要直线和圆弧进行联合加工。

学习重点：

1）熟悉圆弧插补指令G02/G03的编写格式。

2）编写带有圆弧轮廓零件的加工程序。

3）掌握控制尺寸精度的基本方法。

学习难点：

1）圆弧半径*R*正负值的判别。

2）顺铣、逆铣的特点及选择原则。

图4-48　槽轮模型

【任务描述】

加工如图4-48所示零件轮廓，并保证尺寸精度。

【任务分析】

零件的几何要点如图4-49所示。零件加工部分由规则对称的圆弧槽组成，其几何形状属于平面二维图形。

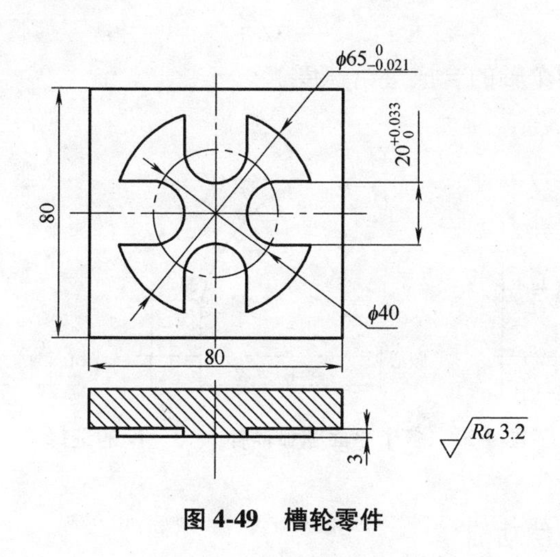

图4-49　槽轮零件

工艺要点分析：该零件是在ϕ65mm的圆柱凸台上，再加工出四个均匀分布的带有圆弧的槽。

1. 圆弧插补指令格式、编写格式及编写方法

【格式】

$$G17\begin{Bmatrix}G02\\G03\end{Bmatrix}X\_Y\_\begin{Bmatrix}I\_J\_\\R\_\end{Bmatrix}F\_;$$

$$G18\left\{\begin{matrix}G02\\G03\end{matrix}\right\}X\_Y\_\left\{\begin{matrix}I\_K\_\\R\_\end{matrix}\right\}F\_;$$

$$G19\left\{\begin{matrix}G02\\G03\end{matrix}\right\}X\_Y\_\left\{\begin{matrix}J\_K\_\\R\_\end{matrix}\right\}F\_;$$

【说明】

G02：顺时针圆弧插补，如图 4-50 所示。

G03：逆时针圆弧插补，如图 4-50 所示。

X、Y、Z：在 G90 时为圆弧终点在工件坐标系中的坐标；在 G91 时为圆弧终点相对于圆弧起点的位移量。

I、J、K：圆心相对于圆弧起点的偏移值（等于圆心的坐标减去圆弧起点的坐标，见图 4-51），使用 G90/G91 时都是以增量方式指定。

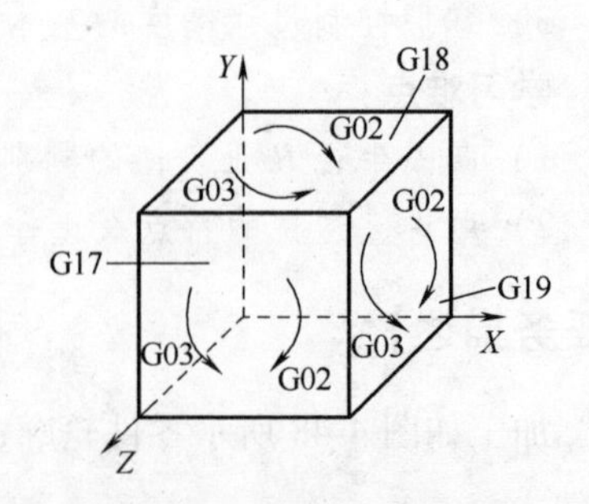

图 4-50 圆弧进给时的选择

R：圆弧半径，当圆弧圆心角小于 180° 时，R 值为正值，否则 R 值为负值。

F：被编程的两个轴的合成进给速度。

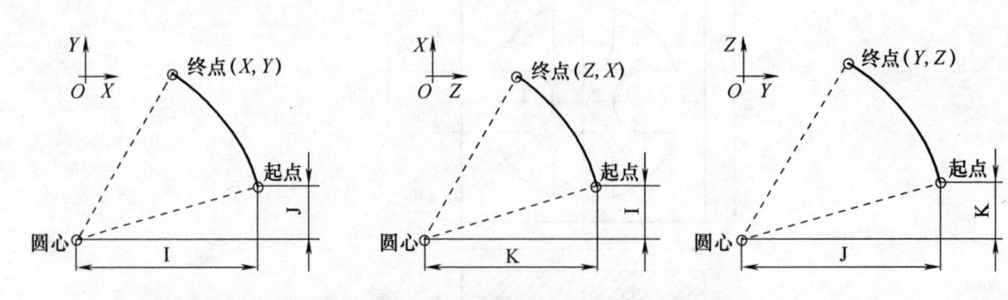

图 4-51 各个平面圆弧插补 I、J、K 的选择

2. 刀具半径补偿功能

刀具补偿功能使数控编程大为简便，要编程时可不考虑刀具中心轨迹，直接按零件轮廓编程，减轻了编程人员的劳动强度。

（1）刀具半径补偿的过程

1）刀具补偿的建立。

2）刀具补偿的进行。

3）刀具补偿的取消。

（2）刀具半径补偿 G41、G42 指令　执行刀具半径补偿后，刀具自动偏离工件轮廓一个刀具半径值，从而加工出所需要的工件轮廓。

【格式】

$$\begin{Bmatrix} G41 \\ G42 \end{Bmatrix}\begin{Bmatrix} G00 \\ G01 \end{Bmatrix} X\_Y\_D\_;$$

【功能】数控系统根据工件轮廓和刀具半径自动计算刀具中心轨迹，控制刀具沿刀具中心轨迹移动，加工出所需要的工件轮廓，编程时避免计算复杂的刀心轨迹。

【说明】

1）X_Y_表示刀具移动至工件轮廓上点的坐标值。

2）D_为刀具半径补偿寄存器地址符，寄存器存储刀具半径补偿值。

3）如图4-52左图所示，沿刀具进刀方向看，刀具中心在零件轮廓左侧，则为刀具半径左补偿，用G41指令。

4）如图4-52右图所示，沿刀具进刀方向看，刀具中心在零件轮廓右侧，则为刀具半径右补偿，用G42指令。

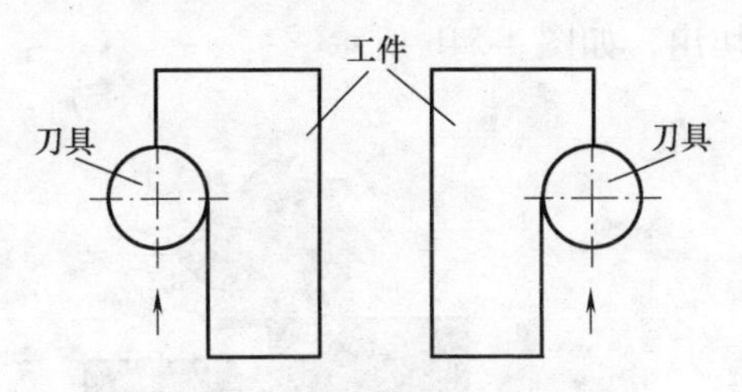

图4-52　刀具半径补偿位置判断

5）通过G00或G01运动指令建立刀具半径补偿。

（3）刀具半径补偿的条件

1）在补偿平面内才能补偿。

2）要有补偿代码。

3）在补偿平面内要有轴的移动，否则补偿在下一条执行。

4）要有偏置D的地址。

5）G41、G42、G40只能在G00、G01方式下使用。

（4）取消刀具半径补偿G40指令

【格式】

$$\begin{Bmatrix} G00 \\ G01 \end{Bmatrix} G40\ X\_Y\_;$$

【功能】取消刀具半径补偿。

【说明】

1）指令中的X_Y_表示刀具轨迹中取消刀具半径补偿点的坐标值。

2）通过G00或G01运动指令取消刀具半径补偿。

3）G40必须和G41或G42成对使用。

如图4-53所示，当刀具以半径左补偿G41指令加工完工件后，通过图中*CO*段取消刀具半径补偿，其程序段为：G40 G00 X0 Y0；

3. 顺铣和逆铣的概念、特点及选用

(1) 顺铣和逆铣的概念　用铣刀圆周上的切削刃来铣削工件的表面，叫周铣法。其有两种铣削方式，如图 4-54 所示。

1) 顺铣。铣刀旋转方向与工件进给方向相同。铣削时每齿切削厚度从最大逐渐减小到零，如图 4-54a 所示。

2) 逆铣。铣刀旋转方向与工件进给方向相反。铣削时每齿切削厚度从零逐渐到最大而后切出，如图 4-54b 所示。

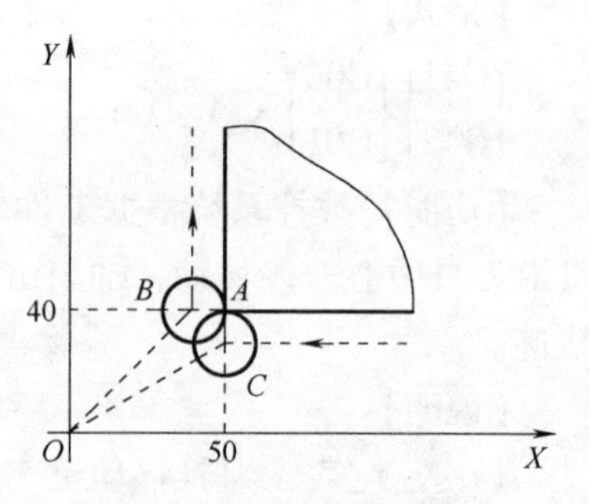

图 4-53　刀具半径补偿过程

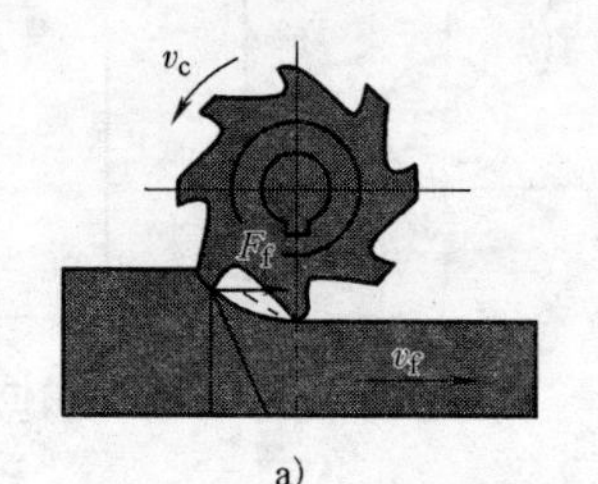

a)

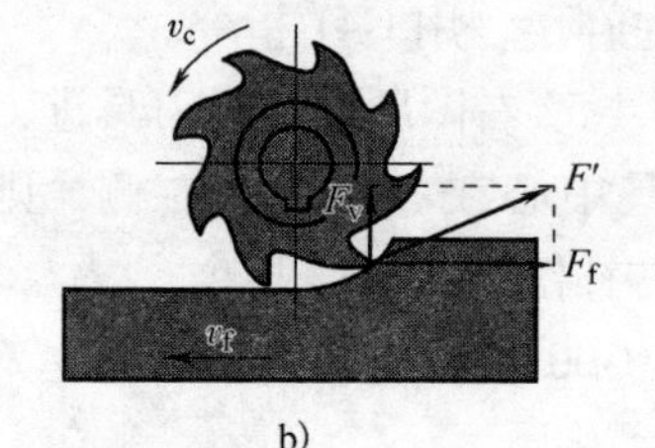

b)

图 4-54　顺铣与逆铣

a) 顺铣　b) 逆铣

(2) 顺铣和逆铣的特点及选用

1) 特点。

① 切削厚度的变化。逆铣时，每个刀齿的切削厚度由零增至最大。但切削刃并非绝对锋利，铣刀刃口处总有圆弧存在，刀齿不能立刻切入工件，而是在已加工表面上挤压滑行，使该表面的硬化现象严重，影响了表面质量，也使刀齿的磨损加剧。

顺铣时刀齿的切削厚度是从最大到零，但刀齿切入工件时的冲击力较大，尤其工件待加工表面是毛坯或者有硬皮时。

② 切削力方向的影响。顺铣时作用于工件上的背向力 F_p 始终压下工件，这对工件的夹紧有利。

逆铣时背向力 F_p 向上，有将工件抬起的趋势，易引起振动，影响工件的夹紧。铣薄壁和刚度差工件时影响更大。

铣床工作台的移动是由丝杠螺母传动的，丝杠螺母间有螺纹间隙。顺铣时工件受到进给力 F_f 与进给运动方向相同，而一般主运动的速度大于进给速度 v_f，因此进给力 F_f 有使接触的螺纹传动面分离的趋势，当铣刀切到材料上的硬点或因切削厚度变化等原因，引起进给力 F_f 增大，超过工作台进给摩擦阻力时，原是螺纹副推动的运动形式变成了由铣刀带动工作台窜动的运动形式，引起进给量突然增

加。这种窜动现象不但会引起“扎刀”，损坏加工表面；严重时还会使刀齿折断，或使工件夹具移位，甚至损坏机床。

逆铣时工件受到进给力 F_f 与进给运动方向相反，丝杠与螺母的传动工作面始终接触，由螺纹副推动工作台运动。在不能消除丝杠螺母间隙的铣床上，只宜用逆铣，不宜用顺铣。

2）选用原则。粗加工或是加工有硬皮的毛坯时，多采用逆铣。精加工时，加工余量小，切削力小，不易引起工作台窜动，可采用顺铣。

4. 铣削轮廓加工工艺

对于连续铣削轮廓，特别是加工圆弧时，要注意安排好刀具的切入、切出，要尽量避免交接处重复加工，以免出现明显的界限痕迹。如图4-55所示，用圆弧插补方式铣削外整圆时，要安排刀具从切向进入圆周铣削加工，当整圆加工完毕后，不要在切点处直接退刀，而让刀具沿切线方向多运动一段距离，以免取消刀具补偿时，刀具与工件表面相碰撞，造成工件报废。铣削内圆弧时，也要遵守从切向切入的原则，安排切入、切出过渡圆弧，如图4-56所示，若刀具从工件坐标原点出发，其加工路线为1→2→3→4→5，这样来提高内孔表面的加工精度和质量。

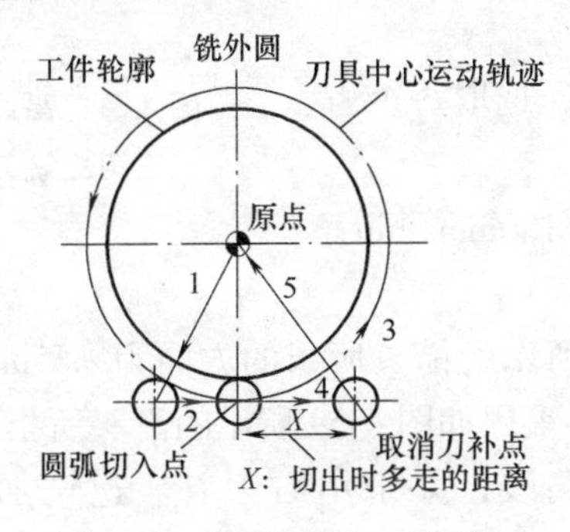

图4-55 铣削外圆加工路线

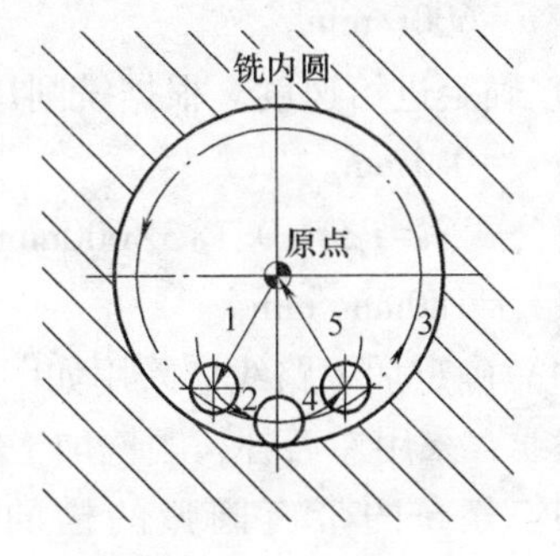

图4-56 铣削内孔加工路线

5. 控制尺寸精度的原则

（1）提高对刀操作的准确性

1）根据加工要求采用正确的对刀工具，控制对刀误差。

2）在对刀过程中，可通过改变微调进给量来提高对刀精度。

3）对刀时需小心谨慎地操作，尤其要注意移动方向，避免发生碰撞危险。

4）对刀数据一定要存入与程序对应的存储地址，防止因调用错误而产生严重后果。

（2）认真输入和修改刀具补偿值 根据刀具的实际尺寸和位置，将刀具半径补偿值输入到与程序对应的存储位置。

【任务步骤】

1. 毛坯准备

零件的材料为45钢，长方体（长×宽×高为80mm×80mm×25mm），已加工过六个表面。

2. 确定工艺方案及加工路线

（1）选择编程零点　由图样的图形结构确定长×宽为80mm×80mm的对称中心及上表面（O点）为编程原点。

（2）确定装夹方法　根据图样的图形结构，选用机用虎钳装夹工件。

（3）切削用量的选择

1）确定主轴转速。选用ϕ16mm高速钢三刃立铣刀，如图4-57所示，根据切削用量表，切削速度选用$v_c=30\text{m/min}$。

图4-57　高速钢三刃立铣刀

由公式 $n=1000v_c/\pi/d=1000\times30/3.14/16\text{r/min}\approx597\text{r/min}$；

取$n=600\text{r/min}$。

2）确定进给速度。根据铣削用量表，选取每个齿进给量$f_z=0.1\text{mm}$。

由公式 $v_f=f_zzn=0.1\times3\times600\text{mm/min}=180\text{mm/min}$；

取$v_f=180\text{mm/min}$。

（4）确定加工路线　采用如图4-58所示的箭头所指的方向为ϕ65mm的凸台加工路线，采用左刀补，顺铣加工方式，采用如图4-59所示的箭头所指的方向为四个均匀分布的带有圆弧的槽的加工路线，并采用右刀补、逆铣加工方式。图4-60中1点作为轮廓上加工的第一点。

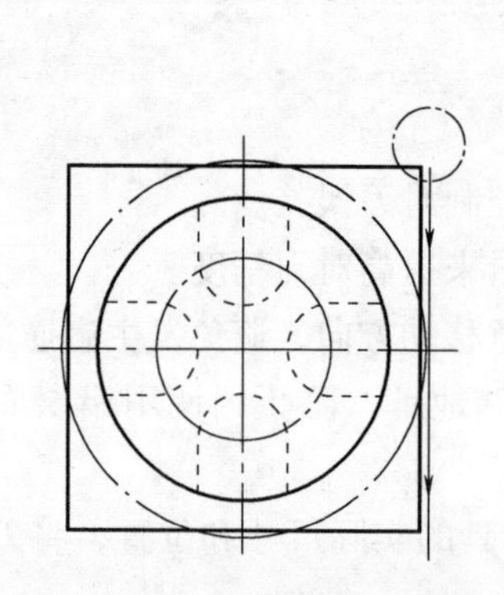

图4-58　凸台加工进给路线

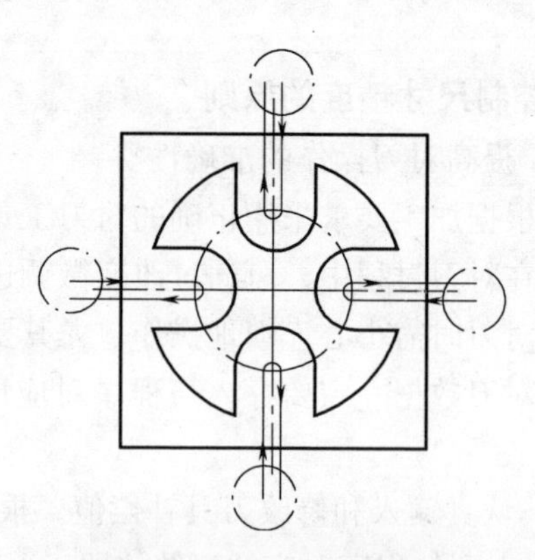

图4-59　槽加工进给路线

3. 计算出节点的坐标值

加工零件节点坐标如图 4-60 所示。

1 点（30.92，-10）

2 点（20，-10）

3 点（20，10）

4 点（30.92，10）

5 点（10，30.92）

6 点（10，20）

7 点（-10，20）

8 点（-10，30.92）

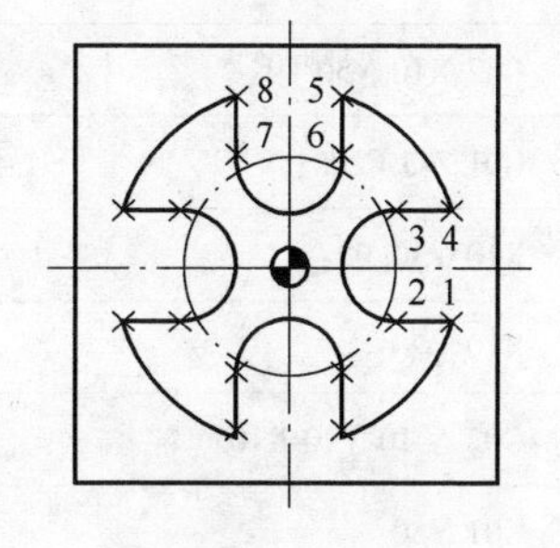

图 4-60　节点坐标

4. 编程

按华中数控系统 HNC-21/22M 编程。

%1	程序段号
G90 G54 G00 Z100;	G90 绝对坐标编程，G54 工件坐标系，Z100 安全高度
M03 S600;	M03 主轴正转
X0 Y0;	快速移动到起刀点 X0 Y0 位置
Z5;	快速移动到距工件上表面 5mm 的位置
G41 X32.5 Y55 D1;	快速移动并建立左刀补
G01 Z-3 F200;	以 200mm/min 进给倍率直线插补切入工件 3mm 深
X32.5 Y0;	铣削加工
G02 I-32.5;	顺圆弧插补加工圆台轮廓
G00 Z10;	快速移动到安全高度
G40 X0 Y0;	快速移动到 X0 Y0 点取消刀补
G42 X50 Y-10 D1;	加工右面槽，快速移至 X50 Y-10 点，建立右刀补
G01 Z-3 F200;	以 200mm/min 进给倍率直线插补切入工件 3mm 深
X30.92 Y-10;	直线插补加工至 1 点
X20 Y-10;	直线插补加工至 2 点
G02 X20 Y10 R10;	顺时针圆弧插补加工至 3 点
G01 X50;	直线插补加工至 X50 Y10 点

（续）

G00 Z10；	快速移动到安全高度
G40 X0 Y0；	快速移动到 X0 Y0 点取消刀补
G42 X10 Y50 D1；	加工上面槽，快速移至 X10 Y50 点，建立右刀补
G01 Z-3 F200；	以 200mm/min 进给倍率直线插补切入工件 3mm 深
X10 Y30. 92；	直线插补加工至 5 点
X10 Y20；	直线插补加工至 6 点
G02 X-10 Y20 R10；	顺时针圆弧插补加工至 7 点
G01 Y50；	直线插补加工至 X-10 Y50 点
G00 Z10；	快速移动到安全高度
G40 X0 Y0；	快速移动到 X0 Y0 点取消刀补
G42 X-50 Y10 D1；	加工左面槽，快速移至 X-50 Y10 点，建立右刀补
G01 Z-3 F200；	以 200mm/min 进给倍率直线插补切入工件 3mm 深
X-30. 92 Y10；	直线插补加工至 X-30. 92 Y10 点
X-20 Y10；	直线插补加工至 X-20 Y10 点
G02 X-20 Y-10 R10；	顺时针圆弧插补加工至 X-20 Y-10 点
G01 X-50；	直线插补加工至 X-50 Y-10 点
G00 Z10；	快速移动到安全高度
G40 X0 Y0；	快速移动到 X0 Y0 点取消刀补
G42 X-10 Y-50 D1；	加工下面槽，快速移至 X-10 Y-50 点，建立右刀补
G01 Z-3 F200；	以 200mm/min 进给倍率直线插补切入工件 3mm 深
X-10 Y-30. 92；	直线插补加工至 X-10 Y-30. 92 点
X-10 Y-20；	直线插补加工至 X-10 Y-20 点
G02 X10 Y-20 R10；	顺时针圆弧插补加工至 X10 Y-20 点
G01 Y-50；	直线插补加工至 X10 Y-50 点
G00 Z10；	快速移动到安全高度
G40 X0 Y0；	快速移动到 X0 Y0 点取消刀补
M05；	主轴停止
M30；	程序结束

5. 加工工件

1）打开机床电源开关。

2）机床返回参考点。

3）工件装夹。

选用机用虎钳正确装夹工件。

4）对刀。

① *X* 轴采用分中法对刀。

② *Y* 轴采用分中法对刀。

③ *Z* 轴采用试切法对刀。

④ 将 *X*、*Y*、*Z* 数值输入到机床的自动坐标系 G54 中。

5）程序输入。将已经编好的程序输入到机床中（详见程序输入）。

6）程序校验。

① 打开要加工的程序。

② 按下机床控制面板上的“自动”键，进入程序运行方式。

③ 在程序运行菜单下，按“程序校验”F5 键，按“循环启动”键，校验开始。

如果程序正确，显示窗口会显示出正确的轮廓轨迹及走刀路线，校验完成后，光标将返回到程序头。

7）自动加工。

① 选择并打开零件加工程序，设定刀补值：D1 = 8.5（轮廓尺寸单边留 0.5mm 精加工余量）。

② 按下机床控制面板上的“自动”键（指示灯亮），进入程序运行方式。

③ 按下机床控制面板上的“循环启动”键（指示灯亮），机床开始自动运行当前的加工程序。

【工件检测】

1. 选用量具

游标卡尺，游标深度卡尺，千分尺。

2. 测量方法

1）用游标卡尺测量直径为 65mm 外圆，槽宽为 20mm，如图 4-61 和图 4-62 所示。

2）用千分尺测量 $\phi65_{-0.02}^{\ 0}$mm，如图 4-63 所示。

3）用游标深度卡尺测量深度为 3mm，如图 4-64 所示。

4）测量工件，计算并修改刀补，精加工至尺寸。

图 4-61　游标卡尺测量直径为 65mm 外圆

图 4-62　游标卡尺测量槽宽

图 4-63　千分尺测量 $\phi65_{-0.02}^{\ 0}$

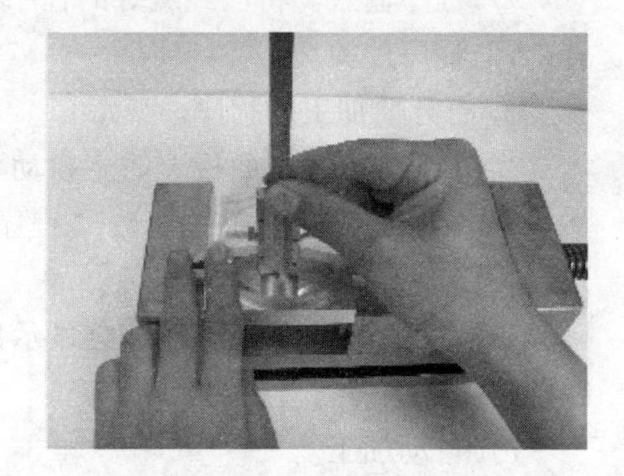

图 4-64　游标深度卡尺测量深度

【注意事项】

1）顺时针和逆时针是从垂直与圆弧所在平面的坐标轴正方向看到回转方向。

2）整圆编程时不可以使用 R 格式，只能用 I、J、K 格式。

3）同时编入 R 与 I、J、K 时，R 有效。

4）补偿的数值、符号及数据所在地址的正确性都会影响加工的准确性，任意一项有错都将导致撞刀或加工工件报废。

• 项目 6　铣削加工平面凸轮 •

【阐述说明】

如图 4-65 所示的零件是凸轮机构的常见零件，用普通铣床加工凸轮轮廓比较困难，而用数控机床就容易多了，那么是如何编程与加工呢？

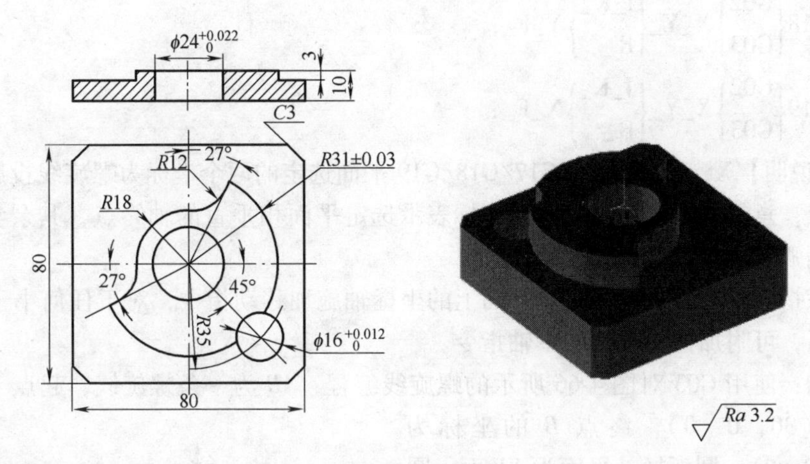

图 4-65　凸轮

学习重点：

1）掌握凸轮零件的加工方法。

2）掌握螺旋下刀的编程方法。

3）掌握通过改变刀具半径补偿值实现余量去除的方法。

学习难点：

1）螺旋下刀的编程与加工。

2）通过改变刀具半径补偿值，实现零件粗、精加工。

【任务描述】

加工图样如图 4-65 所示的零件轮廓，并保证尺寸精度。

【任务分析】

平面凸轮零件是数控铣削加工中常见的零件，其轮廓曲线组成不外乎直线—曲线、圆弧—圆弧、圆弧—非圆曲线及非圆曲线等几种。加工所用数控机床多为两轴以上联动的数控铣床，加工工艺过程也大同小异。

工艺要点分析：该零件在数控铣削之前，工件是一个加工过的，长×宽为 80mm×80mm、厚度为 10mm 倒角的方台，需在其上加工一个平面凸轮轮廓，一个圆柱台及两个通孔轮廓。

1. 螺旋线进给 G02/G03

【格式】

$$G17\begin{Bmatrix}G02\\G03\end{Bmatrix}X\_Y\_\begin{Bmatrix}I\_J\_\\R\_\end{Bmatrix}Z\_F\_;$$

$$G18\begin{Bmatrix}G02\\G03\end{Bmatrix}X\_Y\_\begin{Bmatrix}I\_K\_\\R\_\end{Bmatrix}Y\_F\_;$$

$$G19\begin{Bmatrix}G02\\G03\end{Bmatrix}X\_Y\_\begin{Bmatrix}J\_K\_\\R\_\end{Bmatrix}X\_F\_;$$

【说明】X、Y、Z 中由 G17/G18/G19 平面选定的两个坐标为螺旋线投影圆弧的终点，意义同圆弧进给，第三坐标表示选定平面相垂直的轴终点，其余参数意义同圆弧进给。

该指令对另一个不在圆弧平面上的坐标轴施加移动指令，对于任何小于 360°的圆弧，可附加任一数值的单轴指令。

例：使用 G03 对图 4-66 所示的螺旋线编程，*AB* 为一条螺旋线，起点 *A* 的坐标为（30，0，0），终点 *B* 的坐标为（0，30，0）；圆弧插补平面为 *XY* 面，圆弧 *AB′* 是 *AB* 在 *XY* 平面上的投影，*B′* 坐标值是（0，30，0），从 *A* 点到 *B′* 点是逆时针方向。在加工 *AB* 螺旋线前，要把刀具移到螺旋线起点 *A* 处。

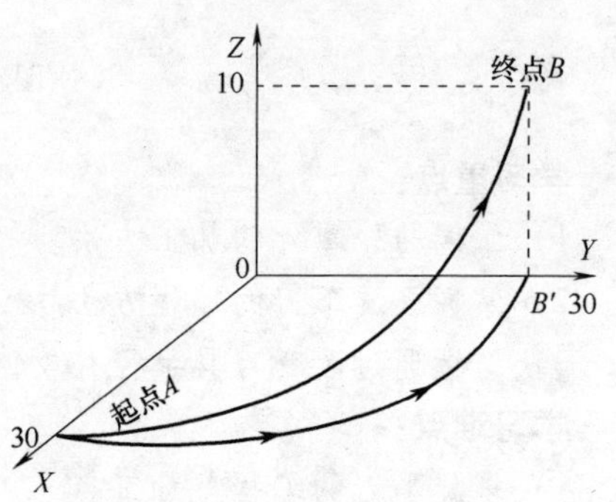

图 4-66　螺旋线进给

加工程序编写如下：

增量坐标编程

G91 G17 F300;

G03 X-30 Y30 R30 Z10;

绝对坐标编程

G90 G17 F300;

G03 X0 Y30 R30 Z10;

2. 余量的去除方法

（1）修改刀补去余量　此种方法是通过增大刀具半径补偿值，加工比实际尺寸大的轮廓，从而去除余量的方法，如图 4-67 所示。

（2）编程去余量　当工件余量较为工整时，例如类似一个方形或其他便于编程的轮廓形状，可以用简单的程序将余量去除。

（3）手动去余量　将刀具下到工件所要加工的深度，顺时针和逆时针摇动手轮，从而去除工件上的余量，此种方法最为简单，但要时刻注意坐标轴的移动方向。

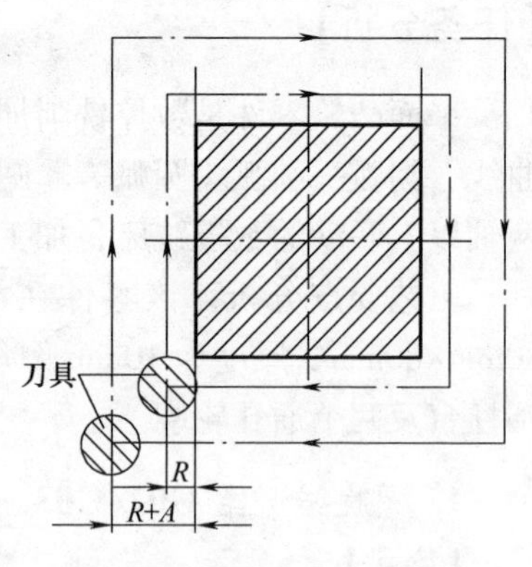

图 4-67　修改刀补去除余量

【任务步骤】

1. 毛坯准备

零件的材料为45钢，长方体（长×宽×高为80mm×80mm×10mm），六面已加工，并且已倒角3mm×45°。

2. 确定工艺方案及加工路线

（1）选择编程零点　确定长×宽为80mm×80mm的对称中心及上表面（O点）为编程原点，并通过对到设定零点偏置G54。

（2）确定装夹方法　根据图样的图形结构，选用机用虎钳装夹工件。

（3）铣削用量及加工路线的确定

1）确定主轴转速。选用ϕ10mm三刃立铣刀，根据铣削用量表，铣削速度选用$v_c=18\text{m/min}$。

由公式$n=1000v_c/\pi/d=1000\times18/3.14/5\text{r/min}\approx1146\text{r/min}$；

取$n=1200\text{r/min}$

2）确定进给速度。根据铣削用量表，选取每个齿进给量$f_z=0.05\text{mm}$。

由公式$v_f=f_zzn=0.05\times3\times1200\text{mm/min}=180\text{mm/min}$；

取$v_f=180\text{mm/min}$。

3）确定加工路线。加工路线如图4-68所示。

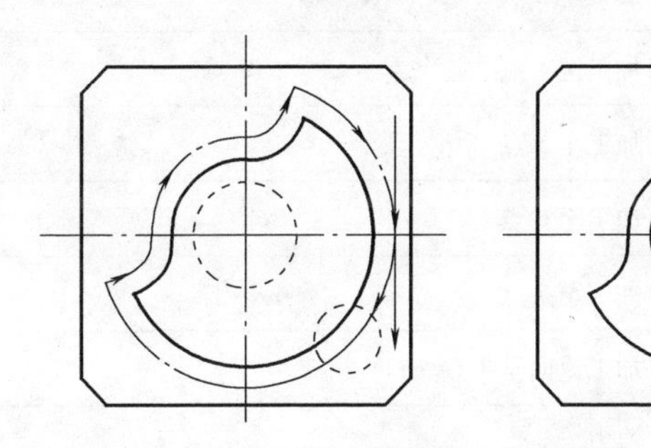

图4-68　加工路线

3. 根据图样要求，计算编程尺寸

加工零件节点坐标如图4-69所示。

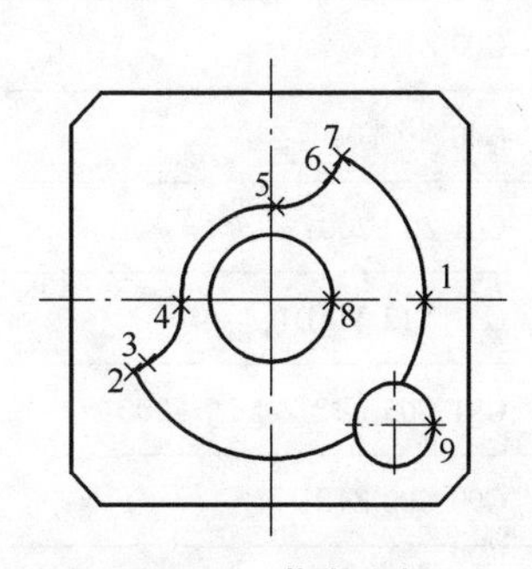

图4-69　节点坐标

1点（31，0）

2点（−27.6212，−14.0737）

3点（−24.4986，−12.4827）

4点（−17.9679，−1.0744）

5点（1.0744，17.9679）

6 点（12.4827，24.4986）

7 点（14.0737，27.6212）

8 点（12，0）

9 点（32.7487，-24.7487）

4. 编程

按华中数控系统 HNC-21/22M 编程。

%1	程序段号
G90 G54 G0 Z100;	G90 绝对坐标编程，G54 工件坐标系，Z100 安全高度
X0 Y0;	快速移动到起刀点 X0 Y0 位置
M03 S600 M08;	M03 主轴正转，切削液开
X31 Y50;	快速移动至起始点
Z5;	快速移动到距工件上表面 5mm 的位置
G01 Z-3 F200;	以 200mm/min 进给速度切入工件 3mm 深
G41 Y0 D1;	移动到 1 点并建立左刀补
G02 X-27.6212 Y-14.0737 R31;	加工至 2 点
G01 X-24.4986 Y-12.4827;	加工至 3 点
G03 X-17.9679 Y-1.0744 R12;	加工至 4 点
G02 X1.0744 Y17.9679 R18;	加工至 5 点
G03 X12.4827 Y24.4986 R12;	加工至 6 点
G01 X14.0737 Y27.6212;	加工至 7 点
G02 X31 Y0 R31;	加工返回至 1 点
G01 Y-50;	退刀
G00 Z10;	抬刀
G40 X0 Y0;	取消刀补
G01 Z0 F200;	刀具下降至上表面
G41 X12 Y0 D1;	移到 8 点并建立左刀补
G91 G03 I-12 Z-1 L9 F200;	螺旋线插补铣中心圆孔
G90 G00 Z10;	抬刀

（续）

G40 X0 Y0;	取消刀补
G01 Z0 F200;	刀具下降至上表面
G41 X32.7487 Y-24.7487 D1;	移到9点并建立左刀补
G91 G03 I-8 Z-1 L9 F200;	螺旋线插补铣圆孔
G90 G00 Z10;	抬刀
G40 X0 Y0;	取消刀补
M05;	主轴停转
M30;	程序结束

5. 加工工件

1）打开机床电源开关。

2）机床返回参考点。

3）工件装夹。选用机用虎钳正确装夹工件。

4）对刀。

① *X* 轴采用分中法对刀。

② *Y* 轴采用分中法对刀。

③ *Z* 轴采用试切法对刀。

④ 将 *X*、*Y*、*Z* 数值输入到机床的自动坐标系 G54 中。

5）程序输入。将已经编好的程序输入到机床中（详见程序输入）。

6）程序校验。

① 打开要加工的程序。

② 按下机床控制面板上的“自动”键，进入程序运行方式。

③ 在程序运行菜单下，按“程序校验”F5键，按“循环启动”键，校验开始。

如果程序正确，显示窗口会显示出正确的轮廓轨迹及走刀路线，校验完成后，光标将返回到程序头。

7）自动加工，铣轮廓。加工完毕后，用修改刀补方式将余量去除，将刀补D地址中的数据改为12，去除余量。

【工件检测】

1. 选用量具

游标卡尺，千分尺，内径百分表。

2. 测量方法

1）用游标卡尺测量凸轮弧为 R31mm、圆孔为 ϕ24mm，如图 4-70 和图 4-71 所示。

2）用千分尺测量凸轮弧为 R31mm，如图 4-72 所示。

3）用内径百分表测量圆孔为 ϕ24mm，如图 4-73 所示。

4）测量工件，计算并修改刀补，精加工至尺寸。

图 4-70　游标卡尺测量凸轮弧

图 4-71　游标卡尺测量 ϕ24 圆孔

图 4-72　千分尺测量凸轮弧

图 4-73　内径百分表测量 ϕ24

【注意事项】

1）顺时针和逆时针是从垂直于圆弧所在平面的坐标轴正方向看到回转方向。

2）整圆编程时不可以使用 R 格式，只能用 I、J、K 格式。

3）同时编入 R 与 I、J、K 时，R 有效。

4）补偿的数值、符号及数据所在地址的正确性都会影响加工的准确性，任意一项有错都将导致撞刀危险或加工工件报废。

5）修改刀补去除余量时，要注意图形轮廓中的凹圆弧部分，扩大刀补的数值要小于等于最小凹圆弧的半径。

• 项目7 铣削加工凹槽 •

【阐述说明】

凹槽是铣削加工中常见的加工件，本项目是完成图4-74所示凹槽的编程与加工。

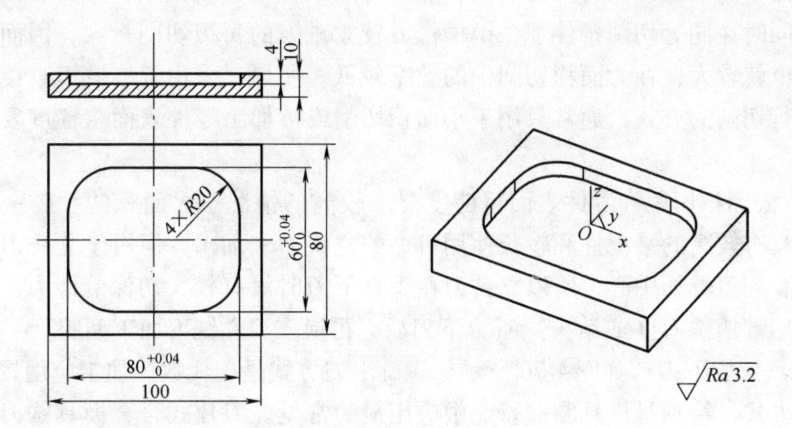

图4-74 凹槽

学习重点：

1）完成凹槽零件的加工路线的选择。

2）掌握凹槽零件编程与加工方法。

学习难点：

斜线下刀在铣削加工中的应用。

【任务描述】

现有一个尺寸为100mm×80mm×10mm的毛坯料，按图4-74所示的尺寸进行加工，并保证尺寸精度。

【任务分析】

分析图4-74所示零件图，要求在上平面中心处加工出长×宽为80mm×60mm并有4个*R*20mm的圆角的凹槽，80mm和60mm两个尺寸有精度要求，其余尺寸为自由公差。

1. 挖槽和型腔加工中的下刀方式

对于封闭型腔零件的加工，下刀方式主要有垂直下刀、螺旋下刀和斜线下刀三种，下面就如何选择各下刀方式进行说明。

（1）垂直下刀　如图 4-75 所示。

主要适用于：

1）小面积切削和零件表面粗糙度要求不高的情况。使用键槽铣刀直接垂直下刀并进行切削。虽然键槽铣刀其端部切削刃通过铣刀中心，有垂直吃刀的能力，但由于键槽铣刀只有两刃切削，加工时的平稳性也就较差，因而表面粗糙度较大，同时在同等切削条件下，键槽铣刀较立铣刀的每刃切削量大，因而切削刃的磨损也就较大，在大面积切削中的效率较低。所以，采用键槽铣刀直接垂直下刀并进行切削的方式，通常只用于小面积切削或被加工零件表面粗糙度要求不高的情况。

2）大面积切削和零件表面粗糙度要求较高的情况。大面积的型腔一般采用加工时具有较高的平稳性和较长使用寿命的立铣刀来加工，但由于立铣刀的底切削刃没有到刀具的中心，所以立铣刀在垂直下刀时没有较大切深的能力，因此一般先采用键槽铣刀（或钻头）垂直下刀后，再换多刃立铣刀加工型腔。

（2）螺旋下刀　如图 4-76 所示，螺旋下刀方式是现代数控加工应用较为广泛的下刀方式，特别是模具制造行业中应用最为常见。刀片式合金模具铣刀可以进行高速切削，但和高速钢多刃立铣刀一样在垂直下刀时没有较大切深的能力。但可以通过螺旋下刃的方式，通过刀片的侧刃和底刃的切削，避开刀具中心无切削刃部分与工件的干涉，使刃具沿螺旋朝深度方向渐进，从而达到下刀的目的。这样，可以在切削的平稳性与切削效率之间取得一个较好的平衡点。

（3）斜线下刀　如图 4-77 所示，斜线下刀时刀具快速下至加工表面上方一个距离后，改为以一个与工件表面成一角度的方向，以斜线的方式切入工件来达到 Z 向下刀的目的。斜线下刀方式作为螺旋下刀方式的一种补充，通常用于因范围的限制而无法实现螺旋下刀时的长条形的型腔加工。

图 4-75　垂直下刀

图 4-76　螺旋下刀

图 4-77　斜线下刀

斜线下刀主要的参数：斜线下刀的起始高度切入斜线的长度、切入和反向切入角度。起始高度一般设在加工面上方0.5~1mm；切入斜线的长度要视型腔空间大小及铣削深度来确定，一般是斜线愈长，下刀的切削路程就越长；切入角度选取得大小，斜线数增多，切削路程加长；角度太大，又会产生不好的端刃切削的情况，一般选5°~200°为宜。通常进刀切入角度和反向下刀切入角度取相同的值。

2. 确定走刀路线和安排加工顺序

走刀路线就是刀具在整个加工工序中的运动轨迹，它不但包括了工步的内容，也反映出工步顺序。走刀路线是编写程序的依据之一。确定走刀路线时应注意以下几点：

（1）寻求最短加工路线　分析寻找最短加工路线的方法，如图4-78所示。图4-78a所示先明确零件上的孔系，4-78b图的走刀路线是先加工外圈孔，再加工内圈孔。若改用4-78c图的走刀路线，减少空刀时间，则可节省定位时间近一倍，提高了加工效率。

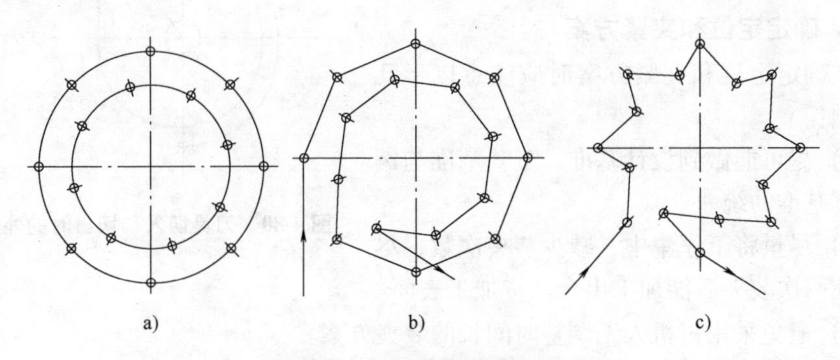

图4-78　最短走刀路线的设计

a）零件图样　b）路线1　c）路线2

（2）最终轮廓一次走刀完成　为保证工件轮廓表面加工后的粗糙度要求，最终轮廓应安排在最后一次走刀中连续加工出来，如图4-79所示。图4-79a为用行切法加工内腔的走刀路线，这种走刀路线能切除内腔中的全部余量，不留死角，不伤轮廓。但行切法将在两次走刀的起点和终点间留下残留高度，而达不到要求的表面粗糙度。所以如采用4-79b图的走刀路线，先用行切法，最后沿周向环切一刀，光整轮廓表面，能获得较好的效果。图4-79c也是一种较好的走刀路线。

（3）选择切入、切出方向　考虑刀具的下刀、退刀（切入、切出）路线时，刀具的切出或切入点应在沿零件轮廓的切线上，以保证工件轮廓光滑；应避免在工件轮廓面上垂直下刀或退刀，以防划伤工件表面；尽量减少在轮廓加工切削过程中的暂停（切削力突然变化造成弹性变形），以免留下刀痕，如图4-80所示。

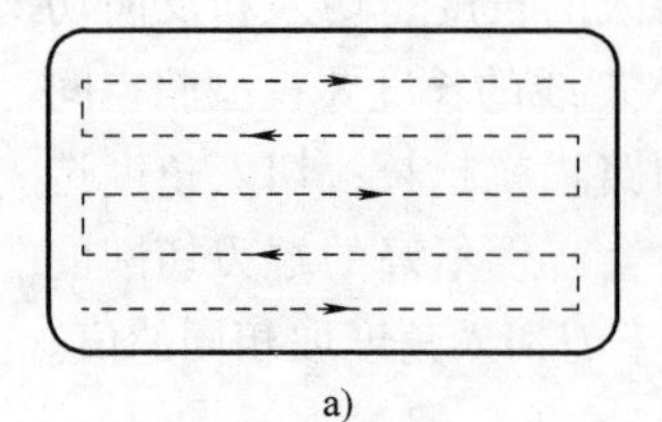
a)
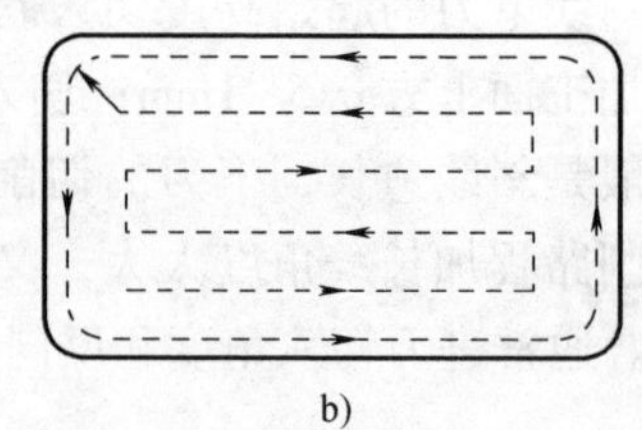
b)
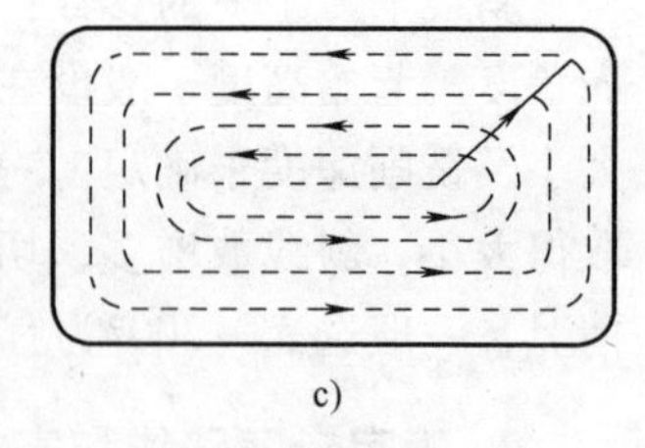
c)

图 4-79 铣削内腔的三种走刀路线
a）路线 1 b）路线 2 c）路线 3

（4）选择使工件在加工后变形小的路线

对横截面积小的细长零件或薄板零件应采用分多次走刀加工到最后尺寸，或对称去除余量法安排走刀路线。安排工步时，应先安排对工件刚性破坏较小的工步。

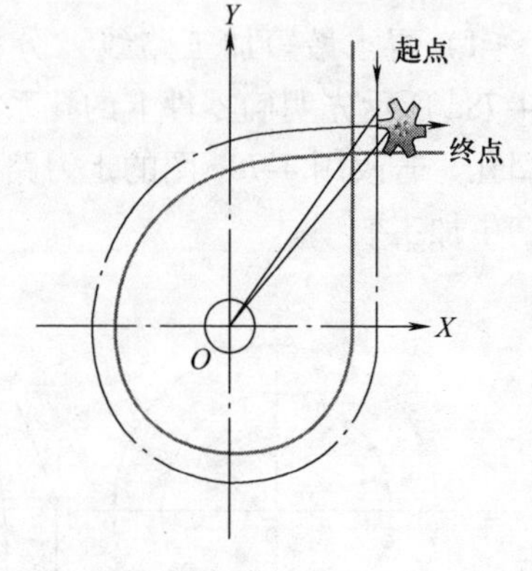

图 4-80 刀具切入和切出时的外延

3. 确定定位和夹紧方案

在确定定位和夹紧方案时应注意以下几个问题：

1）尽可能做到设计基准、工艺基准与编程计算基准的统一。

2）尽量将工序集中，减少装夹次数，尽可能在一次装夹后能加工出全部待加工表面。

3）避免采用占机人工调整时间长的装夹方案。

4）夹紧力的作用点应落在工件刚性较好的部位。

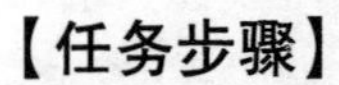

【任务步骤】

1. 毛坯准备

零件的材料为 45 钢，长方体（长×宽×高为 100mm×80mm×10mm），六面已加工。

2. 确定工艺方案及加工路线

（1）选择编程零点　确定长×宽为 100mm×80mm 的对称中心及上表面（*O* 点）为编程原点，并通过对刀设定零点偏置 G54。

（2）确定装夹方法　根据图样的图形结构，选用机用虎钳装夹工件。

（3）铣削用量及加工路线的确定　选用 ϕ20mm 平底立铣刀，采用斜线下刀，进给路线如图 4-81 所示。

3. 根据图样要求，计算编程尺寸

加工零件节点坐标如图 4-82 所示。

1 点（−20，−30）

2 点（20，−30）

3 点（40，−10）

4 点（40，10）

5 点（20，30）

6 点（−20，30）

7 点（−40，10）

8 点（−40，−10）

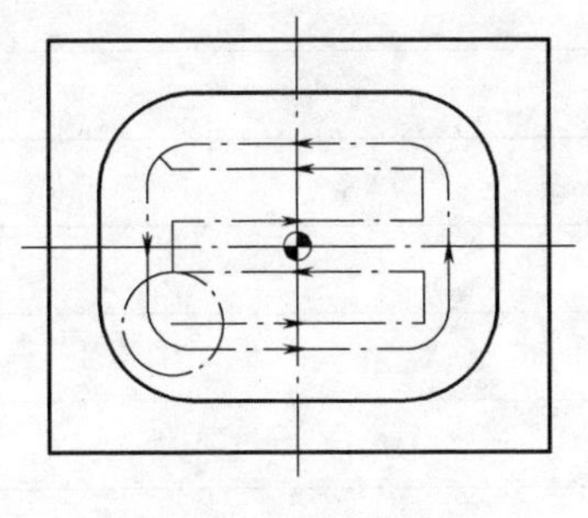

图 4-81　加工路线

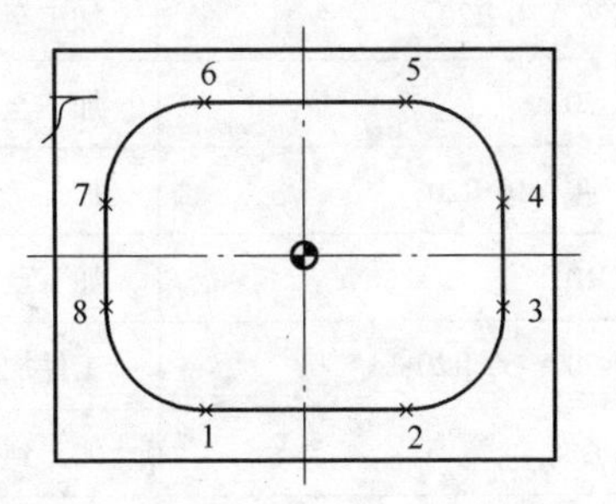

图 4-82　节点坐标

4. 编程

按华中数控系统 HNC-21/22M 编程。

% 1	程序段号
G90 G54 G00 Z100;	G90 绝对坐标编程，G54 工件坐标系，Z100 安全高度
X0 Y0;	快速移动到起刀点 X0 Y0 位置
M03 S600 M08;	M03 主轴正转，切削液开
X-25 Y-15;	快速移动至起始点
Z5;	快速移动到距工件上表面 5mm 的位置
G01 Z0 F200;	以 200mm/min 进给速度直线插补切入工件 2mm 深
X25 Z-4 F200;	斜线下刀，去除余量
Y-5;	直线插补至 X25 Y-5 点，去除余量
X-25;	直线插补至 X-25 Y-5 点，去除余量

（续）

Y5；	直线插补至 X-25 Y5 点，去除余量
X25；	直线插补至 X25 Y5 点，去除余量
Y15；	直线插补至 X25 Y15 点，去除余量
X-25；	直线插补至 X-25 Y15 点，去除余量
G41 X-20 Y-30 D1；	建立刀补，工件从 1 点开始加工轮廓
X20；	加工至 2 点
G03 X40 Y-10 R20；	加工至 3 点
G01 Y10；	加工至 4 点
G03 X20 Y30 R20；	加工至 5 点
G01 X-20；	加工至 6 点
G03 X-40 Y10 R20；	加工 7 点
G01 Y-10；	加工至 8 点
G03 X-20 Y-30 R20；	工件加工返回至 1 点
G01 X0；	加工到 *X* 轴中心
G00 Z100；	Z100 安全高度
G40 Y0；	取消刀具半径补偿
M05 M09；	主轴停止，切削液关闭
M30；	程序结束

5. 加工工件

1）打开机床电源开关。

2）机床返回参考点。

3）工件装夹。选用机用虎钳正确装夹工件。

4）对刀。

① *X* 轴采用分中法对刀。

② *Y* 轴采用分中法对刀。

③ *Z* 轴采用试切法对刀。

④ 将 *X*、*Y*、*Z* 数值输入到机床的自动坐标系 G54 中。

5）程序输入。将已经编好的程序输入到机床中（详见程序输入）。

6）程序校验。

① 打开要加工的程序。

② 按下机床控制面板上的“自动”键，进入程序运行方式。

③ 在程序运行菜单下，按“程序校验”F5 键，按“循环启动”键，校验开始。

如果程序正确，显示窗口会显示出正确的轮廓轨迹及走刀路线，校验完成后，光标将返回到程序头。

7）自动加工。

① 选择并打开零件加工程序，设定刀补值：D1 = 5.5（轮廓尺寸单边留 0.5mm 精加工余量）。

② 按下机床控制面板上的“自动”键（指示灯亮），进入程序运行方式。

③ 按下机床控制面板上的“循环启动”键（指示灯亮），机床开始自动运行当前的加工程序。

【工件检测】

1. 选用量具

游标卡尺，游标深度卡尺，千分尺。

2. 测量方法

1）用游标卡尺测量凹槽件长为 80mm、宽为 60mm，如图 4-83 所示。

a)

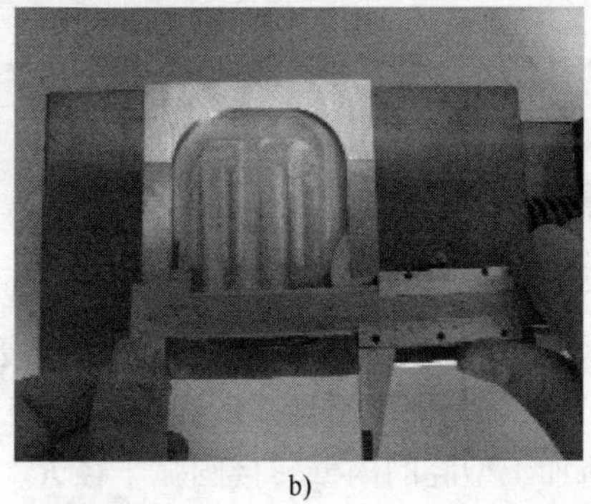

b)

图 4-83　游标卡尺测量凹槽尺寸

a）测量长度　b）测量宽度

2）用内径千分尺测量凹槽件长为 $80^{+0.04}_{0}$ mm、宽为 $60^{+0.04}_{0}$ mm，如图 4-84 所示。

3）用游标深度卡尺测量凹槽件深度为 4mm，如图 4-85 所示。

4）测量工件，计算并修改刀补，精加工至尺寸。

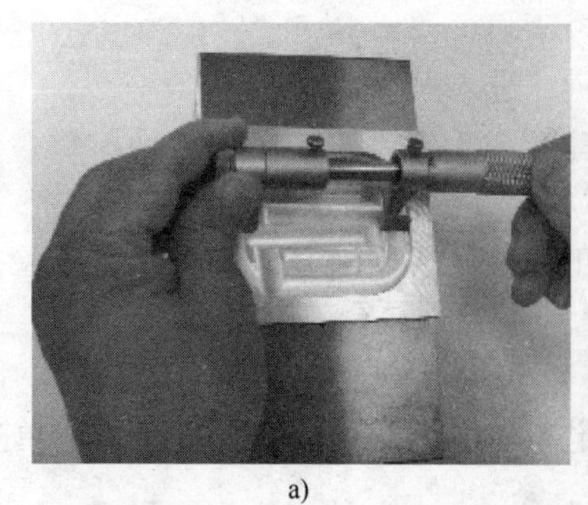

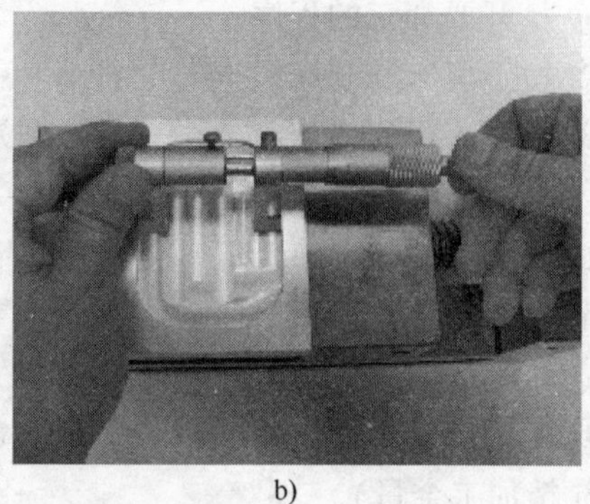

a) b)

图 4-84　内径千分尺测量凹槽

a）测量长度　b）测量宽度

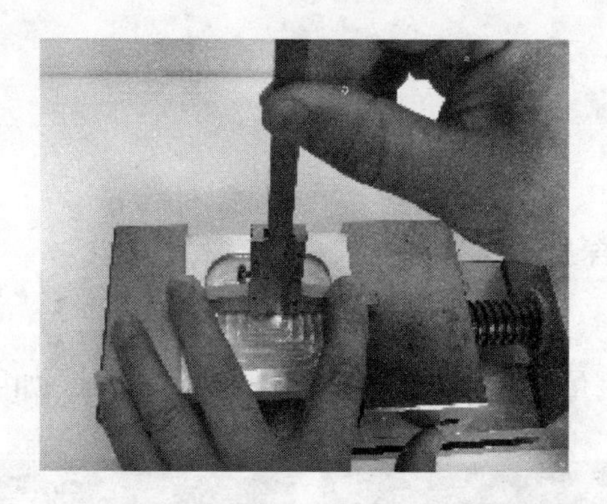

图 4-85　游标深度卡尺测量凹槽深度

【注意事项】

1）补偿的数值、符号及数据所在地址的正确性都会影响加工的准确性，任意一项有错都将导致撞刀或加工工件报废。

2）加工轮廓内壁圆弧的尺寸往往限制了刀具的尺寸，刀具半径必须小于或等于所加工型腔的内壁转接圆弧半径 R。

• 项目 8　铣削加工凹凸配合件 •

【阐述说明】

在实际生产中，许多零件是需要配合在一起使用的，如图 4-86 和图 4-87 所示的凹凸配合零件，如果不能很好地保证零件的加工尺寸，那么两个零件就很难实现配合装配，因此学好配合件的加工很有意义。

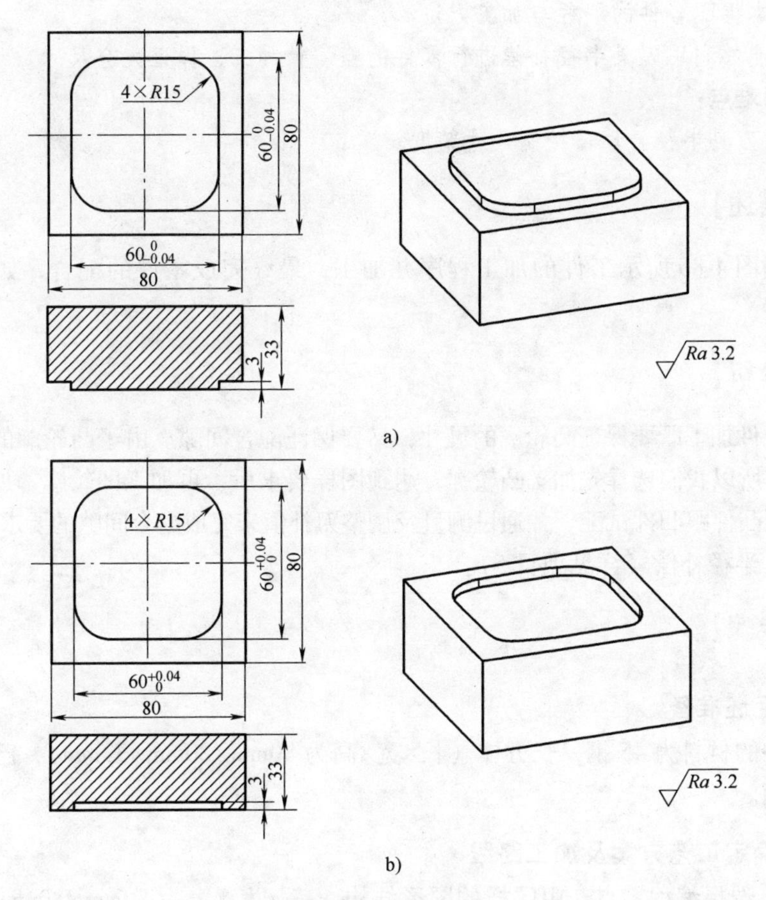

图 4-86 凹凸配合件

a）凸件 b）凹件

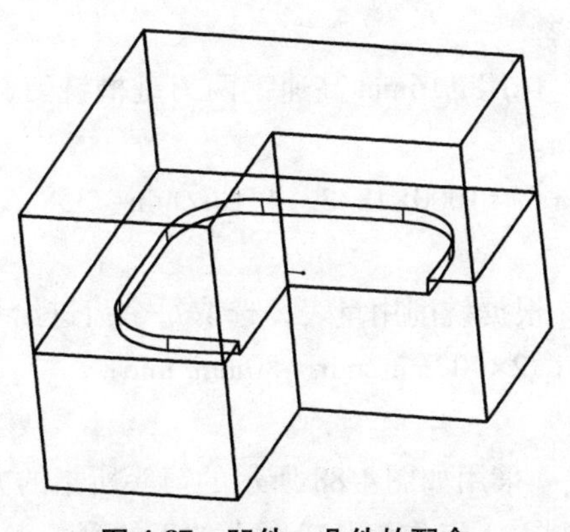

图 4-87 凹件、凸件的配合

学习重点：

1）掌握配合件的编程与加工方法。

2）能够利用刀具半径补偿进行零件的粗、精加工，保证配合尺寸。

学习难点：

修改刀具半径补偿值控制尺寸精度。

【任务描述】

编制图 4-86 所示工件的加工程序并加工，最终完成零件的配合，如图 4-87 所示。

【任务分析】

配合件加工既要保证凸轮廓的尺寸，又要保证配合间隙。由于凸轮廓的尺寸便于测量，所以我们选择先加工凸轮廓，达到图样要求后，再加工凹轮廓。加工凹轮廓时，用凸件跟凹件试配，并通过测量及调整刀补值来完成配合间隙的要求。

刀具半径补偿（详见项目 5）。

【任务步骤】

1. 毛坯准备

零件的材料为 45 钢，长方体（长×宽×高为 80mm×80mm×33mm），已加工过六个表面。

2. 确定工艺方案及加工路线

（1）选择编程零点　由图样的图形结构，确定长×宽为 80mm×80mm 的对称中心及上表面（O 点）为编程原点。

（2）确定装夹方法　根据图样的图形结构，选用机用虎钳装夹工件。

（3）铣削用量的选择

1）确定主轴转速。选用 ϕ16mm 高速钢两刃键槽铣刀，根据铣削用量表，铣削速度选用 $v_c=18\text{m/min}$。

由公式 $n=1000v_c/\pi/d=1000\times18/3.14/16\text{r/min}\approx358\text{r/min}$；

取 $n=400\text{r/min}$。

2）确定进给速度。根据铣削用量表，选取每个齿进给量 $f_z=0.1\text{mm}$。

由公式 $v_f=f_zzn=0.1\times2\times400\text{mm/min}=80\text{mm/min}$；

取 $v_f=80\text{mm/min}$。

（4）确定加工路线　采用如图 4-88 所示的箭头所指的方向为加工路线，并采用左刀补、顺铣加工方式。1 点作为凸轮廓上加工的第一点。

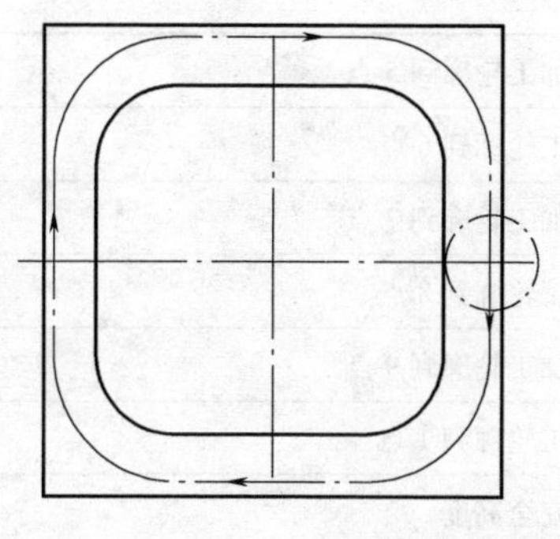
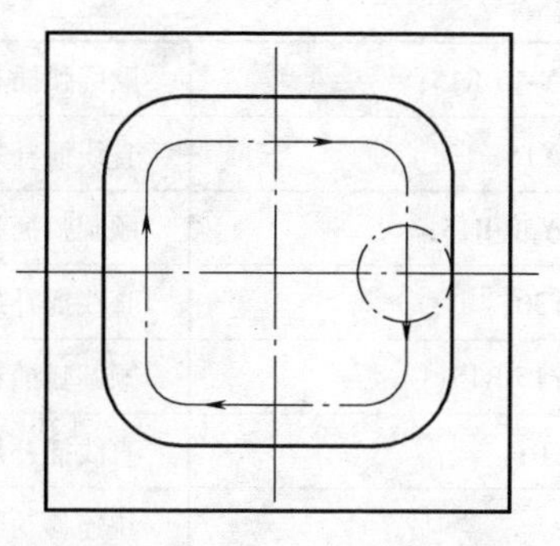

图 4-88　加工进给路线

3. 计算出节点的坐标值（见图 4-89）

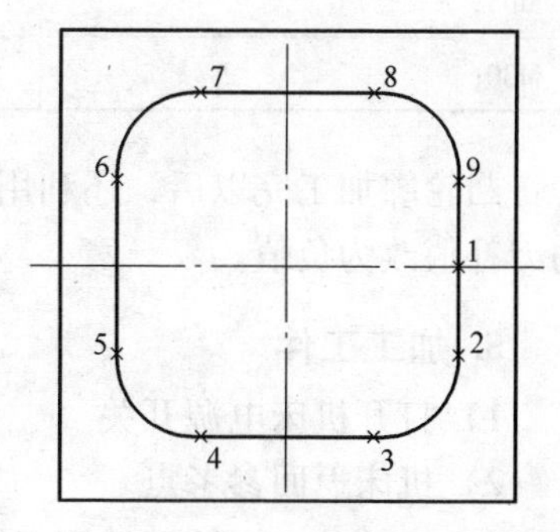

图 4-89　节点坐标

1 点（30，0）
2 点（30，-15）
3 点（15，-30）
4 点（-15，-30）
5 点（-30，-15）
6 点（-30，15）
7 点（-15，30）
8 点（15，30）
9 点（30，15）

4. 编程

按华中数控系统 HNC-21/22M 编程。

%1	程序段号
G90 G54 G00 Z100;	G90 绝对坐标编程，G54 工件坐标系，Z100 安全高度
M03 S400;	M03 主轴正转
X0 Y0;	快速移动到起刀点 X0 Y0 位置
Z5;	快速移动到距工件上表面 5mm 的位置
G41 X30 Y0 D1;	快速移动 1 点并建立左刀补
G01 Z-3 F80;	以 80mm/min 进给倍率直线插补切入工件 3mm 深
X30 Y-15;	直线插补加工轮廓到 2 点
G02 X15 Y-30 R15;	顺圆弧插补加工轮廓到 3 点
G01 X-15 Y-30;	直线插补加工轮廓到 4 点

（续）

G02 X-30 Y-15 R15；	顺圆弧插补加工轮廓到5点
G01 X-30 Y15；	直线插补加工轮廓到6点
G02 X-15 Y30 R15；	顺圆弧插补加工轮廓到7点
G01 X15 Y30；	直线插补加工轮廓到8点
G02 X30 Y15 R15；	顺圆弧插补加工轮廓到9点
G01 X30 Y0；	直线插补加工轮廓到1点
G00 Z100；	快速移动到安全高度
G40 X0 Y0；	快速移动到X0 Y0点取消刀补
M05；	主轴停止
M30；	主程序结束

凸轮廓加工完以后，还利用凸轮廓这个程序来加工凹轮廓，将加工凸轮廓时的刀补值改为负值。

5. 加工工件

1）打开机床电源开关。

2）机床返回参考点。

3）工件装夹。选用机用虎钳正确装夹工件。

4）对刀。

① *X* 轴采用分中法对刀。

② *Y* 轴采用分中法对刀。

③ *Z* 轴采用试切法对刀。

④ 将 *X*、*Y*、*Z* 数值输入到机床的自动坐标系 G54 中。

5）程序输入。将已经编好的程序输入到机床中（详见程序输入）。

6）程序校验。

① 打开要加工的程序。

② 按下机床控制面板上的“自动”键，进入程序运行方式。

③ 在程序运行菜单下，按“程序校验”F5 键，按“循环启动”键，校验开始。

如果程序正确，显示窗口会显示出正确的轮廓轨迹及进给路线，校验完成后，光标将返回到程序头。

7）自动加工。

① 选择并打开零件加工程序，设定刀补值：D1 = 8.5（轮廓尺寸单边留 0.5mm 精加工余量）。

② 按下机床控制面板上的“自动”键（指示灯亮），进入程序运行方式。

③ 按下机床控制面板上的“循环启动”键（指示灯亮），机床开始自动运行当前的加工程序。

【工件检测】

1. 选用量具

选取游标卡尺、内径千分尺。

2. 测量方法

1）用游标卡尺测量凹件（60mm×60mm）的尺寸，如图4-90所示。

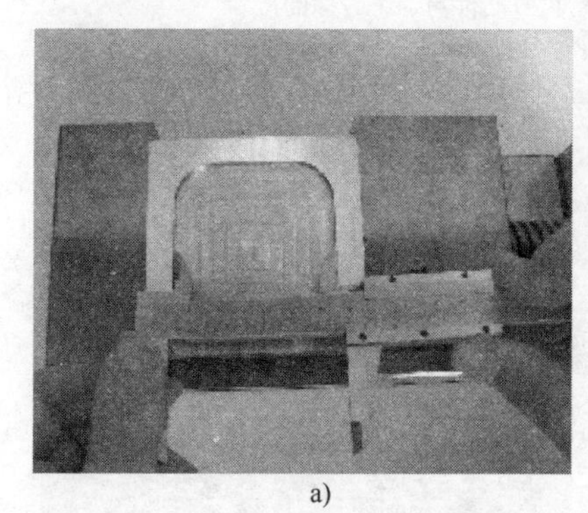

a)

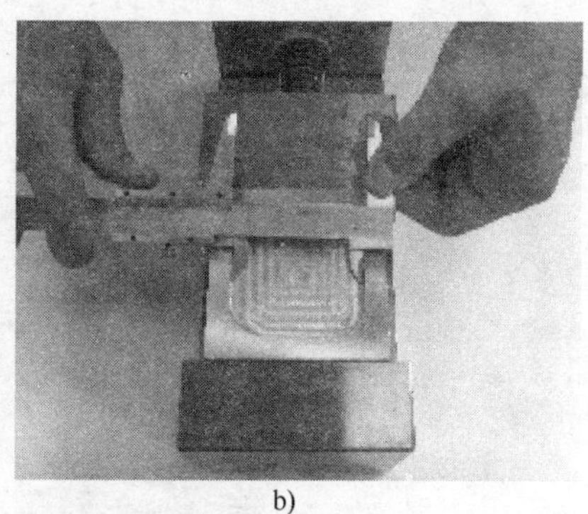

b)

图4-90 游标卡尺测量凹件

a）检查凹件一个方向尺寸 b）检查凹件另一个方向的尺寸

2）用内径千分尺测量凹件（$60^{+0.04}_{0}$mm×$60^{+0.04}_{0}$mm）的尺寸，如图4-91所示。

a)

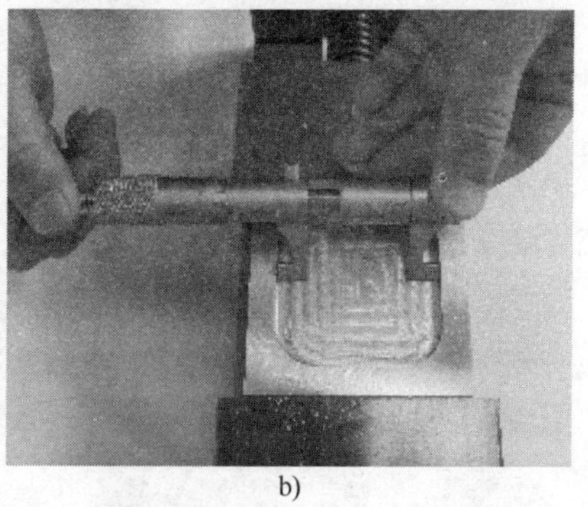

b)

图4-91 内径千分尺测量凹件

a）检查凹件一个方向尺寸 b）检查凹件另一个方向的尺寸

3）用游标卡尺测量凸件（60mm×60mm）的尺寸，如图4-92所示。

a)

b)

图 4-92　游标卡尺测量凸件

a）检查凸件一个方向尺寸　b）检查凸件另一个方向的尺寸

4）用外径千分尺测量凸件（$60_{-0.04}^{0}$mm×$60_{-0.04}^{0}$mm）的尺寸，如图 4-93 所示。

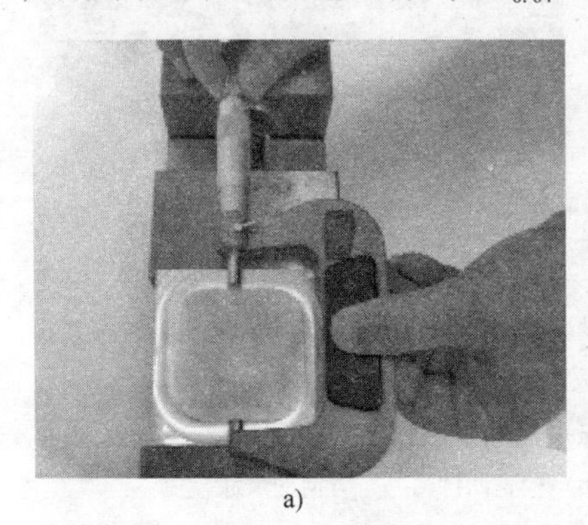

a)

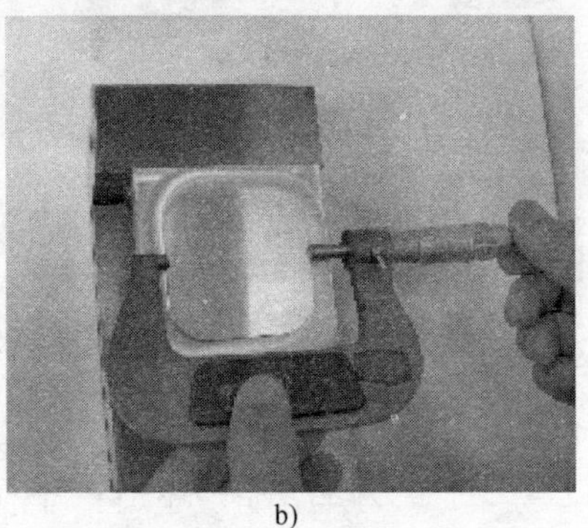

b)

图 4-93　外径千分尺测量凸件

a）检查凸件一个方向尺寸　b）检查凸件另一个方向的尺寸

5）用游标深度卡尺测量凹件深度尺寸为 3mm，如图 4-94 所示。

6）用游标深度卡尺测量凸件深度尺寸为 3mm，如图 4-95 所示。

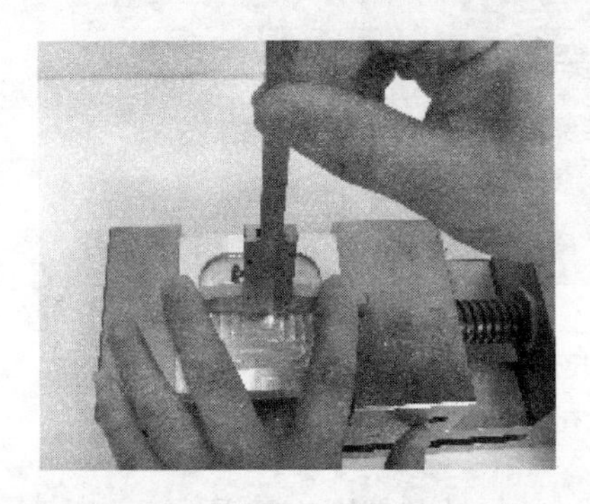

图 4-94　游标深度卡尺测量凹件

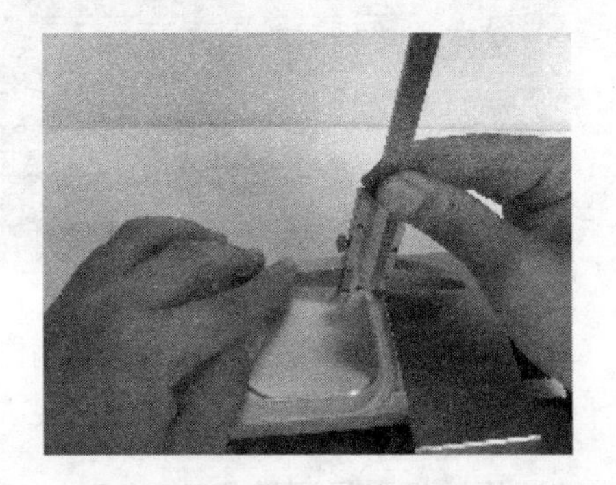

图 4-95　游标深度卡尺测量凸件

7）测量工件，计算并修改刀补，精加工至尺寸完成装配，如图4-96所示。

a)

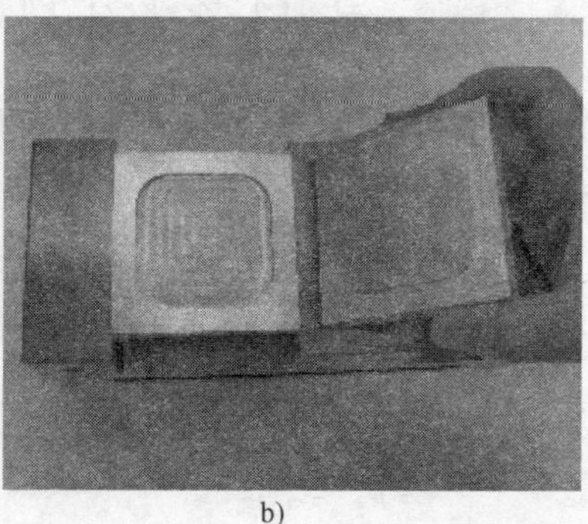

b)

图4-96　凹凸件配合

a）准备配合　b）完成配合

【注意事项】

1）精加工时要非常小心，应及时测量配合尺寸。

2）补偿的数值、符号及数据所在地址一定要输入准确，任何一项错误都将导致撞刀或加工工件报废。

• 项目9　钻孔加工 •

【阐述说明】

孔系加工是数控加工的一项基本内容，图4-97所示的零件是一个简单的孔系加工零件，本项目主要学习孔系编程与加工的方法。

学习重点：

1）固定循环指令格式及各参数含义。

2）孔加工刀具的选用。

3）孔的检测。

学习难点：

1）尺寸的控制。

2）孔加工程序的合理编制。

【任务描述】

编制图4-97所示零件的钻孔加工程序。

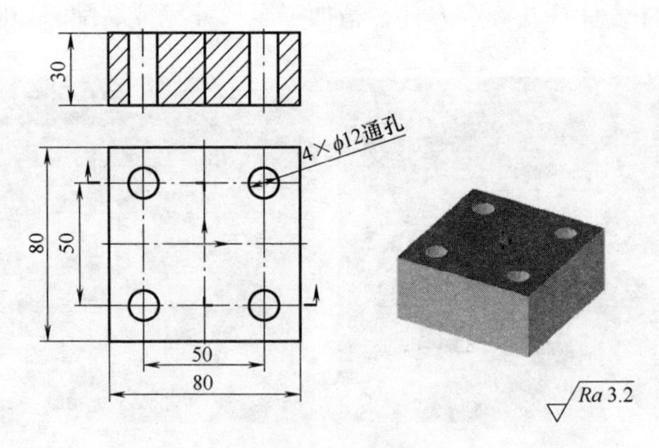

图 4-97　钻孔加工

【任务分析】

加工内容为 4 个 ϕ12mm 均匀分布的通孔。在数控加工中心上加工孔系零件，一般使用孔加工固定循环指令来简化程序和提高加工效率。

1. 孔加工固定循环

（1）孔加工固定循环的运动与动作　对工件孔加工时，根据刀具的运动位置可以分为四个平面：初始平面、*R* 点平面、工件平面和孔底平面，如图 4-98 所示。

★初始平面——初始平面是为安全操作而设定的定位刀具的平面。初始平面到零件表面的距离可以任意设定。若使用同一把刀具加工若干个孔，当孔间存在障碍需要跳跃或全部孔加工完成时，用 G98 指令使刀具返回到初始平面；否则，在中间加工过程中可用 G99 指令使刀具返回到 *R* 点平面，这样缩短加工辅助时间。

★*R* 点平面——*R* 点平面又叫 *R* 参考平面。这个平面表示刀具从快进转为工进的转折位置，*R* 点平面距工件表面的距离主要考虑工件表面形状的变化，一般可取 2~5mm。

★孔底平面——*Z* 表示孔底平面的位置，加工通孔时刀具伸出工件孔底平面一段距离，保证通孔全部加工到位，钻盲孔时应考虑钻头钻尖对孔深的影响。在孔加工过程中，刀具的运动由 6 个动作组成，如图 4-99 所示。

动作 1——快速定位至初始点　　*X*、*Y* 表示了初始点在初始平面中的位置；
动作 2——快速定位至 *R* 点　　刀具自初始点快速进给到 *R* 点；
动作 3——孔加工　　以切削进给的方式执行孔加工的动作；
动作 4——在孔底的相应动作　　包括暂停、主轴准停、刀具移位等动作；

动作 5——返回到 R 点　　　　　继续孔加工时刀具返回到 R 点平面；

动作 6——快速返回到初始点　　　孔加工完成后返回初始点平面。

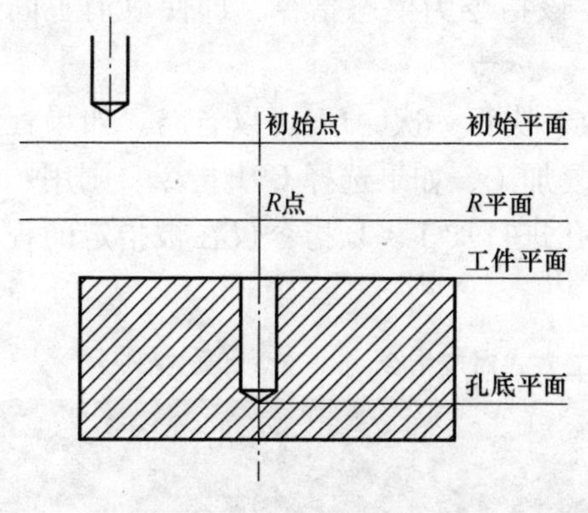

图 4-98　孔加工循环的平面

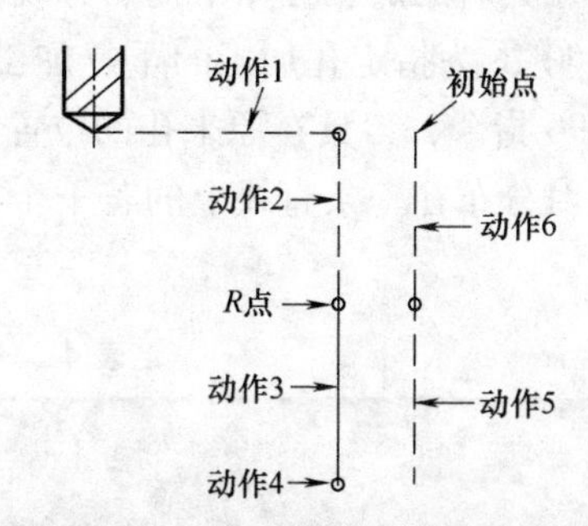

图 4-99　固定循环的动作

为了保证孔加工的加工质量，有的孔加工固定循环指令需要主轴准停、刀具移位。图 4-99 表示了在孔加工固定循环中刀具的运动与动作，图中的虚线表示快速进给，实线表示切削进给。

（2）选择加工平面及孔加工的轴线　选择加工平面有 G17、G18 和 G19 三条指令，对应 XY、XZ 和 YZ 三个加工平面，以及对应孔加工轴线分别为 Z 轴、Y 轴和 X 轴。加工立式数控加工中心孔时，只能在 XY 平面内使用 Z 轴作为孔加工轴线，与平面选择指令无关。下面主要讨论立式数控加工中心孔加工固定循环指令。

（3）孔加工固定循环指令格式

【格式】

$$\begin{Bmatrix}\text{G90}\\\text{G91}\end{Bmatrix}\begin{Bmatrix}\text{G98}\\\text{G99}\end{Bmatrix}\text{G73}\sim\text{G89 X\_Y\_Z\_R\_Q\_P\_F\_L\_;}$$

【功能】孔加工固定循环。

【说明】

① 在 G90 或 G91 指令中，Z 坐标值有不同的定义。

② G98、G99 为返回点平面选择指令，G98 指令表示刀具返回到初始点平面，G99 指令表示刀具返回到 R 点平面，如图 4-100 所示。

③ 孔加工方式 G73~G89 指令，孔加工方式对应指令见表 4-2。

④ X_Y_为指定加工孔的位置（与 G90 或 G91 指令的选择有关）。

⑤ Z_为指定孔底平面的位置（与 G90 或 G91 指令的选择有关）。

⑥ R_为指定 R 点平面的位置（与 G90 或 G91 指令的选择有关）。

⑦ Q_在 G73 或 G83 指令中定义每次进刀加工深度，在 G76 或 G87 指令中定

义位移量，*Q* 值为增量值，与 G90 或 G91 指令的选择无关。

⑧ P_为指定刀具在孔底的暂停时间，用整数表示，单位为 ms。

⑨ F_为指定孔加工切削进给速度。该指令为模态指令，即使取消了固定循环，在其后的加工程序中仍然有效。

⑩ L_为指定孔加工的重复加工次数，执行一次，L1 可以省略。如果程序中选 G90 指令，刀具在原来孔的位置上重复加工，如果选择 G91 指令，则用一个程序段对分布在一条直线上的若干个等距孔进行加工。L 指令仅在被指定的程段中有效。

表 4-2　孔加工方式对应指令

代码	孔加工动作（−Z 方向）	孔底动作	返回方式（+Z 方向）	用　途
G73	间歇进给	—	快速进给	高速深孔往复排屑钻
G74	切削进给	暂停→主轴正转	切削进给	攻左旋螺纹
G76	切削进给	主轴定向停止→刀具移位	快速进给	精镗孔
G80	—	—	—	取消固定循环
G81	切削进给	—	快速进给	钻孔
G82	切削进给	暂停	快速进给	锪孔、镗阶梯孔
G83	间歇进给	—	快速进给	深孔往复排屑钻
G84	切削进给	暂停→主轴反转	切削进给	攻右旋螺纹
G85	切削进给	—	切削进给	精镗孔
G86	切削进给	主轴停止	快速进给	镗孔
G87	切削进给	主轴停止	快速进给	背镗孔
G88	切削进给	暂停→主轴停止	手动操作	镗孔
G89	切削进给	暂停	切削进给	精镗阶梯孔

孔加工方式指令中，Z、R、Q、P 等指令都是模态指令，因此只要指定了这些指令，在后续的加工中就不必重新设定。如果仅仅是某一加工数据发生了变化，仅修改需要变化的数据即可。

G80 为取消孔加工固定循环指令，如果中间出现了任何 01 组的 G 代码，则孔加工固定循环自动取消。因此用 01 组的 G 代码取消孔加工固定循环，其效果与用 G80 指令是完全相同的。

（4）各种钻孔加工方式说明

1）钻孔 G81 指令。

【格式】G81 X_Y_Z_R_F_;

【说明】孔加工动作如图4-100所示。本指令用于一般孔钻削加工固定循环。

2）高速深孔往复排屑钻G73指令。

【格式】G73 X_Y_Z_R_Q_K_F_;

【说明】孔加工动作，如图4-101所示。图4-101a所示的G73指令用于深孔钻削，*Z*轴方向的间断进给有利于深孔加工过程中断屑。指令Q为每一次进给的加工深度，图示中“K”，表示退刀距离，为正值。

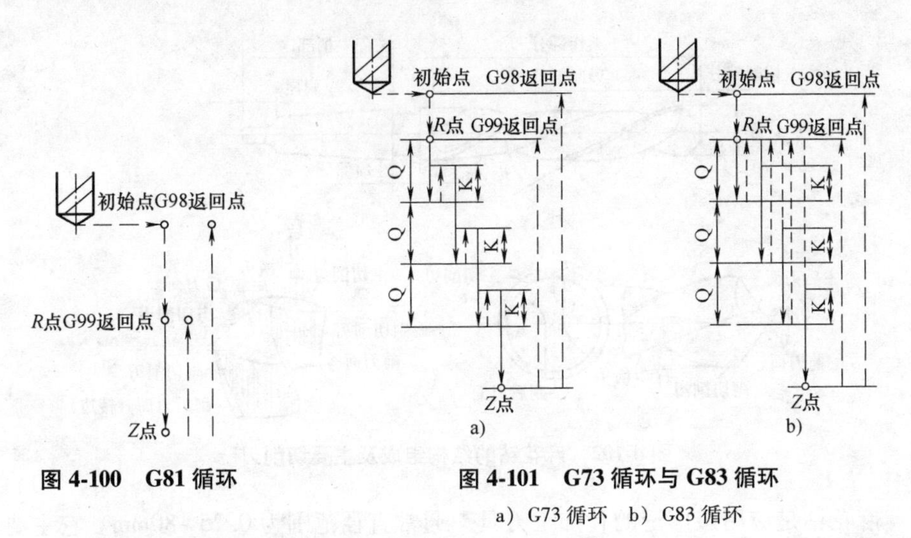

图4-100 G81循环

图4-101 G73循环与G83循环

a）G73循环 b）G83循环

3）深孔往复排屑钻G83指令。

【格式】G83 X_Y_Z_R_Q_K_F_;

【说明】孔加工动作如图4-101b所示。与G73指令略有不同的是每次刀具间歇进给后回退至*R*点平面，这种退刀方式排屑畅通，此处的“K”表示刀具间断进给每次下降时由快进转为工进的那一点至前一次切削进给下降的点之间的距离。

2. 钻削工艺

（1）钻削的应用与工艺特点

1）应用。由于钻削的精度较低，表面粗糙度较高，一般加工精度在IT10以下，表面粗糙度值*Ra*大于12.5μm，生产率也比较低，因此钻孔主要用于粗加工，如加工精度和表面粗糙度要求不高的螺钉孔、油孔和螺纹底孔等。

表面粗糙度要求小的中小直径孔，在钻削后，常采用扩孔和铰孔来进行半精加工和精加工。

2）工艺特点。钻削时，由于钻头弯曲而易引起孔径扩大、孔不圆或孔的轴线歪斜等。

钻孔时，由于切屑较宽，容屑槽尺寸又受到限制，造成排屑困难，且切削热不易排出。排屑过程中，切屑与孔表面发生较大的摩擦，易挤压、拉毛和刮伤已加工表面，降低表面质量。有时切屑可能阻塞在钻头的容屑槽里，卡死钻头，甚至将钻头扭断。为了改善排屑条件，可在钻头上修磨出分屑槽。

（2）钻头　常用钻头有麻花钻、扁钻、中心钻、深孔钻和套料钻。麻花钻的结构组成及主要切削刃如图 4-102 所示。

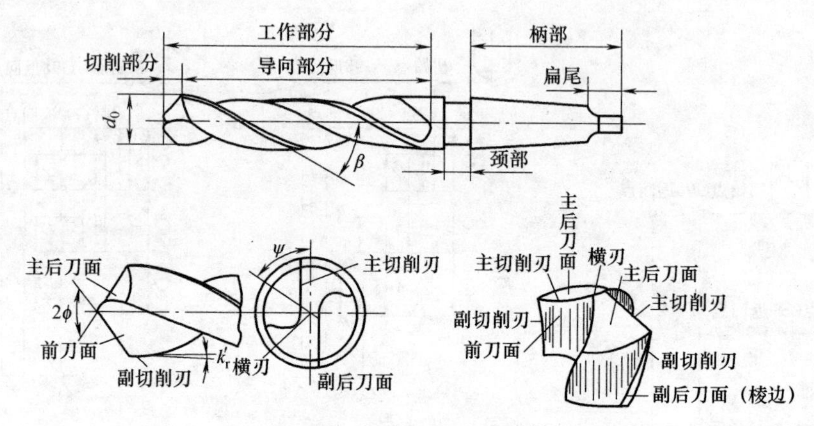

图 4-102　麻花钻的结构组成及主要切削刃

麻花钻是应用最广泛的孔加工刀具。通常直径范围为 0.25~80mm。它主要由工作部分和柄部构成。麻花钻的螺旋角主要影响切削刃上前角的大小、刃瓣强度和排屑性能，通常为 25°~32°。

标准麻花钻的切削部分顶角为 118°，横刃斜角为 40°~60°，后角为 8°~20°。由于结构上的原因，前角在外缘处大向中间逐渐减小，横刃处为负前角（可达 −55°左右），钻削时起挤压作用。

麻花钻的柄部形式有直柄和锥柄两种，加工时夹在钻夹头中或专用刀柄中。

一般麻花钻用高速钢制造。焊硬质合金刀片或齿冠的麻花钻适于加工铸铁、淬硬钢和非金属材料等，整体硬质合金小麻花钻用于加工仪表零件和印刷线路板等。

（3）钻削用量的选择与优化　钻削用量的选择包括确定钻头直径 D、进给量 f 和钻削速度 v_c（或主轴转速 n）。应尽可能选大直径钻头，选大的进给量，再根据钻头的寿命选取合适的钻削速度，以取得高的钻削效率。

1）钻头直径。钻头直径由工艺尺寸确定，孔径不大时，可将孔一次钻出。工件孔径大于 35mm 时，若仍一次钻出孔径，往往由于受机床刚度的限制，必须大大减小进给量。若两次钻出，可取大的进给量，既不降低生产率，又提高了孔的加工精度。先钻后扩时，钻孔的钻头直径可取孔径的50%~70%。

2）进给量。小直径钻头主要受钻头的刚性及强度的限制，大直径钻头主要受机床进给机构强度及工艺系统刚性限制。在以上条件允许的情况下，应取较大的进给量，以降低加工成本，提高生产率。普通麻花钻钻削进给量可按经验公式 $f=(0.01\sim0.02)d_0$ 估算选取。

式中，d_0 为孔的直径。加工条件不同时，其进给量可查阅钻削用量手册。

3）钻削速度。钻削的背吃刀量、进给量及切削速度都对钻头的耐用度产生影响，但背吃刀量对钻头耐用度的影响与车削不同。当钻头直径增大时，尽管增大了切削力，但钻头体积也显著增加，因而使散热条件明显改善。实践证明，钻头直径增大时，切削温度有所下降。因此，钻头直径较大时，可选较高的切削速度。

一般情况下，普通高速钢钻头钻削速度可参考表4-3选取。

表4-3　普通高速钢钻头钻削速度参考值　　（单位：m/min）

工件材料	低碳钢	中、高碳钢	合金钢	铸铁	铝合金	铜合金
钻削速度	25~30	20~25	15~20	20~25	40~70	20~40

【任务步骤】

1. 毛坯准备

零件的材料为45钢，长方体（长×宽×高为80mm×80mm×30mm），已加工过六个表面。

2. 确定工艺方案及加工路线

（1）选择编程零点　由图样的图形结构，确定长×宽为80mm×80mm的对称中心及上表面（O点）为编程原点。

（2）确定装夹方法　根据图样的图形结构，选用机用虎钳装夹工件。

（3）钻削用量的选择

1）确定主轴转速。选用 ϕ12mm高速钢麻花钻，如图4-103所示。根据钻削用量表，钻削速度选用 $v_c=20\text{m/min}$。

由公式 $n=1000v_c/\pi/d=1000\times20/3.14/12\text{r/min}\approx530\text{r/min}$；

取 $n=600\text{r/min}$。

图4-103　麻花钻

2）确定进给速度。

由公式 $v_f=0.1n=0.1\times600\text{mm/min}=60\text{mm/min}$；

取 $v_f=60\text{mm/min}$。

（4）确定加工路线　采用如图 4-104 所示的 1→2→3→4 方向作为加工路线。

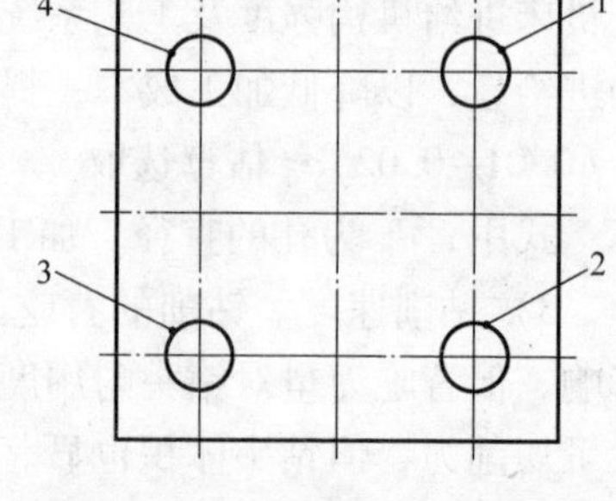

图 4-104　加工顺序 1→2→3→4

3. 计算出 4 个孔的中心坐标值

1 点（25，25）

2 点（25，−25）

3 点（−25，−25）

4 点（−25，25）

4. 编程

按华中数控系统 HNC-21/22M 编程。

%1	程序段号
G90 G54 G00 Z100;	G90 绝对坐标编程，G54 工件坐标系，Z100 安全高度
M03 S600;	M03 主轴正转 600r/min
X0 Y0;	快速移动到起刀点 X0 Y0 位置
G99 G81 X25 Y25 Z-35 R5 F60;	移动到 1 点位置钻孔，深度为 35mm，G99 返回到 *R* 平面，即距离上表面 5mm 的位置
X25 Y-25;	移动到 2 点位置钻孔，深度为 35mm，G99 返回到 *R* 平面，即距离上表面 5mm 的位置
X-25 Y-25;	移动到 3 点位置钻孔，深度为 35mm，G99 返回到 *R* 平面，即距离上表面 5mm 的位置
X-25 Y25;	移动到 4 点位置钻孔，深度为 35mm，G99 返回到 *R* 平面，即距离上表面 5mm 的位置
G80;	取消孔加工固定循环
G00 Z100;	快速移动到安全高度
X0 Y0;	快速移动到起刀点 X0 Y0 位置
M30;	程序结束

5. 加工工件

1）打开机床电源开关。

2）机床返回参考点。完成回参考点操作，液晶显示屏显示机床指令坐标系 *X*、*Y*、*Z* 分别显示为零。

3）工件装夹。选用机用虎钳正确装夹工件。

4）对刀。

① X 轴采用分中法对刀。

② Y 轴采用分中法对刀。

③ Z 轴采用试切法对刀。

④ 将 X、Y、Z 数值输入到机床的自动坐标系 G54 中。

5）程序输入。将已经编好的程序输入到机床中（详见程序输入）。

6）程序校验。

① 打开要加工的程序。

② 按下机床控制面板上的“自动”键，进入程序运行方式。

③ 在程序运行菜单下，按“程序校验”F5 键，按“循环启动”键，校验开始。

如果程序正确，显示窗口会显示出正确的轮廓轨迹及走刀路线，校验完成后，光标将返回到程序头。

7）自动加工。

① 按下机床控制面板上的“自动”键（指示灯亮），进入程序运行方式。

② 按下机床控制面板上的“循环启动”键（指示灯亮），机床开始自动运行当前的加工程序。

【工件检测】

1. 选用量具

游标卡尺。

2. 测量方法

1）用游标卡尺测量 ϕ12mm 的孔径，如图 4-105 所示。

2）用游标卡尺测量 ϕ12mm 的孔中心距为 50mm，如图 4-106 所示。

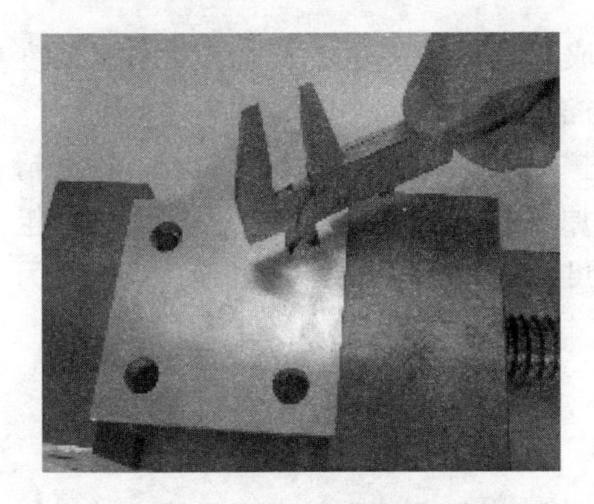

图 4-105 游标卡尺测量孔径

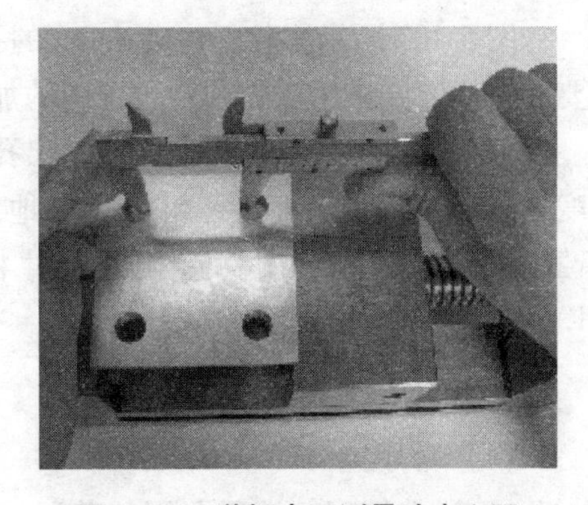

图 4-106 游标卡尺测量孔中心距

【注意事项】

1）钻孔时，不要调整进给修调开关和主轴转速倍率开关，以提高钻孔表面加工质量。

2）麻花钻的垂直进给量不能太大，约为平面进给量的1/4~1/3。

3）孔的正下方不能放置垫铁，并应控制钻头的进刀深度，以免损坏机用虎钳和刀具。

• 项目10 镗削加工孔 •

【阐述说明】

在实际加工中，如果加工的孔径较大并且精度要求高，如图4-107所示零件，使用钻削加工就不能满足其精度要求，使用镗刀进行镗孔是很好的加工方法。

学习重点：

1）镗孔固定循环的程序格式。

2）镗孔的编程与加工。

学习难点：

镗孔尺寸的控制。

【任务描述】

编制如图4-107所示工件的程序并加工孔。

【任务分析】

图4-107所示零件，由ϕ40mm的孔组成。因ϕ40mm孔的孔径较大并且精度要求很高，要采用先钻削后再镗削的加工方法完成。

镗孔是对锻造孔，铸造孔或钻出孔的进一步加工，镗孔可扩大孔径，提高精度，减小表面粗糙度，还可以较好地纠正原来孔轴线的偏斜。镗孔可以分为粗镗、半精镗和精镗。精镗孔的尺寸精度可达IT8~IT7，表面粗糙度Ra值为1.6~0.8μm。

1. 镗削刀具及安装

（1）常用镗刀

1）通孔镗刀。镗通孔用的普通镗刀，为减小径向切削分力，以减小刀杆的

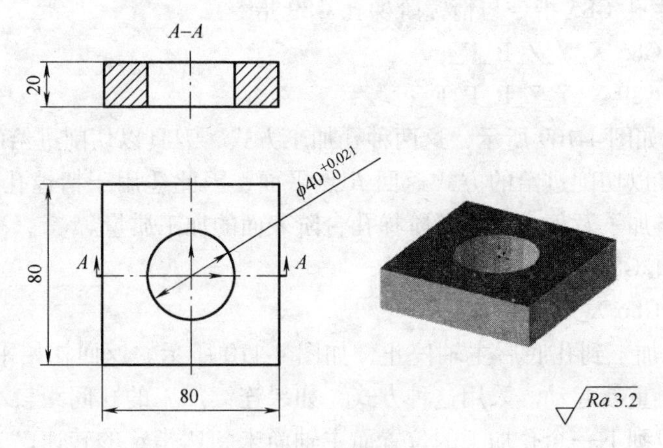

图 4-107 镗孔加工

弯曲变形，一般主偏角为 45°~75°，常取 60°~70°。

2）不通孔镗刀。镗台阶孔和不通孔用的镗刀，其主偏角大于 90°，一般取 95°。

（2）镗刀的安装

1）刀杆伸出刀架处的长度应尽可能短，以增加刚性，避免因刀杆弯曲变形，而使孔产生锥形误差。

2）刀杆要装正，不能歪斜，以防止刀杆碰坏已加工表面。

2. 镗孔常用的固定循环指令

（1）精镗孔 G76 指令

【格式】G76 X_Y_Z_R_Q_P_F_;

【说明】孔加工动作如图 4-108 所示。图中 OSS 表示主轴准停，Q 表示刀具移动量（规定为正值，若使用了负值则负号被忽略）。在孔底主轴定向停止后，刀头按地址 Q 所指定的偏移量（刀头的偏移量在 G76 指令中设定）移动，然后提刀。采用这种镗孔方式可以高精度、高效率地完成孔加工而不损伤工件表面。执行 G76 指令时，镗刀先快速移到 *X*、*Y* 坐标点，再快速定位到 *R* 点，接着以 *F* 给定的进给速度镗孔至 *Z* 指定深度后，主轴定向停止，使刀尖指向一个固定方向后，镗刀中心偏移使刀尖离开加工孔面，然后快速定位退出孔外。当镗刀退回到 *R* 点或者起始点时，刀具中心回复到原来位置，且主轴恢复转动。

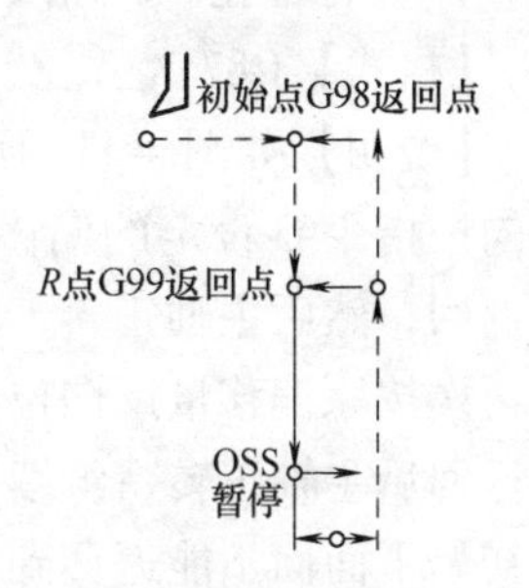

图 4-108 精镗孔

（2）精镗孔 G85 指令与精镗阶梯孔 G89 指令

【格式】G85 X_Y_Z_R_F_;

G89 X_Y_Z_R_P_F_;

【说明】如图 4-109 所示，这两种孔加工方式，刀具以切削进给的方式加工到孔底，然后又以切削进给的方式返回 *R* 点平面，因此适用于精镗孔等情况，G89 指令在孔底增加了暂停，提高了阶梯孔台阶表面的加工质量。

（3）镗孔 G86 指令

【格式】G86 X_Y_Z_R_F_;

【说明】加工到孔底后主轴停止，如图 4-110 所示。返回初始平面或 *R* 点平面后，主轴再重新起动。采用这种方式，如果连续加工的孔间距较小，可能出现刀具已经定位到下一个孔加工的位置而主轴尚未到达指定的转速，为此可以在各孔动作之间加入暂停 G04 指令，使主轴获得指定的转速。

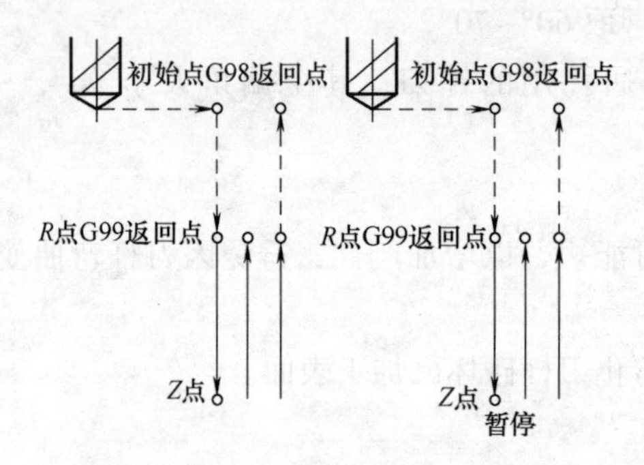

图 4-109　精镗孔与精镗阶梯孔

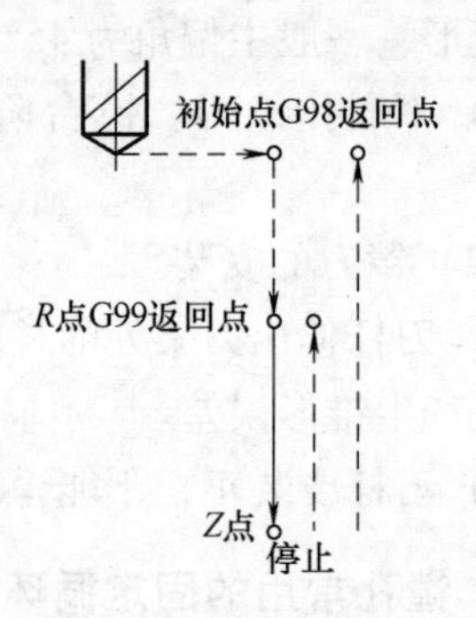

图 4-110　镗孔 G86 指令

（4）背镗孔 G87 指令

【格式】G87 X_Y_Z_R_Q_P_F_;

【说明】如图 4-111 所示，*X* 轴和 *Y* 轴定位后，主轴停止，刀具以与刀尖相反方向按指令 Q 设定的偏移量偏位移，并快速定位到孔底，在该位置刀具按原偏移量返回，然后主轴正转，沿 *Z* 轴正向加工到 *Z* 点，在此位置主轴再次停止后，刀具再次按原偏移量反向位移，然后主轴向上快速移动到达初始平面，并按原偏移量返回后主轴正转，继续执行下一个程序段。采用这种循环方式，刀具只能返回到初始平面而不能返回到 *R* 点平面。

（5）镗孔 G88 指令

【格式】G88 X_Y_Z_R_P_F_;

【说明】如图 4-112 所示，刀具到达孔底后暂停，暂停结束后主轴停止且系统进入进给保持状态，在此情况下可以执行手动操作，但为了安全起见应先把刀具从孔中退出，再按下循环启动按钮，刀具快速返回到 *R* 点平面或初始点平面，然后主轴正转。

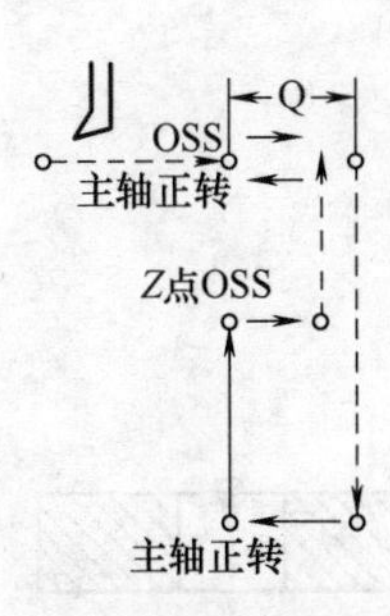

图 4-111　背镗孔

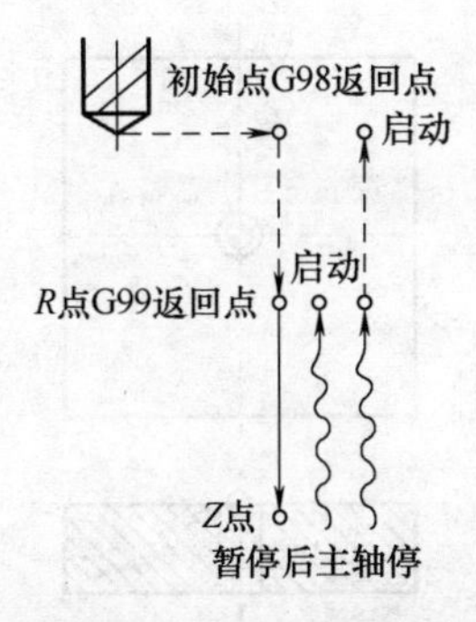

图 4-112　镗孔 G88 指令

【任务步骤】

1. 毛坯准备

零件的材料为45钢，长方体（长×宽×高为80mm×80mm×20mm），已加工过六个表面。

2. 确定工艺方案及加工路线

（1）选择编程零点　由图样的图形结构，确定长×宽为80mm×80mm的对称中心及上表面（O点）为编程原点。

（2）确定装夹方法　根据图样的图形结构，选用机用虎钳装夹工件。

（3）钻削用量的选择

1）确定主轴转速。选用ϕ10mm高速钢麻花钻，根据钻削用量表，钻削速度选用$v_c=20\text{m/min}$。

由公式$n=1000v_c/\pi/d=1000\times20/3.14/10\text{r/min}\approx636\text{r/min}$；

取$n=650\text{r/min}$。

2）确定进给速度

由公式$v_f=0.1n=0.1\times650\text{mm/min}=65\text{mm/min}$；

取$v_f=100\text{mm/min}$。

同理计算得：

ϕ22mm高速钢麻花钻，取主轴转速$n=450\text{r/min}$、进给速度$v_f=80\text{mm/min}$；

ϕ18mm高速钢立铣刀，取主轴转速$n=500\text{r/min}$、进给速度$v_f=200\text{mm/min}$；

ϕ30mm镗刀，取主轴转速$n=200\text{r/min}$、进给速度$v_f=50\text{mm/min}$。

（4）确定加工路线

1）钻ϕ10mm孔时，加工路线如图4-113所示。

2）用钻头扩孔至 ϕ22mm 时，加工路线如图 4-114 所示。

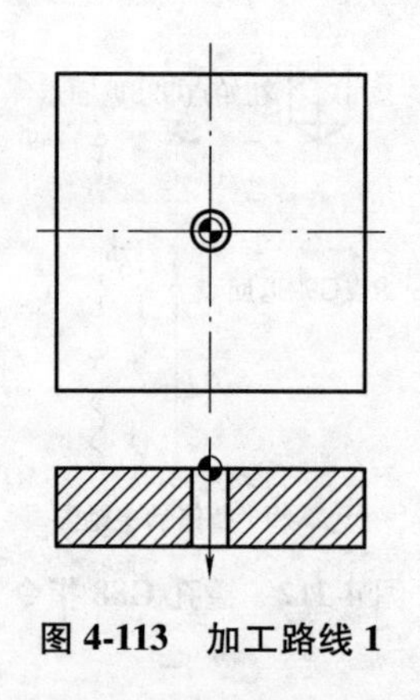

图 4-113　加工路线 1

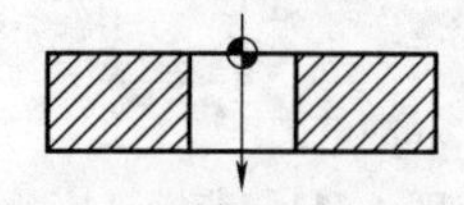

图 4-114　加工路线 2

3）用 ϕ18mm 立铣刀扩孔至 ϕ39.8mm 时，加工路线如图 4-115 所示。

4）镗孔至尺寸时，加工路线如图 4-116 所示。

3. 计算出节点的坐标值

如图 4-117 所示，基点坐标为（0，0）。

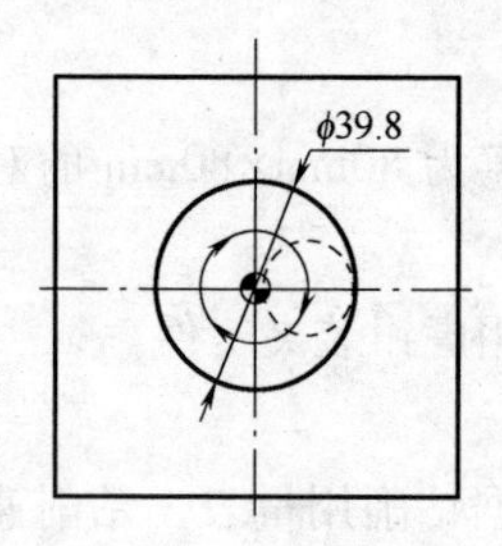

图 4-115　加工路线 3

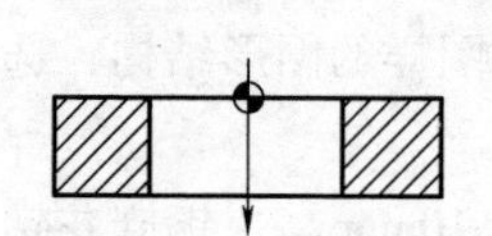

图 4-116　加工路线 4

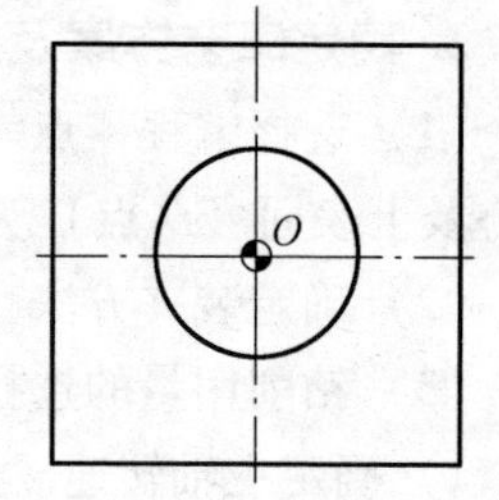

图 4-117　基点坐标

4. 编程

按华中数控系统 HNC-21/22M 编程。

%1	程序段号
G90 G54 G00 Z100;	G90 绝对坐标编程，G54 工件坐标系，Z100 安全高度
M06 T01;	换上 1 号刀，钻孔
M03 S650;	M03 主轴正转 650r/min
X0 Y0;	快速移动到起刀点 X0 Y0 位置
G43 Z50 H01;	建立刀具长度补偿

（续）

G98 G81 X0 Y0 Z-25 R5 F100;	在中心点位置钻 10mm 孔，深度为 25mm（通），G98 返回到初始平面 Z100 的位置
G80;	取消孔加工固定循环
G49 G00 Z100;	取消刀具长度补偿
M05;	主轴停止
M06 T02;	换上 2 号刀，扩孔
M03 S450;	M03 主轴正转 450r/min
G43 G00 Z50 H02;	建立刀具长度补偿
G98 G81 X0 Y0 Z-25 R5 F80;	在中心点位置钻 22mm 孔，深度为 25mm（通），G98 返回到初始平面 Z100 的位置
G80;	取消孔加工固定循环
G49 G00 Z100;	取消刀具长度补偿
M05;	主轴停止
M06 T03;	换上 3 号刀，铣孔
M03 S500;	M03 主轴正转 500r/min
G43 G00 Z5 H03;	建立刀具长度补偿，快速移动到 Z5 位置
G01 Z0 F200;	移动到 Z0 位置
G42 G01 X19.9 Y0 D3;	建立右刀补，移动到 X19.9 Y0 位置
G91 G02 I-19.9 Z-1 L21;	螺旋铣 ϕ39.8mm 的孔
G90 G49 G00 Z100;	取消刀具长度补偿
G40 X0 Y0;	取消刀具半径补偿
M05;	主轴停止
M06 T04;	换上 4 号刀，镗孔
M03 S200;	M03 主轴正转 200r/min
G43 G00 Z50 H04;	建立刀具长度补偿
G98 G85 Z-21 R5 F50;	镗孔固定循环加工 ϕ40mm 孔
G80;	取消孔加工固定循环

（续）

G49 G00 Z100；	取消刀具长度补偿
M05；	主轴停止
M30；	程序结束

5. 加工工件

1）打开机床电源开关。

2）机床返回参考点。

3）工件装夹。选用机用虎钳正确装夹工件。

4）对刀。

① *X* 轴采用分中法对刀。

② *Y* 轴采用分中法对刀。

③ *Z* 轴采用试切法对刀。

④ 将 *X*、*Y*、*Z* 数值输入到机床的自动坐标系 G54 中。

5）程序输入。将已经编好的程序输入到机床中（详见程序输入）。

6）程序校验。

① 打开要加工的程序。

② 按下机床控制面板上的“自动”键，进入程序运行方式。

③ 在程序运行菜单下，按“程序校验”F5 键，按“循环启动”键，校验开始。

如果程序正确，显示窗口会显示出正确的轮廓轨迹及走刀路线，校验完成后，光标将返回到程序头。

7）自动加工。

① 选择并打开零件加工程序，设定刀补值。

② 按下机床控制面板上的“自动”键（指示灯亮），进入程序运行方式。

③ 按下机床控制面板上的“循环启动”键（指示灯亮），机床开始自动运行当前的加工程序。

【工件检测】

1. 选用量具

游标卡尺，内径百分表。

2. 测量方法

1）用游标卡尺测量 ϕ40mm 圆孔尺寸，如图 4-118 所示。

2）用内径百分表测量 ϕ40mm 的圆孔尺寸，如图 4-119 所示。

3）测量工件，计算并修改刀补，精加工至尺寸。

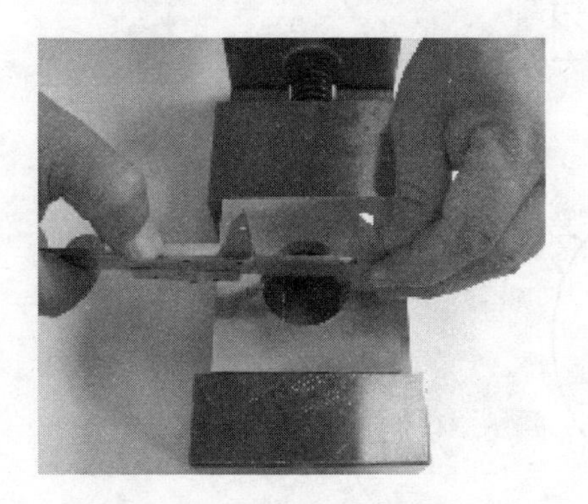

图 4-118　游标卡尺测量孔径

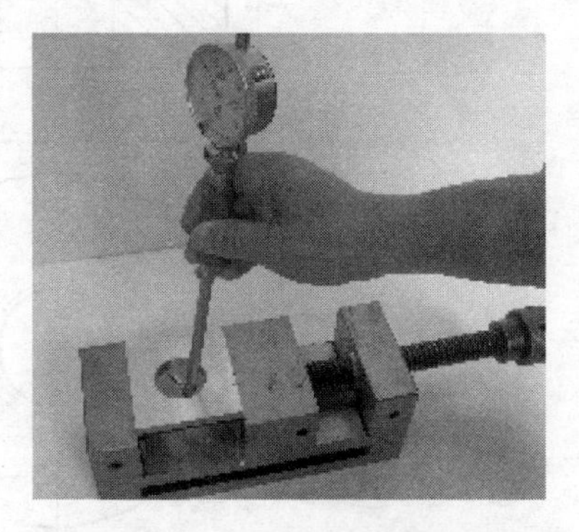

图 4-119　内径百分表测量孔径

【注意事项】

1）如果 Z 方向的移动位置为零，镗孔指令 G85、G86、G89 不执行。

2）调用 G85、G86 指令之后，主轴将保持正转。

• 项目 11　铣削加工孔和螺纹 •

【阐述说明】

在机械加工中，传统的螺纹加工方法主要为采用螺纹车刀车削螺纹或采用丝锥、板牙手工攻螺纹及套螺纹。随着数控加工技术的发展，尤其是三轴联动数控加工系统的出现，使更先进的螺纹加工方式——螺纹的数控铣削得以实现。螺纹铣削加工具有诸多优势，目前发达国家的大批量螺纹生产已较广泛地采用了铣削工艺。

学习重点：

1）铣削螺纹加工指令。

2）刀具半径补偿、长度补偿的应用。

学习难点：

1）螺旋铣削孔。

2）铣削螺纹。

【任务描述】

编制如图 4-120 所示工件的加工程序，并加工工件。

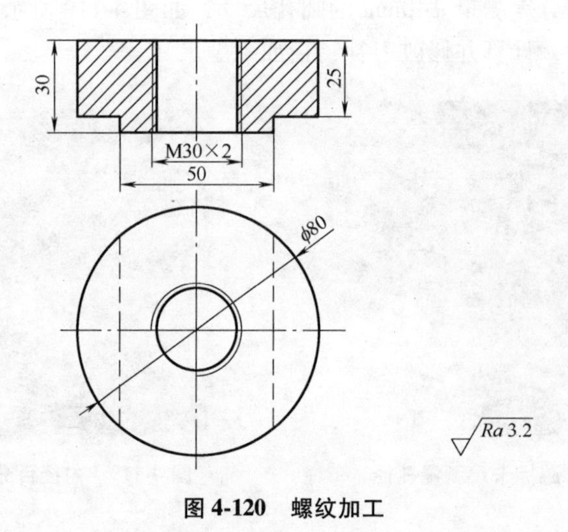

图 4-120 螺纹加工

【任务分析】

图 4-120 所示加工内容为孔和螺纹。采用钻孔、扩孔和铣孔，最后用铣削螺纹的方法来加工此零件。

螺纹铣削加工与传统螺纹加工方式相比，在加工精度、加工效率方面具有极大优势，且加工时不受螺纹结构和螺纹旋向的限制，如一把螺纹铣刀可加工多种不同旋向的内、外螺纹。对于不允许有过渡扣或退刀槽结构的螺纹，采用传统的车削方法或丝锥、板牙很难加工，但采用数控铣削却十分容易实现。此外，螺纹铣刀的耐用度是丝锥的十多倍甚至几十倍，而且在数控铣削螺纹过程中，对螺纹直径尺寸的调整极为方便，这是采用丝锥、板牙难以做到的。

1. 铣削螺纹加工准备

（1）普通螺纹标注　普通螺纹牙型角为 60，分为粗牙普通螺纹和细牙普通螺纹。粗牙普通螺纹螺距是标准螺距，其代号用字母“M”及公称直径表示，如 M16、M12 等。细牙普通螺纹代号用字母“M”及公称直径×螺距表示，如 M24×1. 5、M27×2 等。

普通螺纹有左旋螺纹和右旋螺纹之分，左旋螺纹应在螺纹标记的末尾处加注“LH”字样，如 M20×1. 5 LH 等，未注明的是右旋螺纹。

（2）底孔直径的确定　加工螺纹时，螺纹铣刀在切削金属的同时，有较强的挤压作用。因此，金属产生塑性变形形成凸起挤向牙尖，使加工出的螺纹的小径小于底孔直径。

加工螺纹前的底孔直径应稍大于螺纹小径，但底孔直径也不易过大，否则会使螺纹牙型高度不够，降低强度。

底孔直径的大小通常根据经验公式决定。

$D_{底}=D-P$（加工钢件等塑性金属）；$D_{底}=D-1.05P$（加工铸铁等脆性金属），单位为mm。

其中，$D_{底}$——钻螺纹底孔用钻头直径，D——螺纹大径，P——螺距。

螺纹的螺距，对于细牙螺纹，其螺距已在螺纹代号中作了标记。而对于粗牙螺纹，每一种螺纹螺距的尺寸规格也是固定的，如M8的螺距为1.25mm，M10的螺距为1.5mm，M12的螺距为1.75mm等，具体请查阅相关螺纹尺寸参数表。

2. 螺纹铣刀主要类型

在螺纹铣削加工中，三轴联动数控机床和螺纹铣削刀具是必备的两要素。以下介绍几种常见的螺纹铣刀类型，如图4-121所示。

（1）圆柱螺纹铣刀　圆柱螺纹铣刀的外形很像是圆柱立铣刀与螺纹丝锥的结合体，如图4-121a所示。锥管螺纹铣刀如图4-121b所示，但它的螺纹切削刃与丝锥不同，刀具上无螺旋升程，加工中的螺旋升程靠机床运动实现。由于这种特殊结构，使该刀具既可加工右旋螺纹，也可加工左旋螺纹，但不适用于较大螺距螺纹的加工。

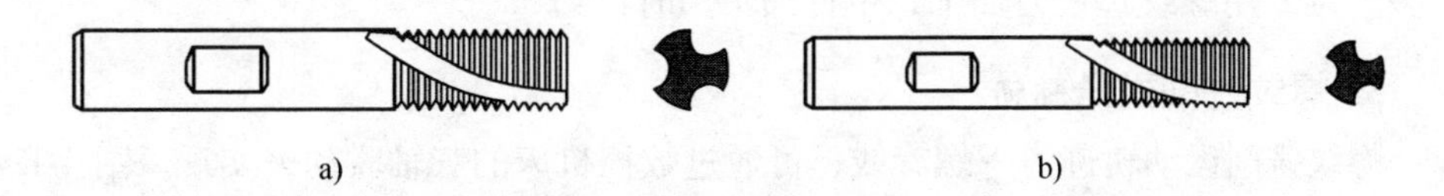

图4-121　螺纹铣刀

a）圆柱螺纹铣刀　b）锥管螺纹铣刀

常用的圆柱螺纹铣刀可分为粗牙螺纹和细牙螺纹两种。出于对加工效率和耐用度的考虑，螺纹铣刀大都采用硬质合金材料制造，并可涂覆各种涂层以适应特殊材料的加工需要。圆柱螺纹铣刀适用于钢、铸铁和有色金属材料的中小直径螺纹铣削，切削平稳，耐用度高。缺点是刀具制造成本较高，结构复杂，价格昂贵。

（2）机夹螺纹铣刀及刀片　机夹螺纹铣刀适用于较大直径（如$D>25$mm）的螺纹加工。其特点是刀片易于制造，价格较低，有的螺纹刀片可双面切削，但抗冲击性能较整体螺纹铣刀稍差。因此，该刀具常推荐用于加工铝合金材料。图4-122所示为机夹螺纹铣刀及刀片。图4-122a为机夹单刃螺纹铣刀及三角双面刀片，图4-122b为机夹双刃螺纹铣刀及矩形双面刀片。

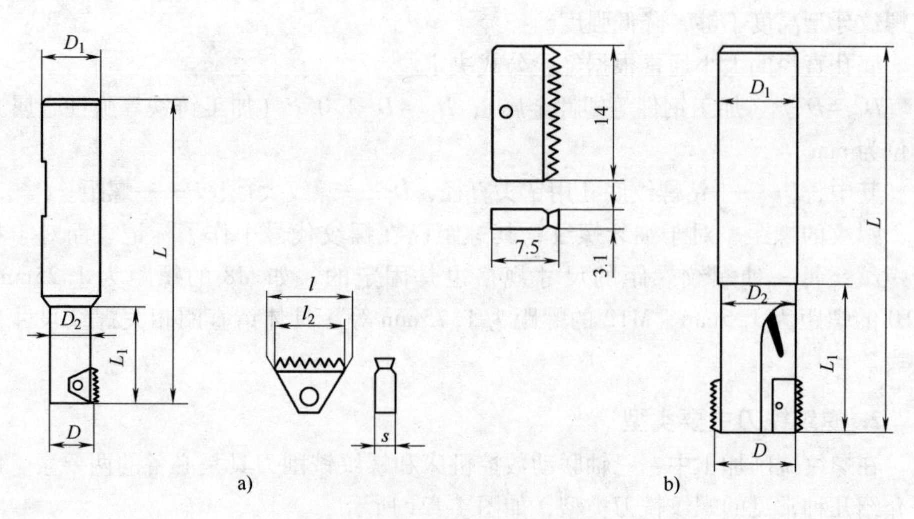

图 4-122　机夹螺纹铣刀及刀片

（3）组合式多工位专用螺纹镗铣刀　组合式多工位专用螺纹镗铣刀的特点是一刀多刃，一次完成多工位加工，可节省换刀等辅助时间，显著提高生产率。图 4-123 所示为组合式多工位专用螺纹镗铣刀加工实例。工件需加工内螺纹、倒角和平台。若采用单工位自动换刀方式加工，单件加工用时约 30s；而采用组合式多工位专用螺纹镗铣刀加工，单件加工用时仅约 5s。

3. 螺纹铣削进给轨迹

螺纹铣削运动轨迹为一螺旋线，可通过数控机床的三轴联动来实现。图 4-124 为左旋和右旋外螺纹的铣削运动示意图。

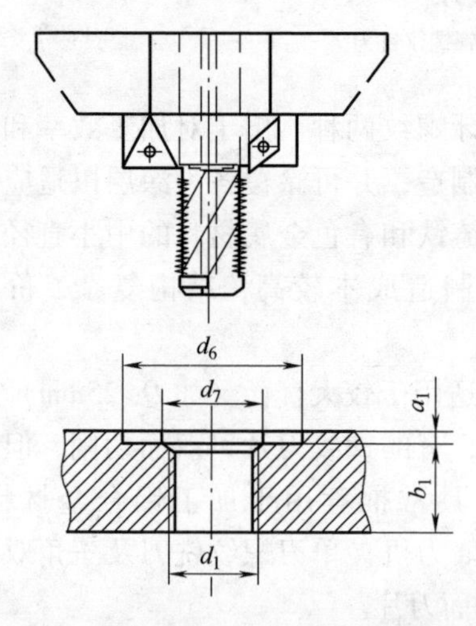

图 4-123　组合式多工位专用螺纹镗铣刀加工

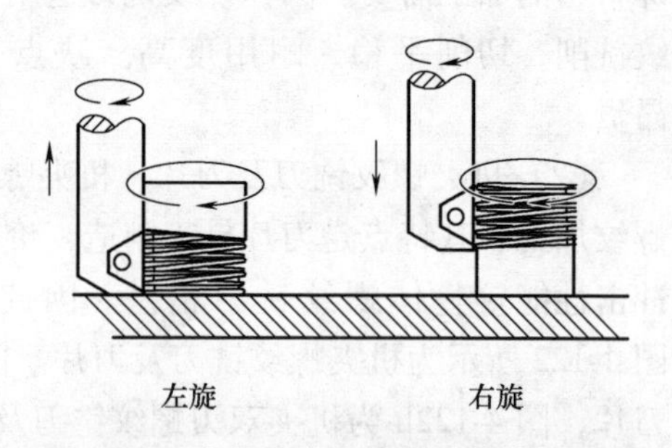

图 4-124　左旋和右旋外螺纹的铣削运动

与一般轮廓的数控铣削一样，螺纹铣削开始进刀时也可采用1/4圆弧切入或直线切入。铣削时应尽量选用刀片宽度大于被加工螺纹长度的铣刀，这样，铣刀只需旋转360°即可完成螺纹加工。螺纹铣刀的轨迹分析如图4-125所示。

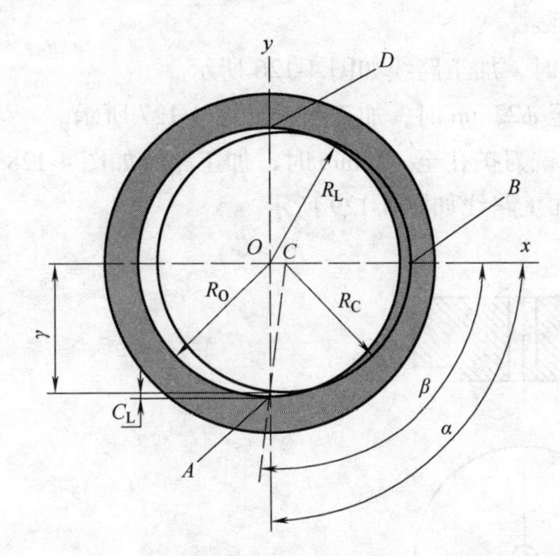

图 4-125　螺纹铣刀轨迹分析

【任务步骤】

1. 毛坯准备

零件的材料为45钢，圆柱体（直径×高为ϕ80mm×30mm），表面为已加工。

2. 确定工艺方案及加工路线

（1）选择编程零点　由图样的图形结构，确定长×宽为80mm×80mm的对称中心及上表面（O点）为编程原点。

（2）确定装夹方法　根据图样的图形结构，选用机用虎钳装夹工件。

（3）钻削用量的选择

1）确定主轴转速。选用ϕ10mm高速钢麻花钻，根据钻削用量表，切钻削速度选用$v_c=20$m/min。

由公式$n=1000v_c/\pi/d=1000\times20/3.14/10$r/min≈636r/min；

取$n=650$r/min。

2）确定进给速度

由公式$v_f=0.1n=0.1\times650$mm/min=65mm/min；

取$v_f=100$mm/min。

同理计算得：

ϕ22mm 高速钢麻花钻，取主轴转速 $n=450$r/min，进给速度 $v_f=80$mm/min。

ϕ18mm 高速钢立铣刀，取主轴转速 $n=500$r/min，进给速度 $v_f=200$mm/min。

ϕ27mm 单刃螺纹铣刀，取主轴转速 $n=2000$r/min，进给速度 $v_f=500$mm/min。

（4）确定加工路线

1）钻 ϕ10mm 孔时，加工路线如图 4-126 所示。

2）用钻头扩孔至 ϕ22mm 时，加工路线如图 4-127 所示。

3）用 ϕ18mm 立铣刀扩孔至 ϕ28mm 时，加工路线如图 4-128 所示。

4）铣螺纹时，加工路线如图 4-129 所示。

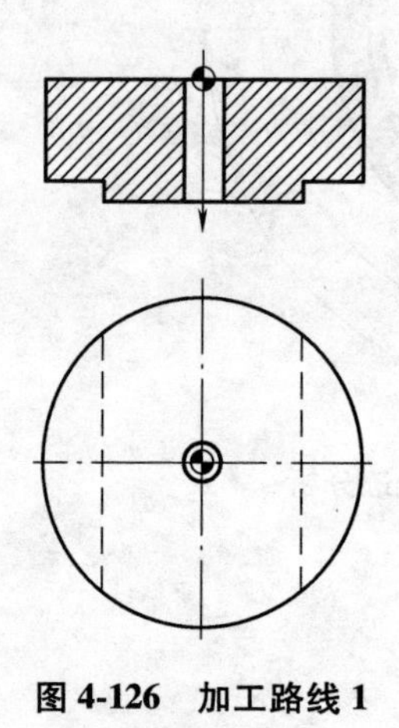

图 4-126　加工路线 1

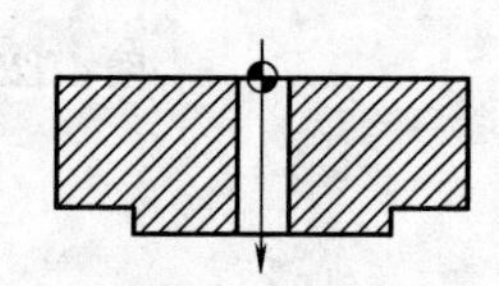

图 4-127　加工路线 2

3. 计算基点的坐标值

如图 4-130 所示基点坐标为（0，0）。

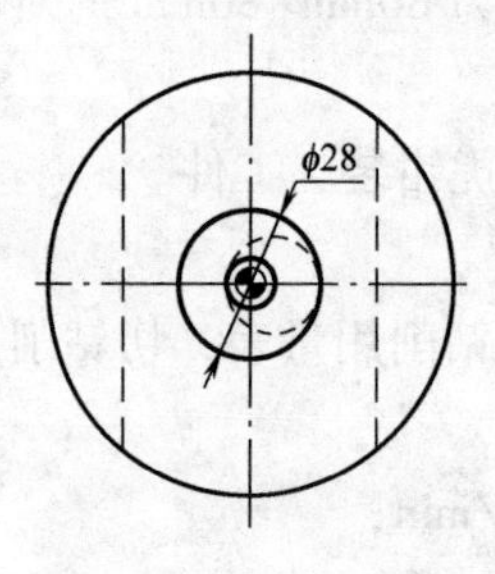

图 4-128　加工路线 3

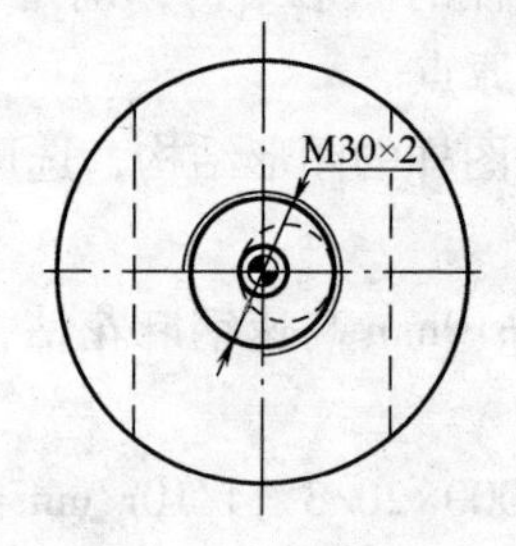

图 4-129　加工路线 4

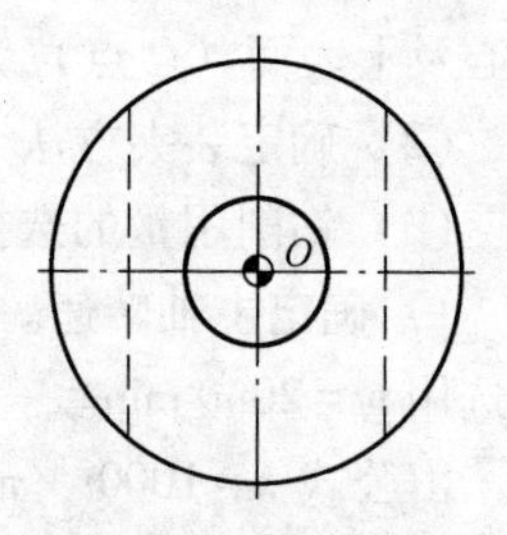

图 4-130　基点坐标

4. 编程

按华中数控系统 HNC-21/22M 编程。

%1	程序段号
G90 G54 G00 Z100;	G90 绝对坐标编程，G54 工件坐标系，Z100 安全高度
M06 T01;	换上1号刀，钻孔
M03 S650;	M03 主轴正转 650r/min
X0 Y0;	快速移动到起刀点 X0 Y0 位置
G43 Z50 H01;	建立刀具长度补偿
G98 G81 X0 Y0 Z-35 R5 F100;	在中心点位置钻 10mm 孔，深度为 35mm（通），G98 返回到初始平面 Z100 的位置
G80;	取消孔加工固定循环
G49 G00 Z100;	取消刀具长度补偿
M05;	主轴停止
M06 T02;	换上2号刀，扩孔
M03 S450;	M03 主轴正转 450r/min
G43 G00 Z50 H02;	建立刀具长度补偿
G98 G81 X0 Y0 Z-25 R5 F80;	在中心点位置钻 22mm 孔，深度为 25mm（通），G98 返回到初始平面 Z100 的位置
G80;	取消孔加工固定循环
G49 G00 Z100;	取消刀具长度补偿
M05;	主轴停止
M06 T03;	换上3号刀，铣孔
M03 S500;	M03 主轴正转 500r/min
G43 G00 Z5 H03;	建立刀具长度补偿，快速移动到 Z5 位置
G01 Z0 F200;	移动到 Z0 位置
G42 G01 X14 Y0 D3;	建立右刀补，移动到 X14 Y0 位置
G91 G02 I-14 Z-1 L31;	螺旋铣 ϕ28mm 的孔
G90 G49 G00 Z100;	取消刀具长度补偿
G40 X0 Y0;	取消刀具半径补偿
M05;	主轴停止
M06 T04;	换上4号刀，镗孔

（续）

M03 S2000；	M03 主轴正转 2000r/min
G43 G00 Z50 H04；	建立刀具长度补偿
Z2；	下降至 Z2
G00 X1.5；	G00 移动到起始点上方
G91 G02 I-15 Z-2 L17 F500；	加工螺纹
G80 G90；	取消孔加工固定循环
G49 G00 Z100；	取消刀具长度补偿
M05；	主轴停止
M30；	程序结束

5. 加工工件

1）打开机床电源开关。

2）机床返回参考点。

3）工件装夹。选用机用虎钳正确装夹工件。

4）对刀。

① *X* 轴采用分中法对刀。

② *Y* 轴采用分中法对刀。

③ *Z* 轴采用试切法对刀。

④ 将 *X*、*Y*、*Z* 数值输入到机床的自动坐标系 G54 中。

5）程序输入。将已经编好的程序输入到机床中（详见程序输入）。

6）程序校验。

① 打开要加工的程序。

② 按下机床控制面板上的“自动”键，进入程序运行方式。

③ 在程序运行菜单下，按“程序校验”F5 键，按“循环启动”键，校验开始。

如果程序正确，显示窗口会显示出正确的轮廓轨迹及走刀路线，校验完成后，光标将返回到程序头。

7）自动加工。

① 选择并打开零件加工程序，设定刀补值。

② 按下机床控制面板上的“自动”键（指示灯亮），进入程序运行方式。

③ 按下机床控制面板上的“循环启动”键（指示灯亮），机床开始自动运行当前的加工程序。

【工件检测】

1. 选用量具

螺纹塞规。

2. 测量方法

1）用游标卡尺及螺纹塞规测量 M30×12 的螺纹尺寸，如图 4-131 所示。

a)

b)

图 4-131 螺纹塞规测量螺纹

a）用塞规的止端旋入（不能超过三圈） b）用塞规的通端旋入（能全部锁入）

2）测量工件，计算并修改刀补，精加工至尺寸。

【注意事项】

1）在实际加工中，在首件加工时，首先通过调整刀偏，直到螺纹塞规检查零件合格。以后的加工就可以按首件的刀偏来保证尺寸精度，可以达到一次加工合格。

2）进行同样尺寸的左旋螺纹和右旋螺纹互换时，只需将程序中的 G02 和 G03 互换，G41 和 G42 互换即可。

• 项目12 旋转加工 •

【阐述说明】

在实际加工中，有许多工件的轮廓是和坯料成一定角度的，如图 4-132 所示。如果直接编写这个角度零件轮廓的加工程序，计算节点较为困难。但利用旋转指令把加工轮廓放置到易于节点计算的位置（如水平或垂直）再进行编程，可简化计算、减少编程工作量。

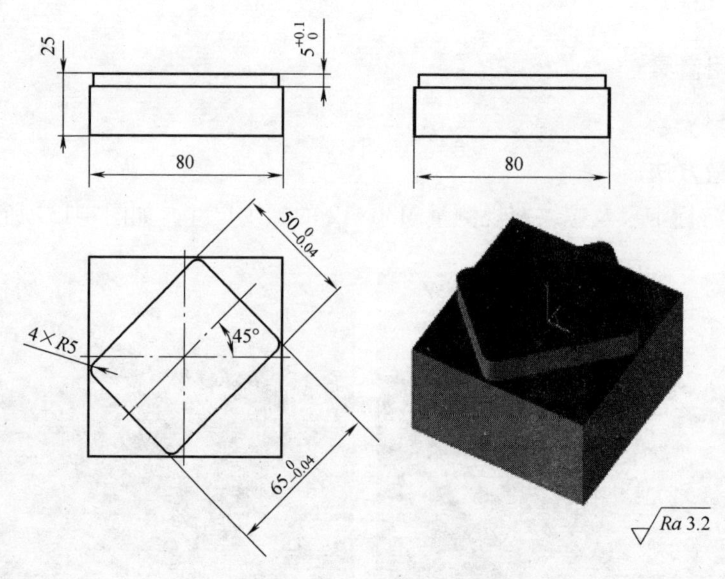

图 4-132 旋转加工零件

学习重点：

旋转指令的编程格式。

学习难点：

旋转指令及子程序的编制。

【任务描述】

编制加工程序，完成图 4-132 所示工件的加工。

【任务分析】

加工内容为倾斜长方形凸台（长×宽×高为 65mm×50mm×5mm）。由于图形有角度并带有圆弧，计算各节点的坐标值非常不方便，编程难度较大，而旋转功能指令编程很好地解决了这一难题。

利用 G68 旋转功能指令，把图形预先顺时针旋转 45°，如图 4-133 所示。将图形水平放置。在水平位置计算各节点的坐标，这样编程就容易多了。

坐标系旋转：

该指令可以使编程图形按指定旋转中心及旋转方向将坐标系旋转一定的角度。

G68 表示进行坐标系旋转。

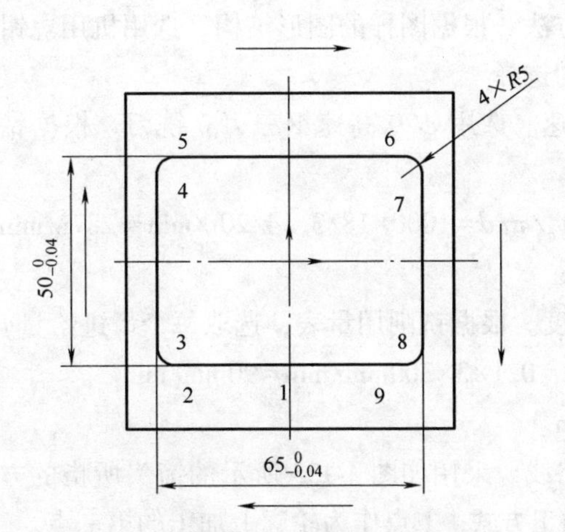

图 4-133　预先顺时针旋转 45°后的图形

G69 用于撤销旋转功能。

【格式】G68 X_Y_P_;

M98P_;

G69;

【说明】X、Y：旋转中心的坐标值（可以是 X、Y、Z 中的任意两个，由当前平面选择指令确定）。当 X、Y 省略时，G68 指令认为当前的位置即旋转中心。

P：旋转角度，逆时针旋转定义为正向，一般为绝对值。旋转角度范围为 −360°～ +360°，有的系统分辨率为 0.001 度。当 P 省略时，按系统参数确定旋转角度。

当程序用绝对值时，G68 程序段后的第一个程序段必须使用绝对值指令，才能确定旋转中心。如果这一程序段为增量值，那么系统将以当前位置为旋转中心，按 G68 给定的角度旋转坐标系。

【任务步骤】

1. 毛坯准备

零件的材料为 45 钢，长方体（长×宽×高为 80mm×80mm×25mm），已加工过六个表面。

2. 确定工艺方案及加工路线

（1）选择编程零点　由图样的图形结构，确定长×宽为 80mm×80mm 的对称中心及上表面（*O* 点）为编程原点。

（2）确定装夹方法　根据图样的图形结构，选用机用虎钳装夹工件。

（3）铣削用量的选择

1）确定主轴转速。选用 $\phi20$ 高速钢三刃立铣刀，根据钻削用量表，钻削速度选用 $v_c=18\text{m/min}$。

由公式 $n=1000v_c/\pi/d=1000\times18/3.14/20\text{r/min}\approx287\text{r/min}$；

取 $n=300\text{r/min}$。

2）确定进给速度。根据铣削用量表，选取每个齿进给量 $f_z=0.1\text{mm}$。

由公式　$v_f=f_z zn=0.1\times3\times300\text{mm/min}=90\text{mm/min}$

取 $v_f=90\text{mm/min}$。

（4）确定加工路线　采用如图 4-133 所示的箭头所指的方向为加工路线，并采用左刀补、顺铣加工方式。1 点作为轮廓上加工的第一点。

3. 计算出节点的坐标值（见图 4-133）

1 点（0，-25）

2 点（-27.5，-25）

3 点（-32.5，-20）

4 点（-32.5，20）

5 点（-27.5，25）

6 点（27.5，25）

7 点（32.5，20）

8 点（32.5，-20）

9 点（27.5，-25）

4. 编程

按华中数控系统 HNC-21/22M 编程。

%1	程序段号
G90 G54 G00 Z100;	G90 绝对坐标编程，G54 工件坐标系，Z100 安全高度
M03 S300;	M03 主轴正转
X0 Y0;	快速移动到起刀点 X0 Y0 位置
Z5;	快速移动到距工件上表面 5mm 的位置
G68 X0 Y0 P45;	坐标系逆时针旋转 45°
G41 X0 Y-25 D1;	快速移动到 1 点建立左刀补
G01 Z-5 F100;	以 100mm/min 进给倍率直线插补切入工件 5mm 深

（续）

G01 X-27.5 Y-25;	直线插补加工轮廓到2点
G02 X-32.5 Y-20 R5;	顺圆弧插补加工轮廓到3点
G01 X-32.5 Y20;	直线插补加工轮廓到4点
G02 X-27.5 Y25 R5;	顺圆弧插补加工轮廓到5点
G01 X27.5 Y25;	直线插补加工轮廓到6点
G02 X32.5 Y20 R5;	顺圆弧插补加工轮廓到7点
G01 X32.5 Y-20;	直线插补加工轮廓到8点
G02 X27.5 Y-25 R5;	顺圆弧插补加工轮廓到9点
G01 X0 Y-25;	直线插补加工轮廓到1点
G00 Z100;	快速移动到安全高度
G40 X0 Y0;	快速移动到X0 Y0点取消刀补
G69;	取消坐标系旋转
M30;	程序结束

5. 加工工件

1）打开机床电源开关。

2）机床返回参考点。

3）工件装夹。选用机用虎钳正确装夹工件。

4）对刀。

① X 轴采用分中法对刀。

② Y 轴采用分中法对刀。

③ Z 轴采用试切法对刀。

④ 将 X、Y、Z 数值输入到机床的自动坐标系G54中。

5）程序输入。将已经编好的程序输入到机床中（详见程序输入）。

6）程序校验。

① 打开要加工的程序。

② 按下机床控制面板上的“自动”键，进入程序运行方式。

③ 在程序运行菜单下，按“程序校验”F5键，按“循环启动”键，校验开始。

如果程序正确，显示窗口会显示出正确的轮廓轨迹及走刀路线，校验完成后，光标将返回到程序头。

7）自动加工。

① 选择并打开零件加工程序，设定刀补值。

② 按下机床控制面板上的“自动”键（指示灯亮），进入程序运行方式。

③ 按下机床控制面板上的“循环启动”键（指示灯亮），机床开始自动运行当前的加工程序。

【工件检测】

1. 选用量具

选取游标卡尺、千分尺、游标万能角度尺。

2. 测量方法

1）用游标卡尺测量65mm及50mm两个尺寸，如图4-134所示。

a)

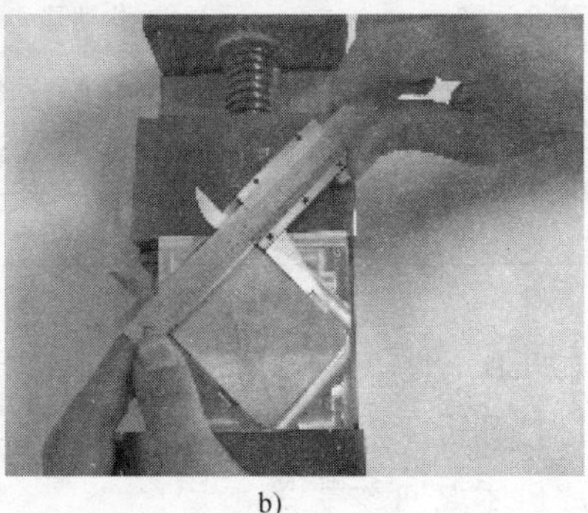

b)

图4-134 游标卡尺测量零件尺寸

a）测量一个方向的尺寸 b）测量另一个方向的尺寸

2）用千分尺精确测量$65^{\ 0}_{+0.04}$及$50^{\ 0}_{-0.04}$两个尺寸，如图4-135所示。

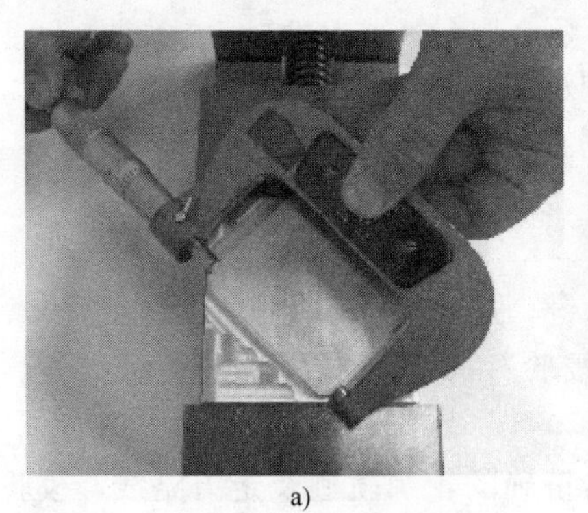

a)

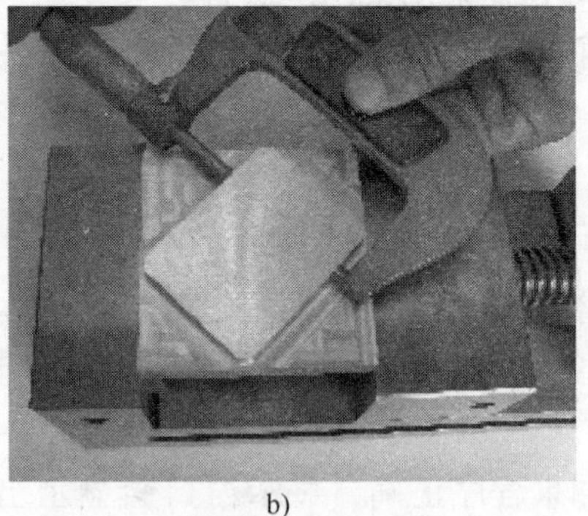

b)

图4-135 千分尺测量零件尺寸

a）测量一个方向的尺寸 b）测量另一个方向的尺寸

3）用游标万能角度尺的一个测量面贴紧平板表面，推向被测量的45°角度面，测量角度值，如图4-136所示。

4）测量工件，计算并修改刀补，精加工至所需尺寸。

a)

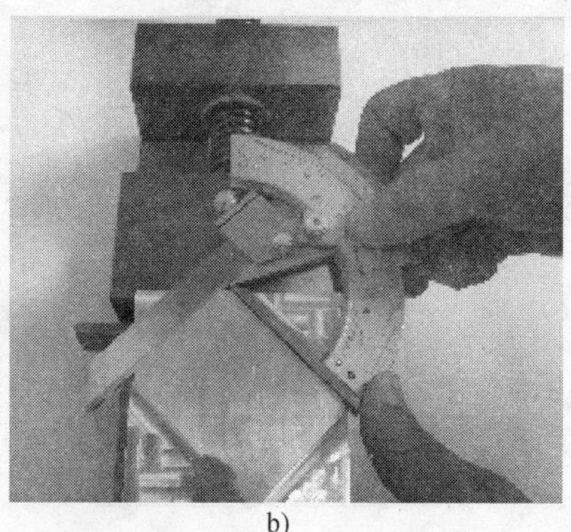

b)

图4-136 游标万能角度尺测量角度

a）测量两面之间的角度 b）测量另外两面的夹角

【注意事项】

1）坐标系旋转功能与其他功能的平面一定要处在刀具半径补偿平面内。

2）当程序用绝对值时，G68程序段后的第一个程序段必须使用绝对值指令，才能确定旋转中心。如果这一程序段为增量值，那么系统将以当前位置为旋转中心，按G68给定的角度旋转坐标系。

• 项目13 镜像加工 •

【阐述说明】

图4-137所示零件中的两个凹槽是一个关于*Y*轴左右对称的图形。由于尺寸完全相同，在编写加工程序时可以只编写其中一个凹槽的加工程序，然后利用镜像加工指令来完成另外一个凹槽的加工。这样既减少编程、程序输入的工作量，又提高了生产效率。

学习重点：

镜像指令的编程格式。

学习难点：

镜像指令及子程序的编程与加工。

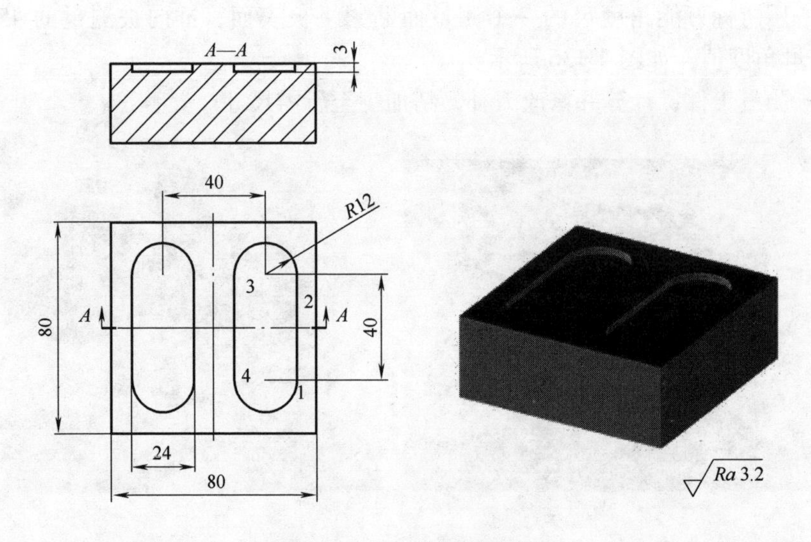

图 4-137　镜像加工零件

【任务描述】

编制如图 4-137 所示零件的加工程序并加工。

【任务分析】

加工内容为两个形状一样且以 *Y* 轴对称的凹槽轮廓。如果按照一般的编程方法编程量较大，而利用镜像功能指令编程能很好地解决这一难题。

我们把其中一个轮廓以子程序的形式编制，再直接利用镜像功能加工另外一个。

镜像功能指令：

【格式】G24 X_Y_Z;

M98 P_;

G25 X_Y_Z;

【说明】G24：建立镜像功能。

G25：取消镜像功能。

X_Y_Z：镜像位置。

当图形轮廓相对于某一坐标轴对称时，可以利用镜像功能和子程序，只对一部分轮廓进行编程，再加工出对称部分，这就是镜像功能。

当某一轴的镜像有效时，该轴执行与编程方向相反的运动。G24、G25 为模态指令，可相互注销，G25 为默认值。

【任务步骤】

1. 毛坯准备

零件的材料为 45 钢，长方体（长×宽×高为 80mm×80mm×30mm），已加工过六个表面。

2. 确定工艺方案及加工路线

（1）选择编程零点　由图样的图形结构，确定长×宽为 80mm×80mm 的对称中心及上表面（*O* 点）为编程原点。

（2）确定装夹方法　根据图样的图形结构，选用机用虎钳装夹工件。

（3）铣削用量的选择

1）确定主轴转速。选用 ϕ20mm 高速钢三刃立铣刀，根据铣削用量表，铣削速度选用 $v_c = 18\text{m/min}$。

由公式 $n = 1000v_c/\pi/d = 1000\times18/3.14/20\text{r/min} \approx 287\text{r/min}$；

取 $n = 300\text{r/min}$。

2）确定进给速度。根据铣削用量表，选取每个齿进给量 $f_z = 0.1\text{mm}$。

由公式 $v_f = f_z zn = 0.1\times3\times300\text{mm/min} = 90\text{mm/min}$；

取 $v_f = 90\text{mm/min}$。

（4）确定加工路线　我们采用如图 4-137 所示的 1→2→3→4 方向为加工路线，采用左刀补、顺铣加工方式。1 点作为轮廓上加工的第一点。

3. 计算出节点的坐标值（见图 4-137）

1 点（32，−20）

2 点（32，20）

3 点（8，20）

4 点（8，−20）

4. 编程

按华中数控系统 HNC-21/22M 编程。

%1	程序段号
G90 G54 G00 Z100；	G90 绝对坐标编程，G54 工件坐标系，Z100 安全高度
M03 S300；	M03 主轴正转
X0 Y0；	快速移动到起刀点 X0 Y0 位置
Z5；	快速移动到距工件上表面 5mm 的位置

（续）

G01 Z0 F100;	以 F100 速度移到工件上表面
M98 P2;	调用 1 遍子程序加工右边部分
G24 X0;	以 y 轴镜像
M98 P2;	调用 1 遍子程序加工对称部分
G25 X0;	取消镜像
M05;	主轴停止
M30;	主程序结束
% 2	子程序段号
G41 G01 X32 Y-20 D1;	移动到 1 点建立左刀补
G01 Y20 Z-3 F100;	斜线下刀切入工件 3mm，并移动到 2 点
G03 X8 Y20 R12;	逆圆弧插补加工轮廓到 3 点
G01 X8 Y-20;	直线插补加工轮廓到 4 点
G03 X32 Y-20 R12;	逆圆弧插补加工轮廓到 1 点
G01 Y20;	直线插补加工轮廓再到 2 点
G00 Z100;	快速移动到安全高度
G40 X0 Y0;	快速移动到 X0 Y0 点取消刀补
M99;	子程序结束

5. 加工工件

1）打开机床电源开关。

2）机床返回参考点。

3）工件装夹。选用机用虎钳正确装夹工件。

4）对刀。

① X 轴采用分中法对刀。

② Y 轴采用分中法对刀。

③ Z 轴采用试切法对刀。

④ 将 X、Y、Z 数值输入到机床的自动坐标系 G54 中。

5）程序输入。将已经编好的程序输入到机床中（详见模块 2 项目 1 程序输入）。

6）程序校验。

① 打开要加工的程序。

② 按下机床控制面板上的“自动”键，进入程序运行方式。

③ 在程序运行菜单下，按“程序校验”F5键，按“循环启动”键，校验开始。

如果程序正确，显示窗口会显示出正确的轮廓轨迹及走刀路线，校验完成后，光标将返回到程序头。

7）自动加工。

① 选择并打开零件加工程序，设定刀补值：D1 = 10.5（轮廓尺寸单边留0.5mm精加工余量。

② 按下机床控制面板上的“自动”键（指示灯亮），进入程序运行方式。

③ 按下机床控制面板上的“循环启动”键（指示灯亮），机床开始自动运行当前的加工程序。

【工件检测】

1. 选用量具

游标卡尺，游标深度尺。

2. 测量方法

1）用游标卡尺测量凹槽长尺寸为40mm及槽宽尺寸为24mm，如图4-138所示。

a)

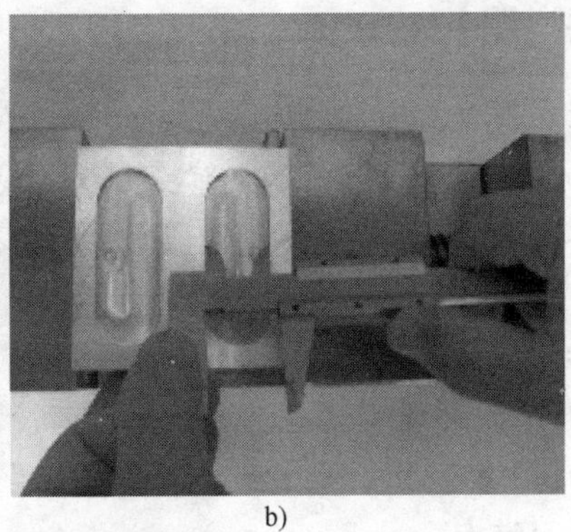

b)

图4-138　游标卡尺测量槽长及槽宽

a）测量凹槽的长度尺寸　b）测量凹槽的宽度尺寸

2）用游标卡尺测量凹槽间距为40mm，如图4-139所示。

3）用游标深度卡尺测量凹槽深度为3mm，如图4-140所示。

4）测量工件，计算并修改刀补，精加工至尺寸。

图4-139　游标卡尺测量槽间距

图4-140　游标深度卡尺测量凹槽深度

【注意事项】

1）镜像功能与其他功能的平面一定要处在刀具半径补偿平面内。

2）使用镜像功能时一定要区分好每个镜像轴的表示方式，例如X轴镜像表示是$Y=0$。

• 项目14　薄壁零件加工 •

【阐述说明】

在实际加工中经常会遇到一些刚性差、精度高的薄壁零件，其中多数还是产品的关键零件。比如航空航天仪表零件结构尺寸小、重量轻、精度高。薄壁零件在加工中容易产生变形，不易满足精度要求，是机械加工中的一大难题。

学习重点：

1）铣削用量对薄壁内外轮廓加工变形的影响。

2）刀具半径补偿、长度补偿的应用。

学习难点：

控制薄壁变形。

【任务描述】

编制如图4-141所示工件的程序并加工零件。

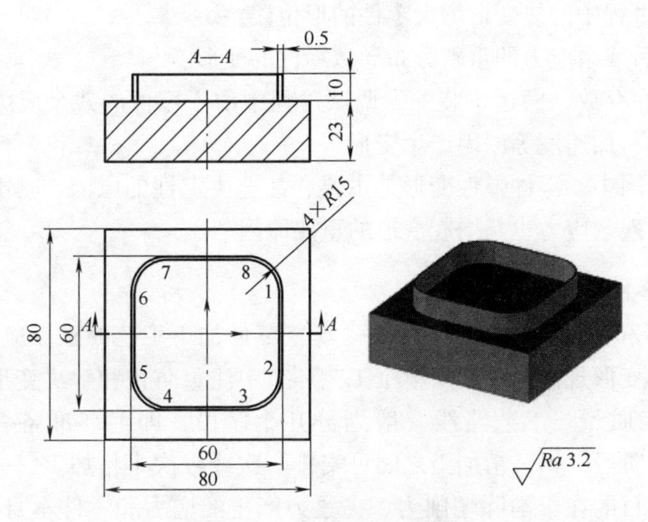

图 4-141 加工长方形薄壁

【任务分析】

加工内容为长方形薄壁（长×宽×高为 60mm×60mm×0. 5mm）。加工薄壁件如果按照一般的理解，可以将内容分为两个形状一样尺寸不一样的外轮廓和内轮廓。按照这种思路编程会发现内轮廓的点坐标换算不太方便。如果利用之前所学的刀具半径补偿功能就能很好地解决这一问题。

1. 薄壁件的含义

零件的壁厚和它的径向尺寸或轴向尺寸比较，相差悬殊，即局部尺寸和整体尺寸之比的比值很小，因而零件刚性差。加工中对外力（如夹紧力和切削力）十分敏感，极易产生变形。

一般认为，在壳体零件、套筒零件、环形零件、盘形零件、平板零件、轴类零件和特形零件中，当零件壁厚与内径曲率半径（或轮廓尺寸）之比小于 1∶20 时，称作薄壁零件。

2. 薄壁件加工时产生变形的原因

1）毛坯刚性低。

2）毛坯和半成品本身有形状误差，必然以误差复映规律反映到加工后的零件上。

3）装夹时零件产生弹性变形、严重影响加工表面的几何精度和位置精度。

4）切削力作用使零件产生变形。

5）机床、附件、夹具本身刚性不足，影响加工精度。

6）加工过程中的热变形增大零件的形位误差。

7）加工后残余应力的重新分布导致零件的变形。

8）零件在存放，搬运、装配，调试过程中由于零件的残余应力及使用环境如温度、振动、加速度等原因产生变形。

上述诸原因中，零件弹性变形是主要、甚至决定性的原因。其次工艺系统热变形和零件的残余应力也是引起变形的重要原因。

3. 薄壁零件的加工特点

（1）选择和制订合理的工艺路线　薄壁零件加工工艺的重点应着重于分析、研究和掌握其变形规律，进而从整个工艺环节中注重防止和解决变形问题以确保各工序的加工质量。工艺路线一般划分几个阶段，即毛坯准备——粗加工阶段——精加工阶段。粗、精加工之间可安排一次或数次半精加工，一次或数次时效处理工序，目的在于消除切削力、夹紧力产生的应力和零件本身的残余应力，使变形发生在最后精加工之前。这样，一方面可以保证成品零件的尺寸精度和几何公差精度；另一方面也可以保证零件在存放，装配调试时尺寸和形位精度的稳定性。对不够成熟的工艺方法，事先应进行必要的工艺试验和测试，包括对存放数天后的零件前后精度变化的测量对比，以便取得经验和数据，借以更好地完善工艺方案。

正确地选择零件和夹具的定位基准和夹紧方式，注意前后工序定位基准的协调一致。合理分配加工余量，必要时应提高定位基准的尺寸公差和形状公差精度。对于同一零件的不同加工部位的精加工工序，应视具体情况确定最优加工顺序。以套环类零件为例，最后的精加工顺序，一般先精加工内孔（外圆加工余量大，刚性较好），然后以内孔为基准加工外圆。当一次装夹完成半精加工和精加工时，为纠正半精加工产生的变形，在精加工前半松开零件，再轻夹紧，以减小夹紧力。最后，精加工前要检查或修正零件的定位基准。

（2）零件装夹中引起弹性变形　零件装夹可分成定位和夹紧两个功能。定位使零件处于稳定状态，对平面来说应采用三点定位。定位点一般要承受夹紧力，并应具有一定幅度和刚性。从定位稳定性和定位精度看，接触面越小越好；而从夹紧力功能看，接触需越大越好，可以用小的单位面积压力获得最大的摩擦力。在精密加工中，夹紧机构和夹紧力大小的确定，都是以小的切削力为前提。应仔细分析零件的定位和夹紧机构，以及刀具对零件的施力情况，预计引起变形力的部位大小和作用方向。下面分析轴向压紧和径向夹紧以及如何确定接触面积大小的问题。

1）凡是夹紧力垂直作用于基准面上，支承面积大或是毛坯面，应该用平直的小面积作基准面，必要时应进行研磨。其平面度精度应控制在零件公差的1/2~1/3的范围内。

2）套筒零件轴向压紧时，要求同上，此外须保证支承面与轴线垂直；靠螺纹压紧时，螺纹配合间隙应大些，以免压紧后偏斜。

3）套筒零件径向夹紧时，定位支承面也是夹紧面，零件径向刚性差，要求零件被夹紧面和夹具定位夹紧面形状精度高，尺寸配合精度高，夹紧包容面越大越好。定心夹紧面轴线应与机床主轴轴心线准确重合，最好能进行“就地加工”。

4）夹压紧操作时要注意防止因摩擦力产生的扭转力矩引起零件移位、变形。

（3）铣削力引起零件的变形　在铣削过程中作用在刀具上的铣削力是由几个分力组成的一个空间合力 P，铣削力 P 是使零件在铣削加工中产生变形和振动的主要因素之一。

影响铣削力大小的主要因素有：被加工材料的硬度、刀具几何形状，铣削用量和切削液等。

1）刀具角度对铣削力的影响。刀具前角和后角，应适当加大，使铣削变形和摩擦减少，因而减少铣削力。

刀具主偏角的大小决定轴向和径向铣削力的分配。对径向刚性差的零件，应取较大的接近 90° 的主偏角。

刀具副偏角，决定刀具和已加工表面间的摩擦情况和表面粗糙度。粗加工时应取较大的副偏角，精加工时应取较小的副偏角。

铣削力也可引起永久变形，如在薄壁件尤其是轻合金零件上用普通丝锥攻螺纹时，容易产生永久变形。应采用大前角大后角，小刃棱面的丝锥或从工序顺序上妥善安排，加以防止。

2）铣削用量对铣削力的影响。精加工薄壁零件时，一般应采用降低和控制铣削用量，增加铣削次数，匀速铣削，以便有利于减小铣削力和铣削热。若铣削面积相等，增加进给量比增加铣削深度的铣削力小。而铣削速度对铣削力的影响是不断变化的，一般应采用较高的铣削速度。

3）铣削振动。薄壁件由于铣削力和夹紧力的影响发生弹性变形时，在垂直于平均铣削方向上，刀具和零件发生相对位移，影响铣削厚度的瞬时变化，同时刀具上的作用力也随之发生变化，导致铣削动态不稳定而产生铣削振动，加工表面产生振动波纹。当铣削过程重叠进行时，刀具铣去前一行程留下振纹时，刀具上的作用力随铣削厚度的变化面变化，产生周期性振颤，进而又加剧了振动，也加剧了薄壁件的弹性变形。形成变形引起振动，振动加剧变形的交变过程，是薄壁件铣削加工的一个显著特点，也是造成加工误差的重要原因。

【任务步骤】

1. 毛坯准备

零件的材料为 45 钢，长方体（长×宽×高为 80mm×80mm×33mm ），已加工过六个表面。

2. 确定工艺方案及加工路线

（1）选择编程零点　由零件图所示的图形结构，确定长×宽为 80mm×80mm 的对称中心及上表面（O 点）为编程原点。

（2）确定装夹方法　根据图样的图形结构，选用机用虎钳装夹工件。

（3）铣削用量的选择

1）确定主轴转速。选用 ϕ20mm 高速钢两刃键槽铣刀，根据铣削用量表，铣削速度选用 $v_c=18\text{m/min}$。

由公式 $n=1000v_c/\pi/d=1000\times18/3.14/20\text{r/min}\approx287\text{r/min}$；

取 $n=300\text{r/min}$。

2）确定进给速度。根据铣削用量表，选取每个齿进给量 $f_z=0.1\text{mm}$。

由公式 $v_f=f_z zn=0.1\times2\times300\text{mm/min}=60\text{mm/min}$；

取 $v_f=60\text{mm/min}$。

（4）确定加工路线　采用如图 4-141 所示的箭头所指的方向为加工路线，采用左刀补、顺铣加工方式。1 点作为轮廓上加工的第一点。

3. 计算出节点的坐标值（见图 4-141）。

1 点（30，15）

2 点（30，-15）

3 点（15，-30）

4 点（-15，-30）

5 点（-30，-15）

6 点（-30，15）

7 点（-15，30）

8 点（15，30）

4. 编程

按华中数控系统 HNC-21/22M 编程。

%1	程序段号（外轮廓）
G90 G54 G00 Z100;	G90 绝对坐标编程，G54 工件坐标系，Z100 安全高度
M03 S1200;	M03 主轴正转 1200 转/分钟
X0 Y0;	快速移动到起刀点 X0 Y0 位置
M98 P2 L10;	调用子程序 2 号，调用 10 次
G00 Z200;	快速移动到距离工件上表面 200cm 的位置

（续）

M30;	主程序结束
%2	子程序号
G41 X30 Y15 D1;	移动到1点用1号刀建立左刀补（D1=10.2）
Z0;	距离工件上表面0cm
G91 G01 Z-1 F100;	用相对坐标以100mm/min进给倍率直线插补切入工件1cm
M98 P3;	调用子程序3号
G00 G90 Z200;	快速移动到距离工件上表面200cm的位置
G40 X0 Y0;	快速移动到X0 Y0点取消刀补
G00 G41 X30 Y15 D2;	快速移动到1点用2号刀建立左刀补（D2=-10.7）
Z0;	快速移动到距离工件上表面0cm的位置
G91 G01 Z-1 F100;	用相对坐标以100mm/min进给倍率直线插补切入工件1cm
M98 P3;	调用子程序3号
G40 X0 Y0;	快速移动到X0 Y0点取消刀补
G92 Z0;	G92建立工件坐标系，距离当前面0cm
G00 Z100;	快速移动到安全高度
M99;	子程序结束
%3;	主程序号
G90 G1 X30 Y15 F100;	直线插补加工轮廓到1点
X30 Y-15;	直线插补加工轮廓到2点
G02 X15 Y-30 R15;	顺时针圆弧插补加工轮廓到3点
G01 X-15 Y-30;	直线插补加工轮廓到4点
G02 X-30 Y-15 R15;	顺时针圆弧插补加工轮廓到5点
G01 X-30 Y15;	直线插补加工轮廓到6点
G02 X-15 Y30 R15;	顺时针圆弧插补加工轮廓到7点
G01 X15 Y30;	直线插补加工轮廓到8点
G02 X30 Y15 R15;	顺时针圆弧插补加工轮廓到1点
M99;	子程序结束

该程序使用G92指令和调用子程序的方法编制，先加工外轮廓再加工内轮

廓，每次切入深度为1mm内外轮廓交替加工。此程序G92的作用是每次都以切深后的平面为Z向当前平面，以便于子程序的编写。

5. 加工工件

1）打开机床电源开关。

2）机床返回参考点。

3）工件装夹。选用机用虎钳正确装夹工件。

4）对刀。

① X轴采用分中法对刀。

② Y轴采用分中法对刀。

③ Z轴采用试切法对刀。

④ 将X、Y、Z数值输入到机床的自动坐标系G54中。

5）程序输入。将已经编好的程序输入到机床中（详见模块2项目1程序输入）。

6）程序校验。

① 打开要加工的程序。

② 按下机床控制面板上的“自动”键，进入程序运行方式。

③ 在程序运行菜单下，按“程序校验”F5键，按“循环启动”键，校验开始。

如果程序正确，显示窗口会显示出正确的轮廓轨迹及走刀路线，校验完成后，光标将返回到程序头。

7）自动加工。

① 选择并打开零件加工程序，设定刀补值。

② 按下机床控制面板上的“自动”键（指示灯亮），进入程序运行方式。

③ 按下机床控制面板上的“循环启动”键（指示灯亮），机床开始自动运行当前的加工程序。

【工件检测】

1. 选用量具

选取游标卡尺，游标深度卡尺，千分尺。

2. 测量方法

1）用游标卡尺测量60mm×60mm的轮廓尺寸，如图4-142所示。

2）用千分尺测量60×60mm的轮廓尺寸，如图4-143所示。

3）用千分尺测量0.5mm的壁厚尺寸，如图4-144所示。

a)

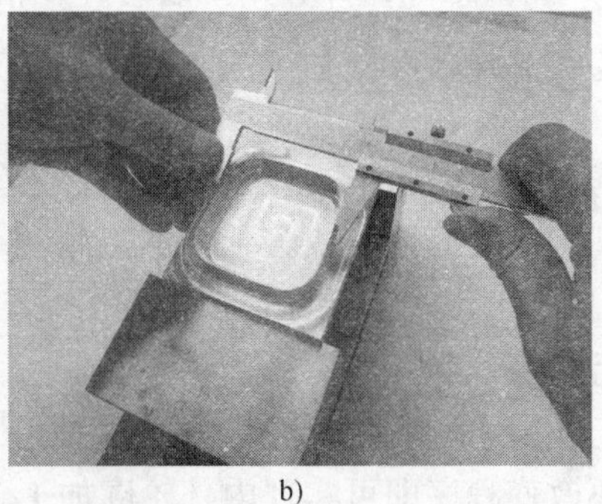

b)

图 4-142　游标卡尺测量薄壁件外形尺寸

a）测量一个方向的尺寸　b）测量另一个方向的尺寸

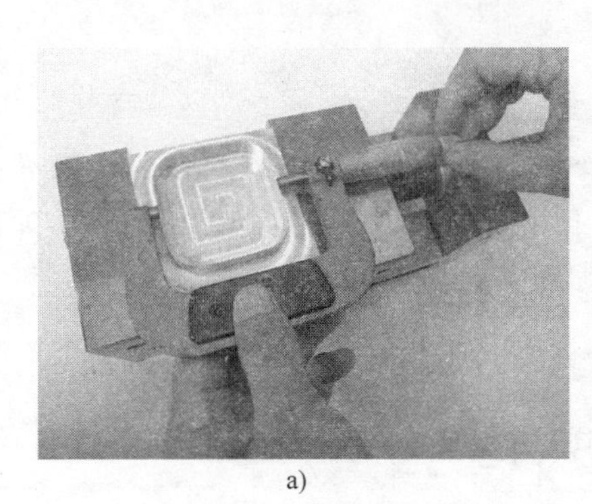

a)

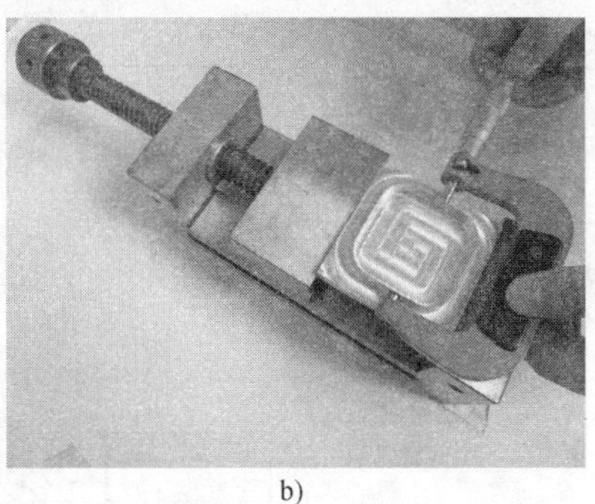

b)

图 4-143　千分尺测量薄壁件外形尺寸

a）测量一个方向的尺寸　b）测量另一个方向的尺寸

4）用游标深度尺测量 10mm 的轮廓深度，如图 4-145 所示。

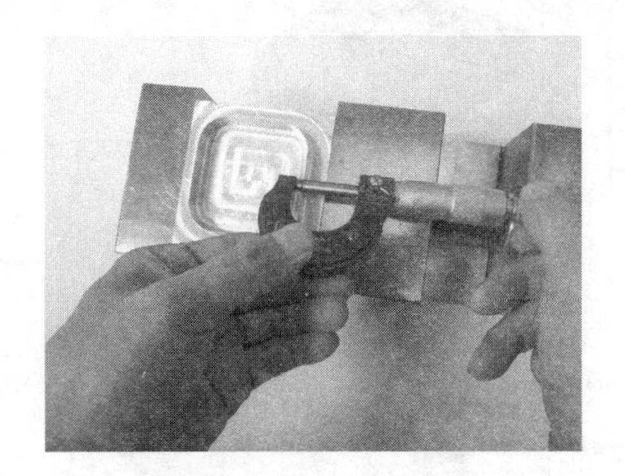

图 4-144　千分尺测量壁厚

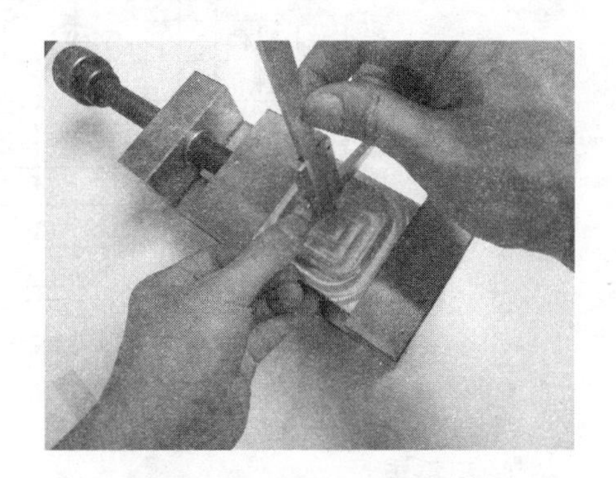

图 4-145　游标深度尺测量深度

5）测量工件，计算并修改刀补，精加工至尺寸。

【注意事项】

1）由于薄壁加工过程中的刚性较差，因此加工时可采用分层内外轮廓交替进行切削，将薄壁分成若干个加工深度来进行粗加工，这样可以减小加工变形。

2）精加工时为保证精度，采用改变刀具半径补偿值分多刀切除余量的方法来进行切削。

3）在使用半径补偿功能时，用刀具补偿将 D02 地址中数值改为负值。这样，可以不改变程序即可实现内外轮廓加工，方法简单实用。

项目 15 典型零件加工

【阐述说明】

加工中心除了可以进行平面铣削、外形轮廓铣削、三维及三维以上复杂型面铣削，还可以进行钻削、镗削、螺纹切削等加工。其加工功能丰富，加工范围宽。用图 4-146 所示零件为例，完成典型零件的编程与加工。

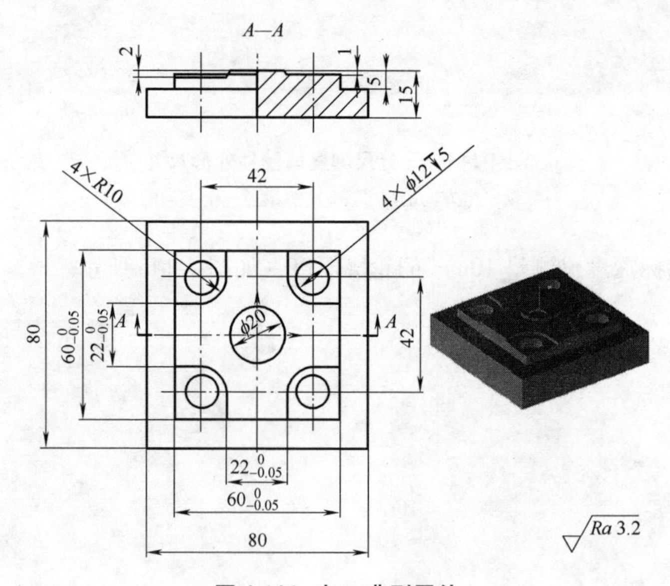

图 4-146 加工典型零件

学习重点：

1）加工工艺的制定与安排。

2）综合编程与加工。

学习难点：

程序的编制。

【任务描述】

编制如图4-146所示零件的加工程序并完成零件加工。

【任务分析】

图4-146为典型零件，它包含了多项加工内容，如圆台加工、方台加工、孔加工、圆弧加工、直线轮廓加工。加工内容既有内轮廓，又有外轮廓，还有3层凸起部分，需要制定合理的加工工艺。

通过分析，按以下顺序加工：

1）铣削60mm的方台。

2）铣削ϕ20mm的圆台。

3）铣削4×22mm、R10mm的圆弧。

4）加工4×ϕ12mm的孔。

加工过程中子程序调用（参见模块4项目4）、刀具半径补偿（参见模块4项目5）、钻孔循环编写（参见模块4项目9）。

【任务步骤】

1. 毛坯准备

零件的材料为45钢，长方体（长×宽×高为80mm×80mm×15mm），已加工过六个表面。

2. 确定工艺方案及加工路线

（1）选择编程零点　由图样的图形结构，确定长×宽为80mm×80mm的对称中心及上表面（O点）为编程原点。

（2）确定装夹方法　根据图样的图形结构，选用机用虎钳装夹工件。

（3）铣削用量的选择

1）确定主轴转速。选用ϕ10mm高速钢两刃键槽铣刀，根据铣削用量表，铣削速度选用$v_c=18\text{m/min}$。

由公式$n=1000v_c/\pi/d=1000\times18/3.14/10\text{r/min}\approx573\text{r/min}$；

取$n=600\text{r/min}$。

2）确定进给速度。根据铣削用量表，选取每个齿进给量$f_z=0.1\text{mm}$。

由公式$v_f=f_z zn=0.1\times2\times600\text{mm/min}=120\text{mm/min}$；

取 $v_f = 120\text{mm/min}$。

（4）确定加工路线　采用图 4-147～图 4-149 所示的箭头所指的方向为加工路线，并采用左刀补，顺铣的加工方式。

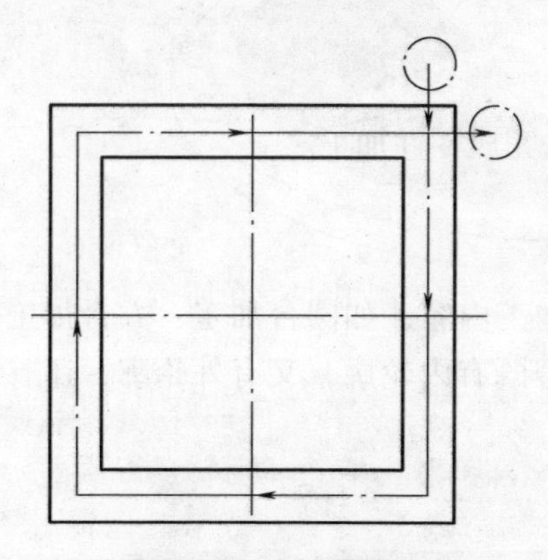

图 4-147　加工路线 1

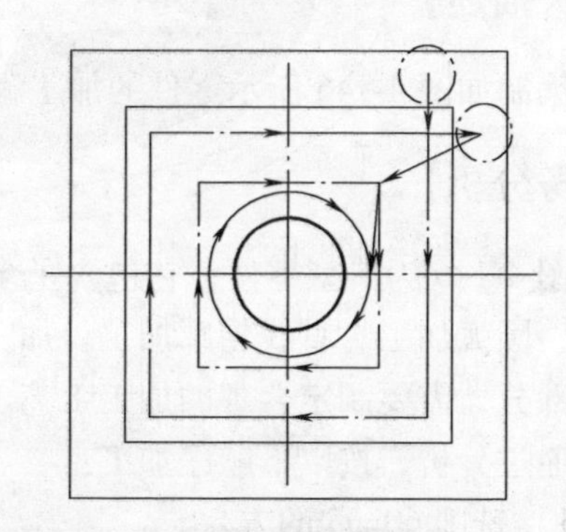

图 4-148　加工路线 2

3. 计算出节点的坐标值（见图 4-150）

1 点（30，30）

2 点（30，−30）

3 点（−30，−30）

4 点（−30，30）

5 点（10，0）

6 点（11，30）

7 点（11，21）

8 点（21，11）

9 点（30，11）

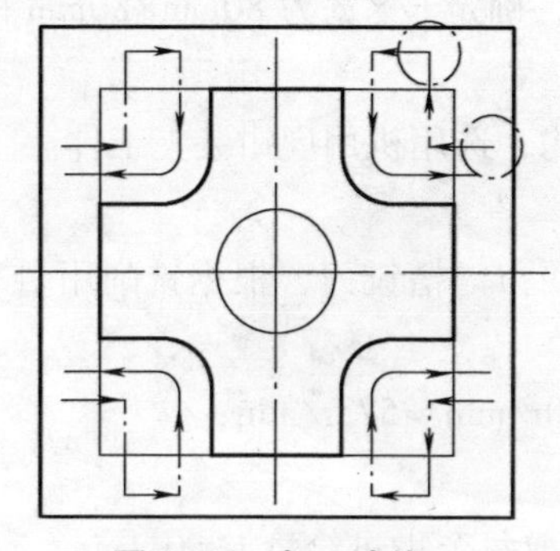

图 4-149　加工路线 3

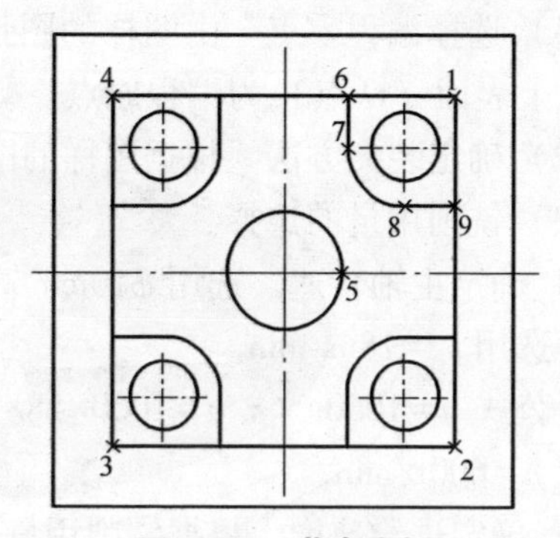

图 4-150　节点坐标

4. 编程

按华中数控系统 HNC-21/22M 编程。

%1	程序段号
G90 G54 G00 Z100;	G90 绝对坐标编程，G54 工件坐标系，Z100 安全高度
M03 S600;	M03 主轴正转
X0 Y0;	快速移动到起刀点 X0 Y0 位置
Z5;	快速移动到距工件上表面 5mm 的位置
G41 X30 Y50 D1;	建立左刀补，加工 60mm×60mm 方台
G01 Z-5 F80;	以 80mm/min 进给倍率直线插补切入工件 5mm 深
G01 Y-30 F120;	直线插补加工轮廓到 2 点
X-30;	直线插补加工轮廓到 3 点
Y30;	直线插补加工轮廓到 4 点
X50;	直线插补加工轮廓超过 1 点 *X* 方向 20mm 处
G00 Z10;	快速移动到安全高度
G40 X0 Y0;	快速移动到 X0 Y0 点取消刀补
X25. 5 Y36;	加工 ϕ20mm 圆台，去除 ϕ20mm 圆台余量
G01 Z-1 F80;	以 80mm/min 进给倍率直线插补切入工件 1mm 深
G01 Y-25. 5 F120;	去除 ϕ20mm 圆台余量
X-25. 5;	去除 ϕ20mm 圆台余量
Y25. 5;	去除 ϕ20mm 圆台余量
X36;	去除 ϕ20mm 圆台余量
X16. 5 Y16. 5;	去除 ϕ20mm 圆台余量
Y-16. 5;	去除 ϕ20mm 圆台余量
X-16. 5;	去除 ϕ20mm 圆台余量
Y16. 5;	去除 ϕ20mm 圆台余量
X16. 5;	去除 ϕ20mm 圆台余量
G41 X10 Y0 D1;	建立左刀补，加工 ϕ20mm 圆台
G02 I-10;	加工 ϕ20mm 圆台
G00 Z10;	快速移动到安全高度

（续）

G40 X0 Y0;	快速移动到 X0 Y0 点取消刀补
M98 P2;	调用子程序，加工右上角 4×22mm、R10mm 圆弧
G68 X0 Y0 P90;	以 X0 Y0 为旋转中心，坐标系旋转 90°
M98 P2;	调用子程序，加工左上角 4×22mm、R10mm 圆弧
G68 X0 Y0 P180;	以 X0 Y0 为旋转中心，坐标系旋转 180°
M98 P2;	调用子程序，加工左下角 4×22mm、R10mm 圆弧
G68 X0 Y0 P270;	以 X0 Y0 为旋转中心，坐标系旋转 270°
M98 P2;	调用子程序，加工右下角 4×22mm、R10mm 圆弧
M98 P3;	调用子程序，加工右上角 ϕ12mm 孔
G68 X0 Y0 P90;	以 X0 Y0 为旋转中心，坐标系旋转 90°
M98 P3;	调用子程序，加工左上角 ϕ12mm 孔
G68 X0 Y0 P180;	以 X0 Y0 为旋转中心，坐标系旋转 180°
M98 P3;	调用子程序，加工左下角 ϕ12mm 孔
G68 X0 Y0 P270;	以 X0 Y0 为旋转中心，坐标系旋转 270°
M98 P3;	调用子程序，加工右下角 ϕ12mm 孔
G00 Z100;	快速移动到安全高度
M05;	主轴停止
M30;	主程序结束
% 2	子程序，加工右上角 4×22mm、R10mm 圆弧
G00 X36 Y20. 5;	加工 4×22mm、R10mm 圆弧，去除余量
G01 Z-2 F80;	以 80mm/min 进给倍率直线插补切入工件 2mm 深
G01 X25. 5 F120;	加工 4×22mm、R10mm 圆弧，去除余量
Y36;	加工 4×22mm、R10mm 圆弧，去除余量
G41 X11 D1;	建立左刀补，加工 4×22mm、R10mm 圆弧
Y21;	直线插补加工轮廓到 7 点
G03 X21 Y11 R10;	逆时针圆弧插补加工轮廓到 8 点
G01 X36;	直线插补加工轮廓 X 方向超过 9 点 6mm
G00 Z10;	快速移动到安全高度

（续）

G40 X0 Y0;	快速移动到 X0 Y0 点取消刀补
M99;	子程序结束
% 3;	子程序，加工右上角 ϕ12mm 孔
G41 G00 X27 Y21 D1;	建立左刀补，加工 ϕ12mm 孔
G01 Z-5 F80;	以 80mm/min 进给倍率直线插补切入工件 5mm 深
G03 I-6 F120;	加工 ϕ12mm 孔
G00 Z10;	快速移动到安全高度
G40 X0 Y0;	快速移动到 X0 Y0 点取消刀补
M99;	子程序结束

5. 加工工件

1）打开机床电源开关。

2）机床返回参考点。

3）工件装夹。选用机用虎钳正确装夹工件。

4）对刀。

① *X* 轴采用分中法对刀。

② *Y* 轴采用分中法对刀。

③ *Z* 轴采用试切法对刀。

④ 将 *X*、*Y*、*Z* 数值输入到机床的自动坐标系 G54 中。

5）程序输入。将已经编好的程序输入到机床中（详见程序输入）。

6）程序校验。

① 打开要加工的程序。

② 按下机床控制面板上的“自动”键，进入程序运行方式。

③ 在程序运行菜单下，按“程序校验”F5 键，按“循环启动”键，校验开始。

如果程序正确，显示窗口会显示出正确的轮廓轨迹及进给路线，校验完成后，光标将返回到程序头。

7）自动加工。

① 选择并打开零件加工程序，设定刀补值：D1=6（轮廓尺寸留 0.5mm 精加工余量）。

② 按下机床控制面板上的“自动”键（指示灯亮），进入程序运行方式。

③ 按下机床控制面板上的“循环启动”键（指示灯亮），机床开始自动运行

当前的加工程序。

【工件检测】

1. 选用量具

选取游标卡尺、游标深度卡尺、千分尺。

2. 测量方法

1）用游标卡尺测量 60×60mm 的方台，如图 4-151 所示。

2）用千分尺测量 60×60mm 的方台，如图 4-152 所示。

图 4-151 游标卡尺测量方台

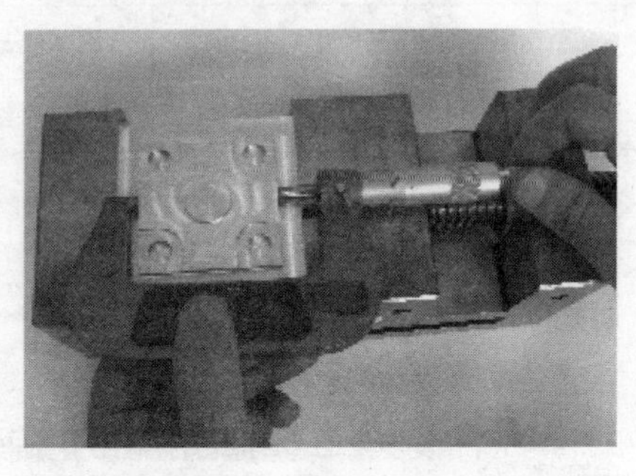

图 4-152 千分尺测量方台

3）用游标卡尺测量 ϕ20mm 的圆台，如图 4-153 所示。

4）用游标卡尺测量 4×22mm 的凸台，如图 4-154 所示。

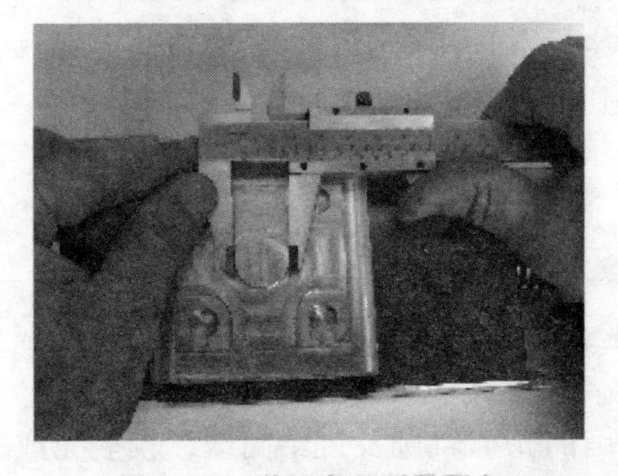

图 4-153 游标卡尺测量圆台

图 4-154 游标卡尺测量凸台

5）用游标卡尺测量 4×ϕ12mm 的孔，如图 4-155 所示。

6）用游标卡尺测量 4×ϕ12mm 的孔间距为 42mm，如图 4-156 所示。

7）用游标深度卡尺测量各层深度，如图 4-157 所示。

8）测量工件，计算并修改刀补，精加工至尺寸。

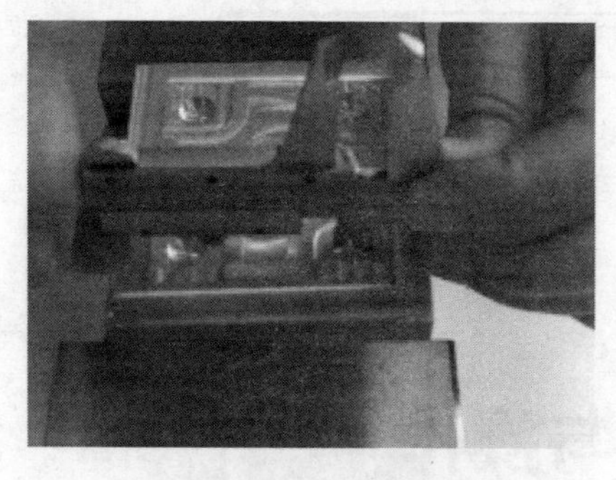

图 4-155　游标卡尺测量孔

图 4-156　游标卡尺测量孔距

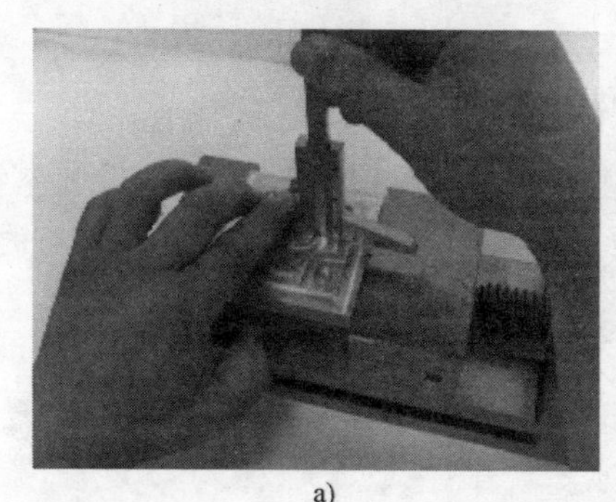

a)

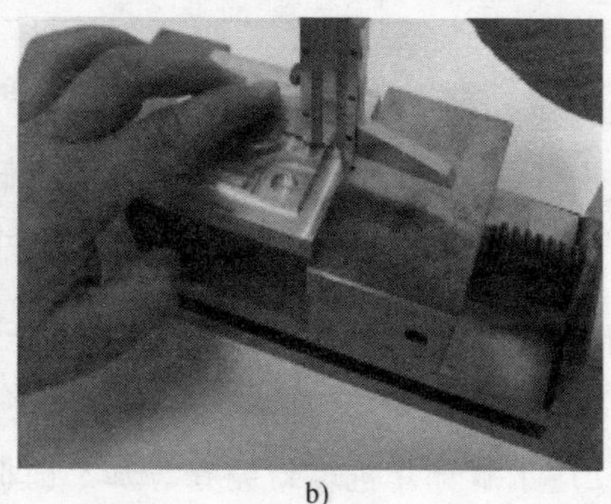

b)

图 4-157　游标深度卡尺测量各层凸台深度

a）测内凸台　b）测外凸台

【注意事项】

刀具半径补偿、长度补偿的数值及符号输入正确，要反复检查，任意一项有误将导致撞刀或加工工件报废。

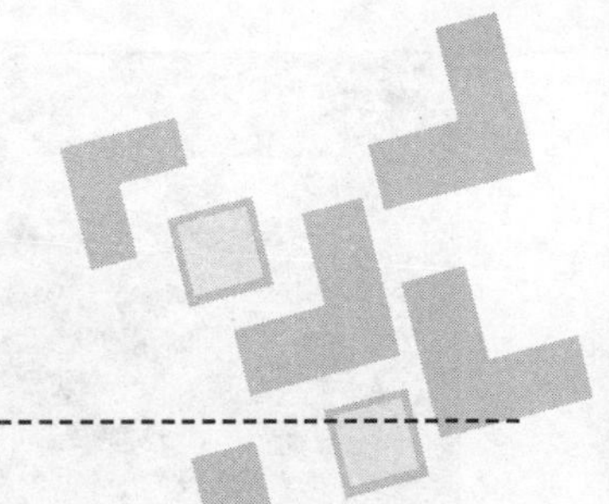

模块5

自动编程与操作

学习内容：

本模块主要学习用计算机软件绘制零件平面图；图形编辑与几何变换；绘制零件的曲面图；绘制零件的实体图；加工管理；二维轮廓加工程序的生成；区域加工程序的生成；导动加工；等高粗、精加工。

学习目标：

通过本模块的各项任务学习后，学生应达到如下目标：

1）了解计算机辅助编程与加工的概念。

2）能够建立和调用样板文件进行零件图绘制。

3）掌握零件曲面图的绘制方法。

4）掌握零件实体图的绘制方法。

5）能够修改后置处理加工参数。

6）能够进行复杂二维轮廓编程与加工。

7）能够进行二维零件区域编程与加工。

8）能够进行三维复杂零件及曲面编程与加工。

学习提示：

在编程教室进行计算机自动编程，在加工中心实训场进行自动加工，按照任务驱动法实施理论、实习一体化教学。

项目1　绘制零件平面图

【阐述说明】

CAXA 制造工程师是一款 CAD/CAM 软件，在 CAXA 制造工程师中绘制的零

件图一般是针对 CAM 功能而建立的。绘制零件平面图是造型的基础，在 CAM 进行刀具轨迹输出时，许多情况下要用到二维平面图，而且，平面图的绘制过程中包含了许多几何元素的绘制，如直线、矩形、多边形、圆等，这些几何元素不仅能反映加工零件的截面特征而且还能有效地限制加工范围。

平面图一般保存在 CAXA 制造工程师指定目录下，保存格式为*.mxe。操作者可以根据实际使用情况更改保存路径，以便提高查找效率。

学习重点：

1）掌握各种几何元素的平面画法。

2）掌握零件造型的方法。

3）掌握各种绘图指令的选择方法。

4）CAD 与 CAM 有效衔接的绘制思路。

学习难点：

1）正确使用各项图形编辑工具。

2）正确有效地绘制出便于进行 CAM 的 CAD 图形。

【任务描述】

创建并保存*.mxe 文件。在新建文件中完成零件图的创建，如图 5-1 所示。

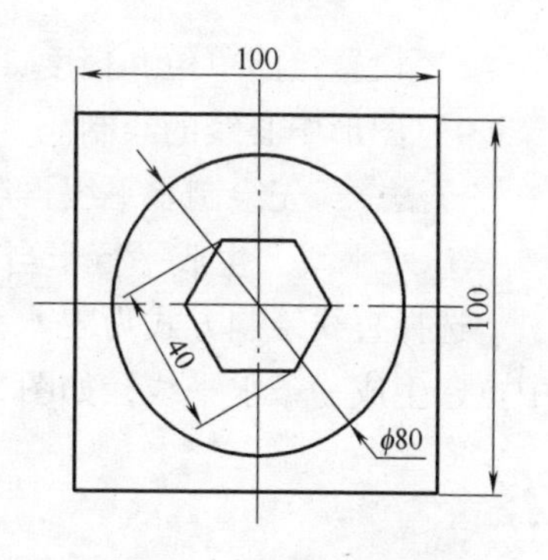

图 5-1　零件图的创建

【任务分析】

零件图中包含直线、圆、多边形等几何元素，在绘制过程中可以有效地练习曲线绘制。为了提高绘图效率，还应充分运用曲面编辑栏，对图形进行有效编辑。

零件图中的图形不是每张零件图的必须内容。但由于每一零件图中都必定含有直线、圆、多边形等几何元素，因此，若能够熟练掌握平面线架造型中的几何元素绘制方法，可为今后绘制零件图带来很大方便。

此外还应准确完成零件图的正确保存和调用。

【任务步骤】

1）启动“新建”命令，打开如图 5-2 所示“新建”对话框，选择软件中默认的“*.mxe”文件，然后确定。

2）启动“保存”命令，打开图 5-3 所示“保存”对话框，选择保存类型为“CAXA 制造工程师图形文件（*.mxe）”，输入文件名“零件图”后，选择合适路径保存。

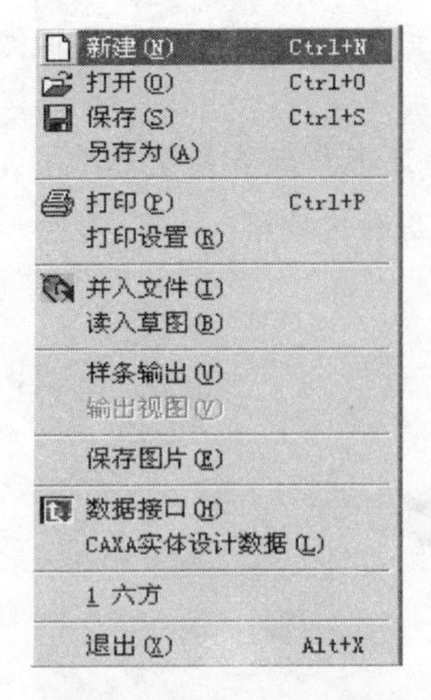

图 5-2 “新建”对话框

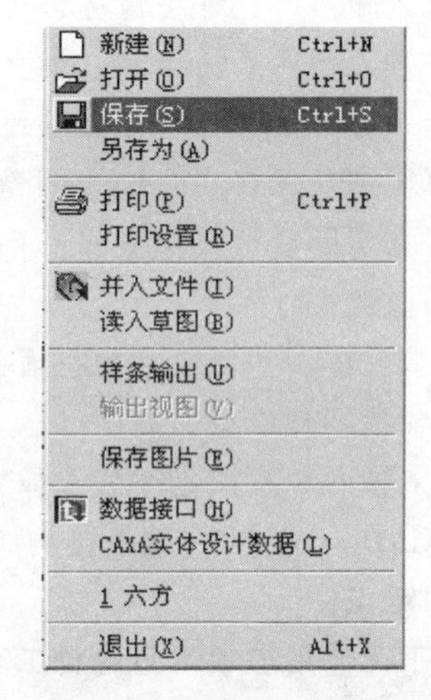

图 5-3 “保存”对话框

3）设置绘图单位和精度，并建立好图层。

4）图形中心线的绘制。

方法一：先绘制水平线再绘制铅垂线。

① 水平线。生成平行于当前平面坐标轴的给定长度的直线。

选择直线绘制方式为“水平”，在指定水平线的长度，指定坐标原点为直线中点，生成一条水平线，如图 5-4 所示。

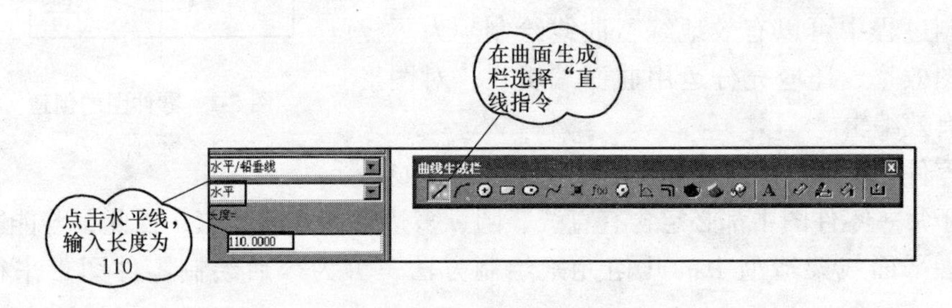

图 5-4 “水平线”对话框

② 铅垂线。生成垂直于当前平面坐标轴的给定长度的直线。

选择直线绘制方式为“铅垂”，在指定垂直线的长度，指定坐标原点为直线中点，生成一条铅垂线。

方法二：水平+铅垂线。

生成平行或垂直于当前平面坐标轴的给定长度的直线。

选择直线绘制方式为“水平/铅垂线”，再指定绘制水平/铅垂线，并设置长度值，指定坐标原点为直线中点，生成中心线，如图 5-5 所示。

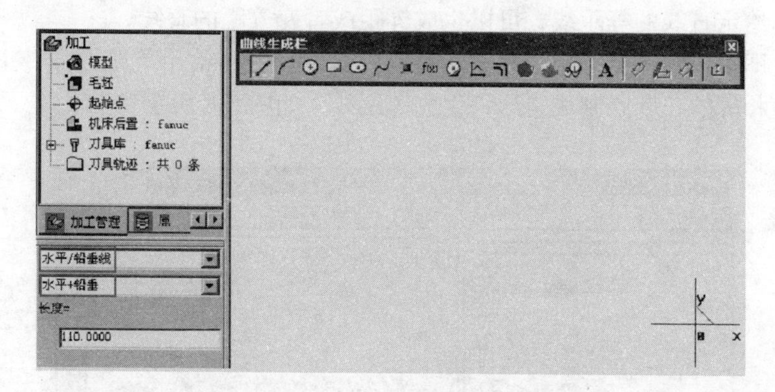

图 5-5 “水平+铅垂线”对话框

5）矩形的绘制。

方法一：利用“中心_长_宽”功能绘制矩形。

选择矩形绘制为“中心_长_宽”输入长度和宽度尺寸值，再拾取一个中心点来绘制矩形，如图 5-6 所示。

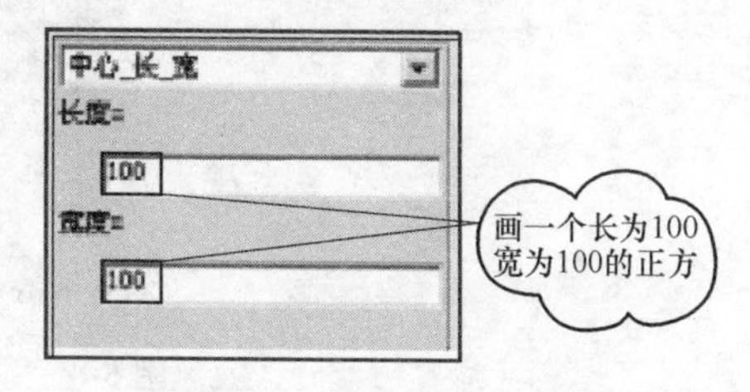

图 5-6 “中心_长_宽”对话框

方法二：利用“两点矩形”功能绘制矩形。

给定两点绘制矩形，直接在图形上绘制两点生成矩形，如图 5-7 所示。

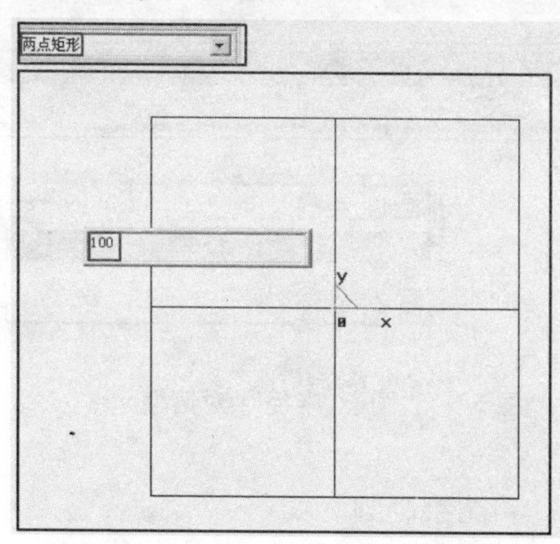

图 5-7 “两点矩形”对话框

方法三：利用“等距”功能绘制矩形。

绘制给定直线的等距线，可以生成等距或者变等距的直线。

在立即菜单中选择等距，并输入距离，拾取直线，给出等距方向，上下左右分别等距相等的长度绘制成矩形，生成等距线，如图 5-8 所示。

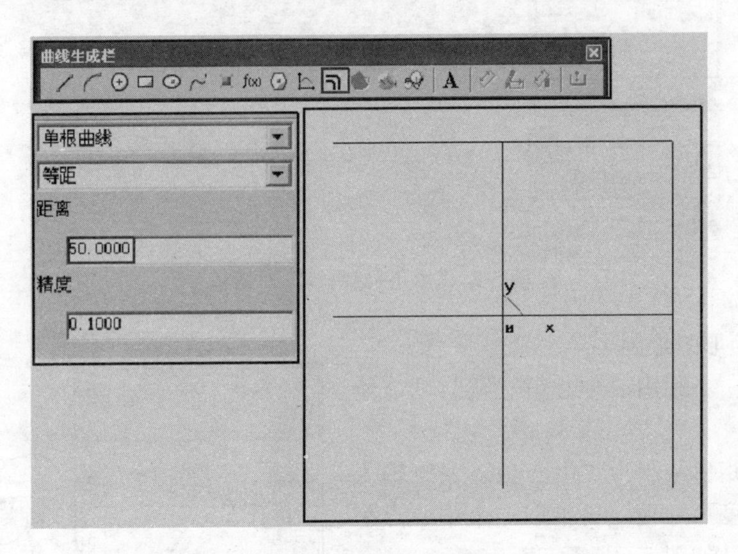

图 5-8 “等距”对话框

6）圆的绘制。

方法一：利用“圆心_半径”功能绘圆。

指定圆心点，再指定圆上一点或输入半径，生成圆，如图 5-9 所示。

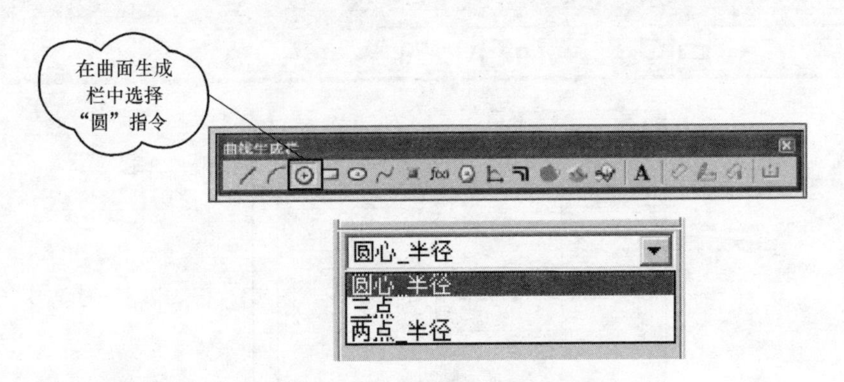

图 5-9 “圆心_半径”对话框

方法二：利用“三点”功能绘制圆。

指定第一点、第二点、第三点，生成一个通过这三点的圆，如图 5-10 所示。

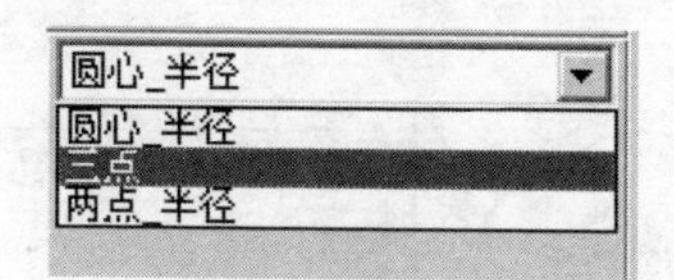

图 5-10 “三点”对话框

方法三：利用“两点_半径”功能绘制圆。

给出第一点、第二点，再指定第三点或给出半径生成圆，如图 5-11 所示。（但是与三点不同的是两点可以输入半径。）

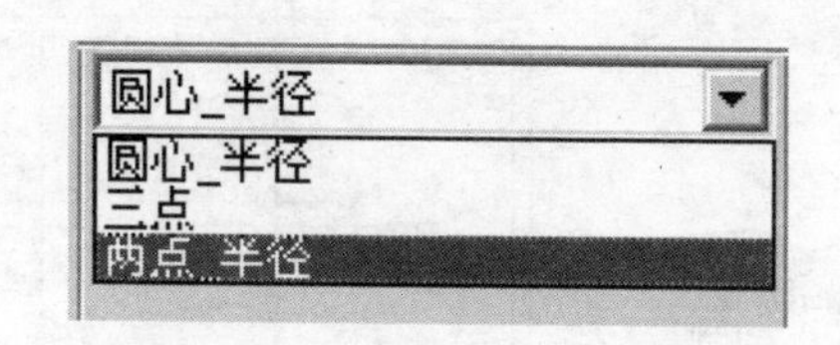

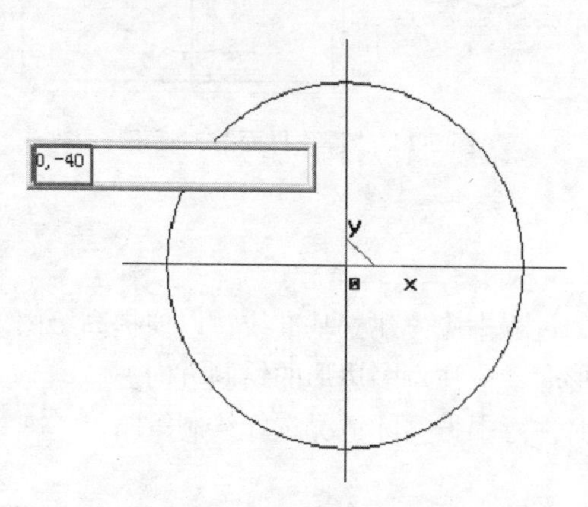

图 5-11 “两点_半径”对话框

7）六边形的绘制。利用“多边形”功能绘制六边形如图 5-12 所示。

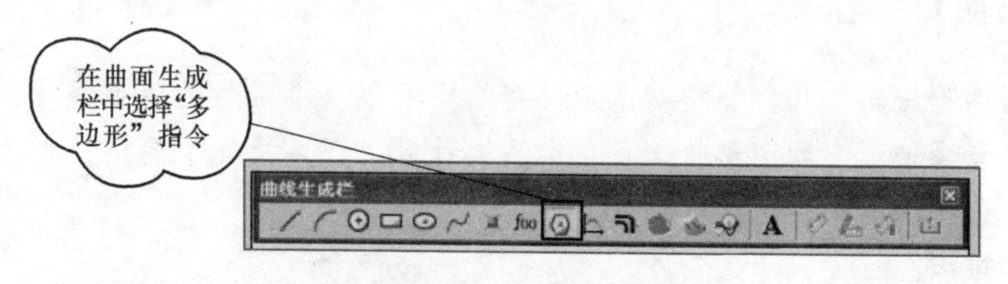

图 5-12 “多边形”对话框

选择“边”，输入边数；输入边的起点和中点，生成正六边形，在立即菜单中选择“中心”选择内接（或外接）输入边数，拾取中心点或边的中点，生成正六边形，如图 5-13 和图 5-14 所示。

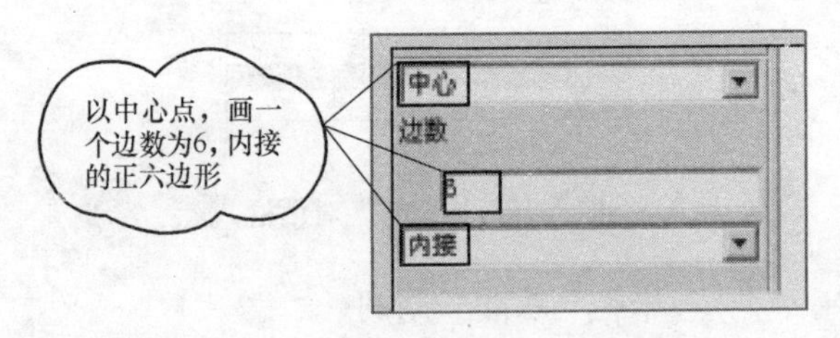

图 5-13 “多边形参数”对话框

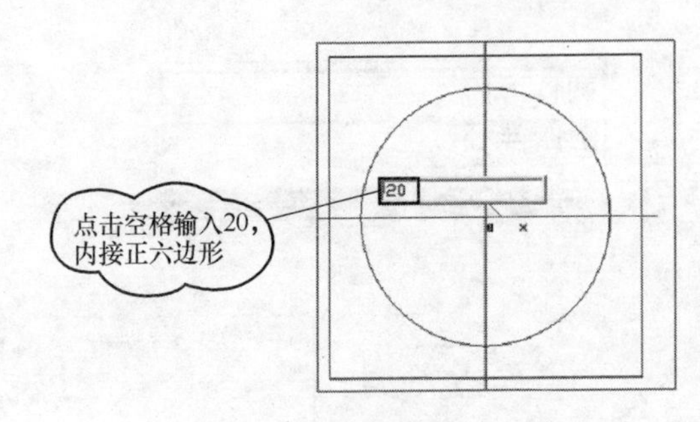

图 5-14 “操作界面”对话框

【注意事项】

1）在绘制图形的过程中应先建立基准线，以便提高绘图效率。

2）在绘制多边形时，应注意多边形的绘制方向。

3）在绘制圆形时注意根据实际情况选择绘制策略。

项目 2 图形编辑与几何变换功能的应用

【阐述说明】

掌握图形编辑与几何变换功能是提高绘图效率及准确性的重要途径，可以有效地绘制复杂造型上的图形特征。在产品设计时，许多情况下要用图形编辑与几何变换功能处理图形，优化图形。

学习重点：

1）掌握各种图形编辑指令的用法。

2）掌握各种几何变换指令的用法。

3）能够利用图形编辑与几何变换功能优化图形。

学习难点：

1）正确使用各项图形编辑工具。

2）正确使用各项几何变换工具。

3）顺利绘制出便于进行CAM的CAD图形。

【任务描述】

创建并保存*.mxe文件。在新建文件中完成零件图的创建。零件图如图5-15所示。

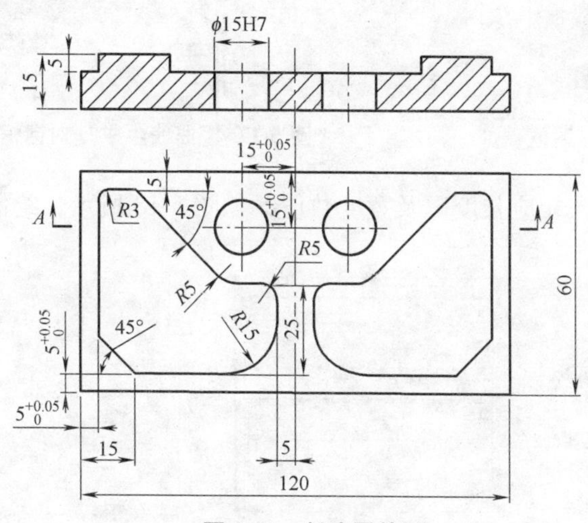

图5-15 创建零件图

【任务分析】

零件图中包含各种圆弧过渡、尖角过渡以及相切线的绘制，在绘制过程中可以有效地练习曲线编辑功能。为了提高绘图效率，还应充分运用几何变换功能，对图形进行有效编辑。

零件图中的图形有些是相同的，利用几何变换功能中的镜像功能将相同图形进行镜像，这样可以大大提高绘图的效率，为今后绘制零件图带来很大方便。

此外还应准确完成零件图的正确保存和调用。

【任务步骤】

1）启动“新建”命令，打开如图5-16所示“新建”对话框，选择软件中默认的“*.mxe”文件，然后确定。

2）选择“造型”命令，打开如图5-17所示“曲线生成”对话框，选择“矩形”选项，然后确定。

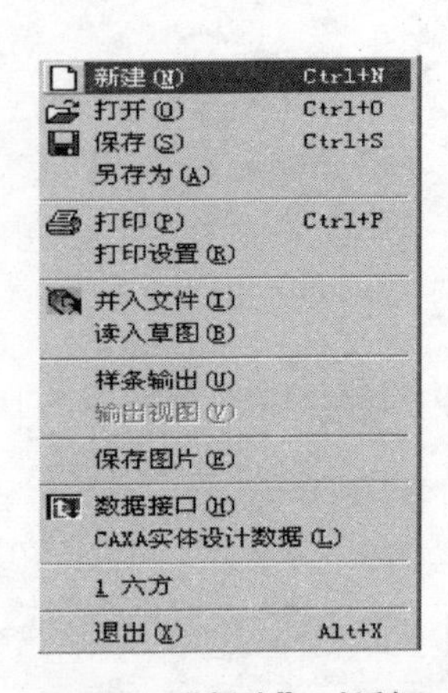

图 5-16 “新建”对话框

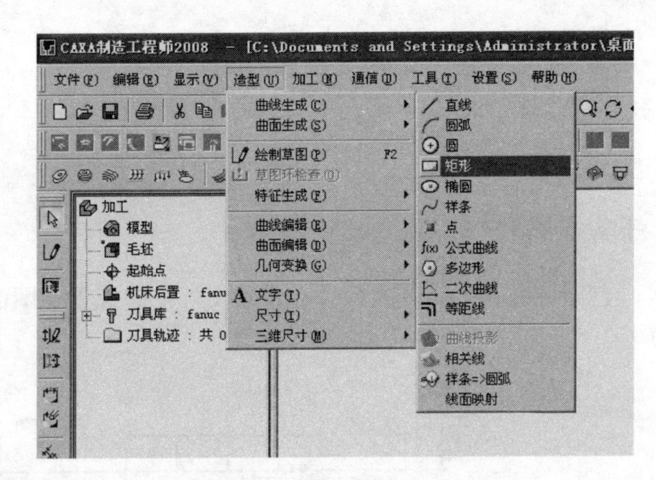

图 5-17 “曲线生成”对话框

在对话框中输入相应长度以及宽度数值，如图 5-18 所示，绘制出矩形图形。

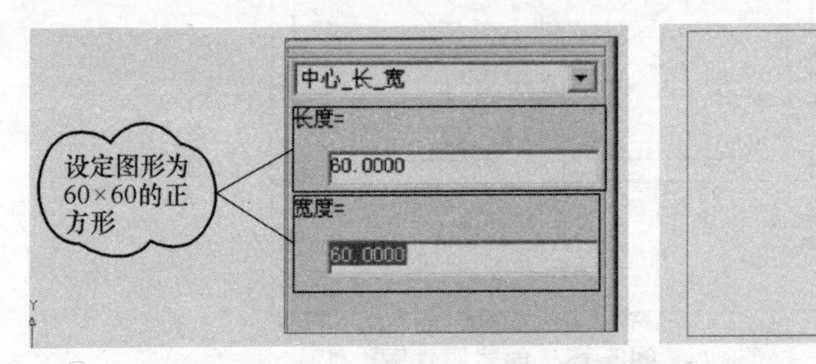

图 5-18 “矩形”对话框

3）选择“造型”命令，打开如图 5-19 所示“曲线生成”对话框，选择“等距线”选项，然后确定。

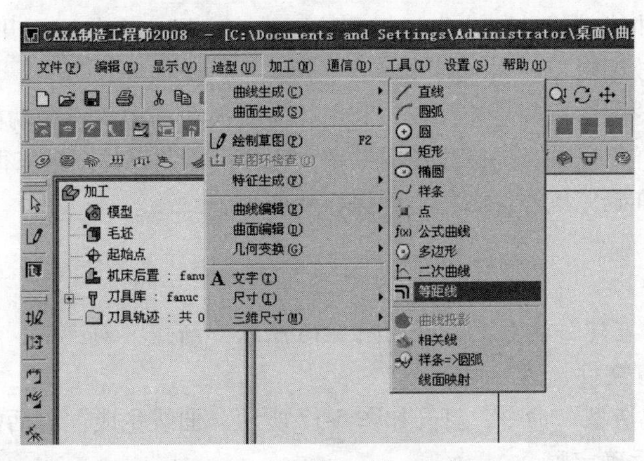

图 5-19 “曲线生成”对话框

在对话框中输入相应等距距离数值，如图 5-20 所示，绘制出等距曲线，等距后的图形如图 5-21 所示（红线为选中元素）。

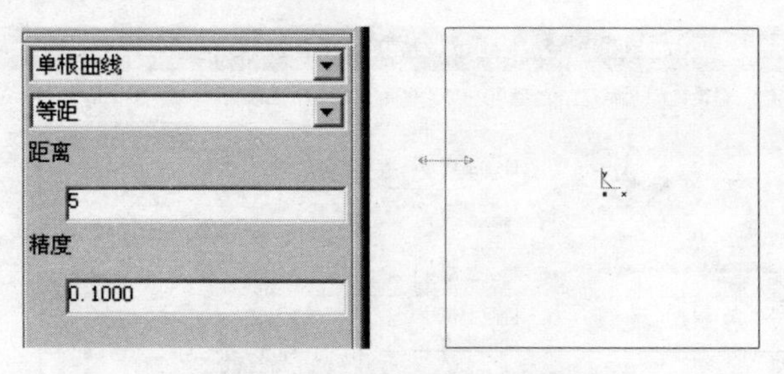

图 5-20　“等距线”对话框

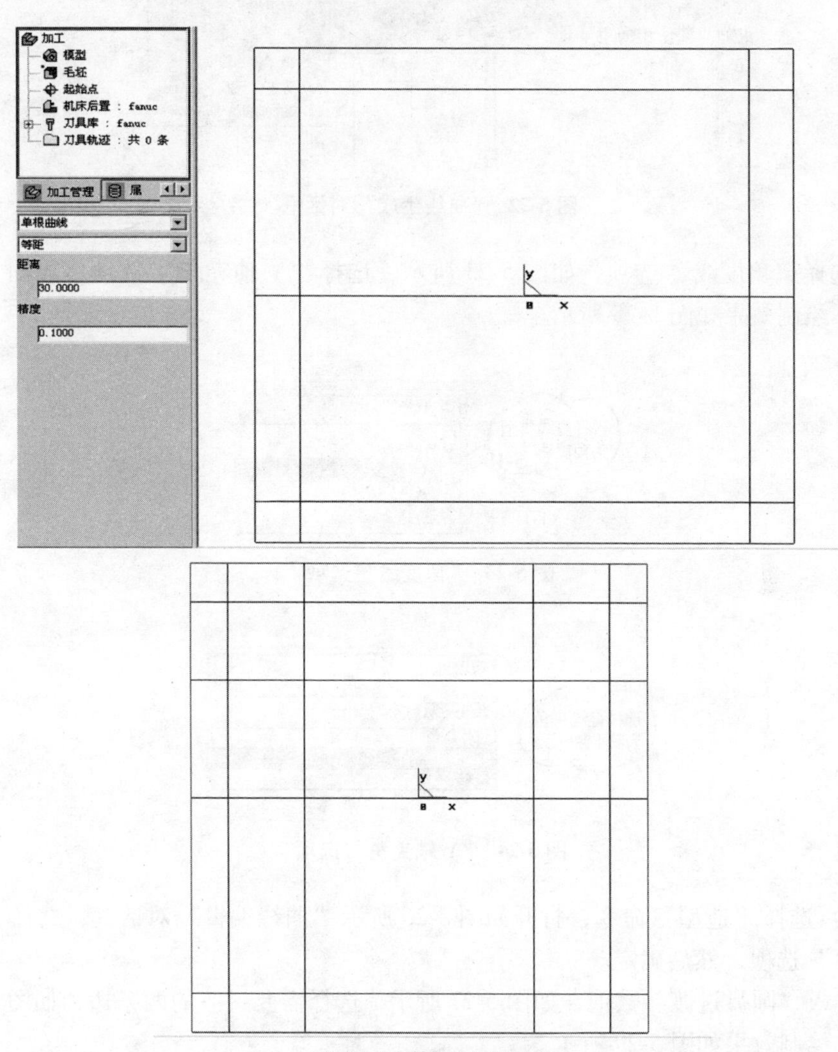

图 5-21　等距后的图形

4）选择“造型”命令，打开如图 5-22 所示“曲线生成”对话框，选择“直线”选项，然后确定。

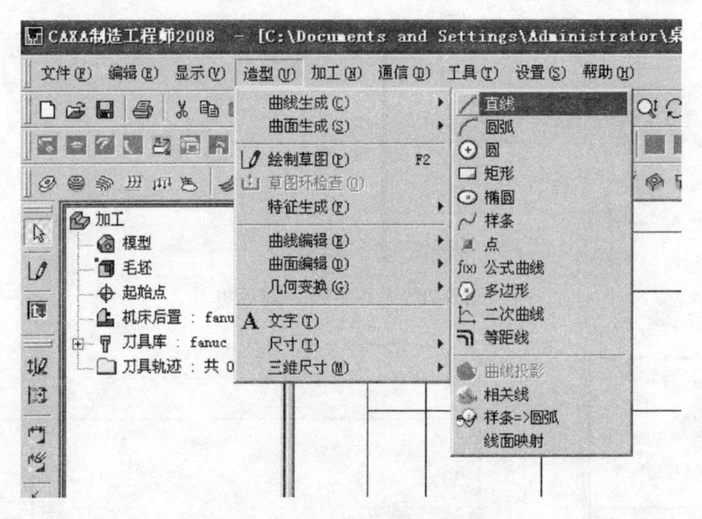

图 5-22 “曲线生成”对话框

选择“角度线”选项，如图 5-23 所示，选择“Y 轴夹角”选项，如图 5-24 所示，绘制效果如图 5-25 所示。

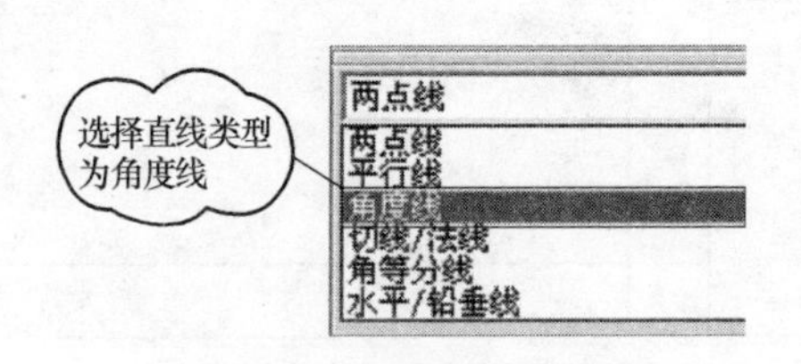

图 5-23 “角度线”选项

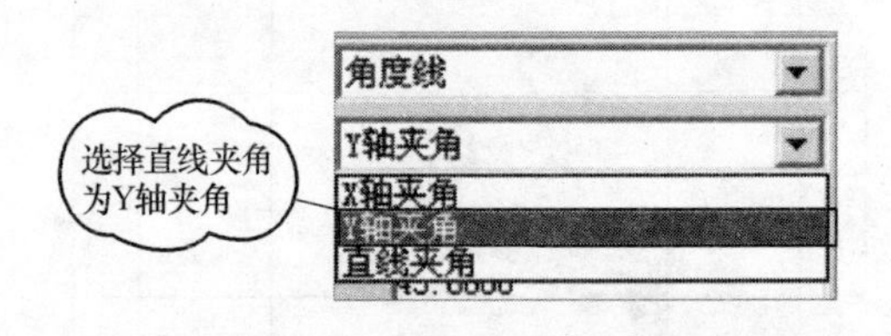

图 5-24 “Y 轴夹角”选项

5）选择“造型”命令，打开如图 5-26 所示“曲线编辑”对话框，选择“曲线过渡”选项，然后确定。

输入“圆弧过渡”数值，如图 5-27 所示，选择需要过渡的两条边，如图 5-28 所示，绘制效果如图 5-29 所示。

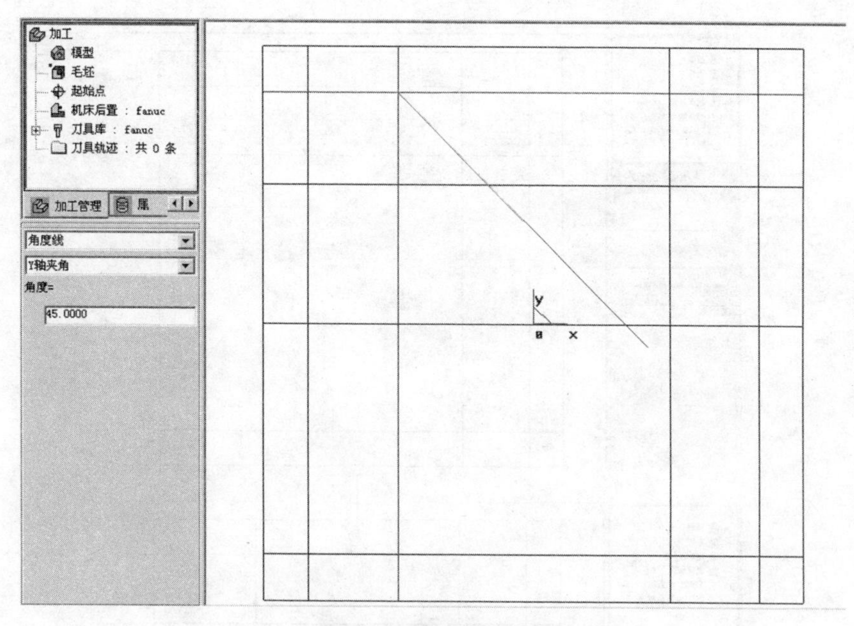

图 5-25　绘制直线效果

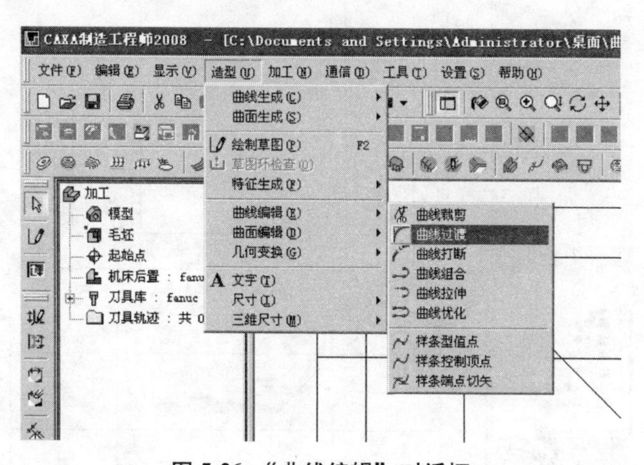

图 5-26　“曲线编辑”对话框

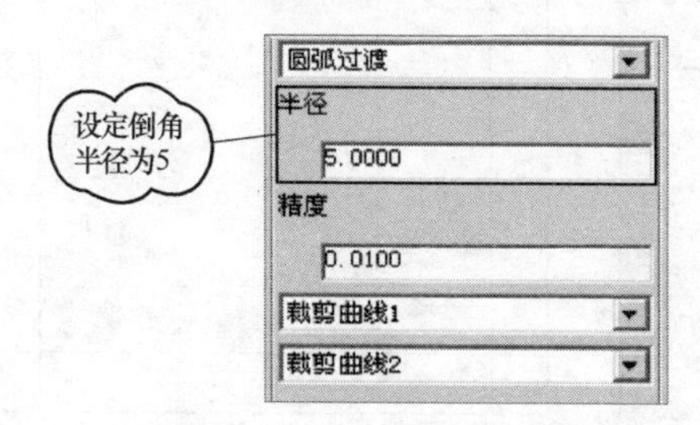

图 5-27　“曲线过渡”对话框

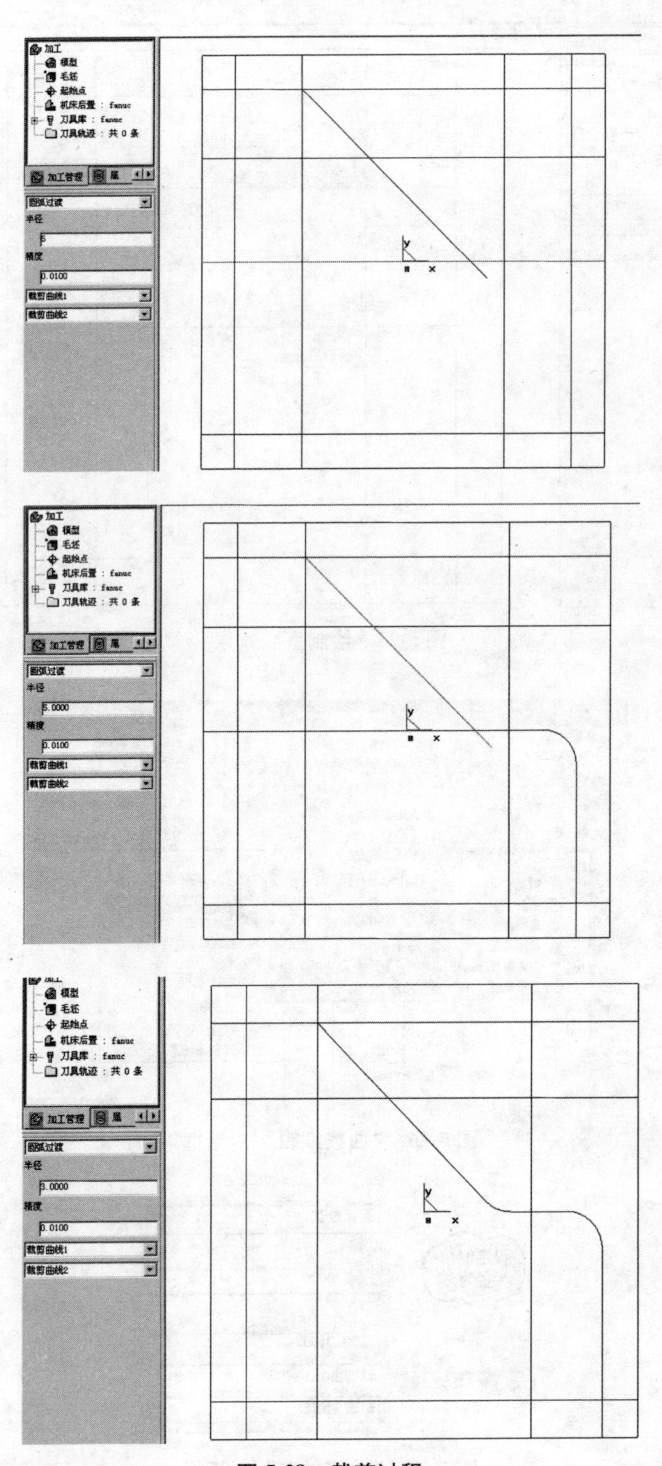
加工
模型
毛坯
起始点
机床后置 : fanuc
刀具库 : fanuc
刀具轨迹 : 共 0 条
加工管理
圆弧过渡
半径
5
精度
0.0100
裁剪曲线1
裁剪曲线2
加工
模型
毛坯
起始点
机床后置 : fanuc
刀具库 : fanuc
刀具轨迹 : 共 0 条
加工管理
圆弧过渡
半径
5.0000
精度
0.0100
裁剪曲线1
裁剪曲线2
模型
毛坯
起始点
机床后置 : fanuc
刀具库 : fanuc
刀具轨迹 : 共 0 条
加工管理
圆弧过渡
半径
3.0000
精度
0.0100
裁剪曲线1
裁剪曲线2

图 5-28　裁剪过程

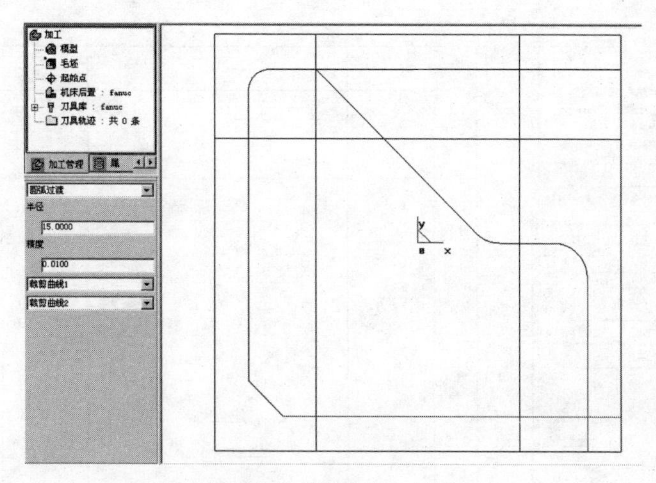

图 5-28　裁剪过程（续）

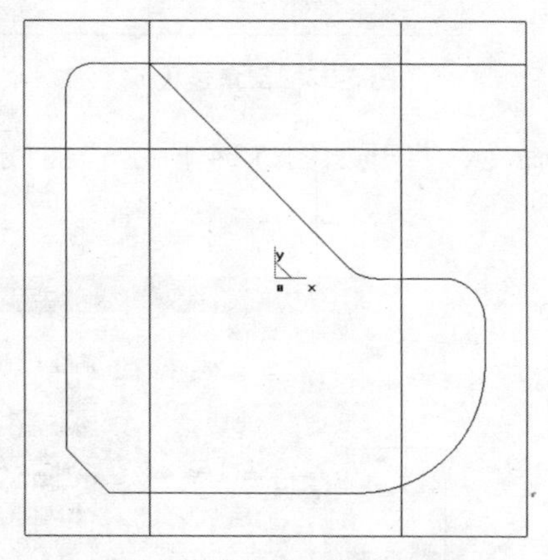

图 5-29　“曲线过渡”效果

选择“倒角”选项，如图 5-30 所示，输入“倒角”数值，如图 5-31 所示，选择需要过渡的两条边，如图 5-32 所示，绘制效果如图 5-33 所示。

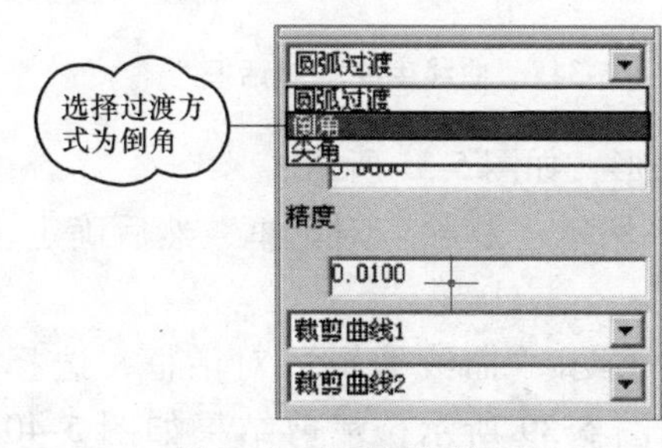

图 5-30　“倒角”选项

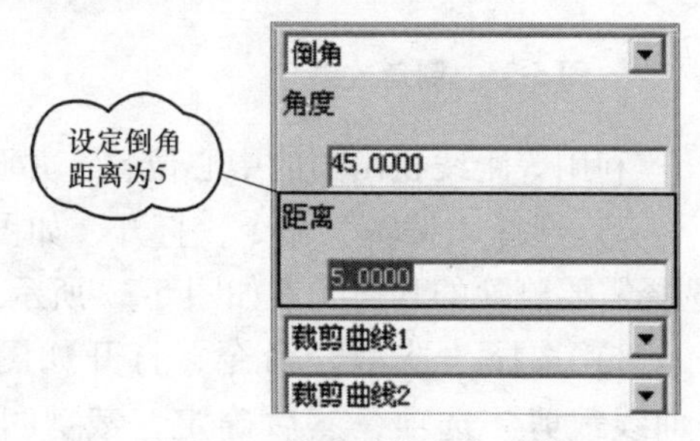

图 5-31　输入“倒角”数值

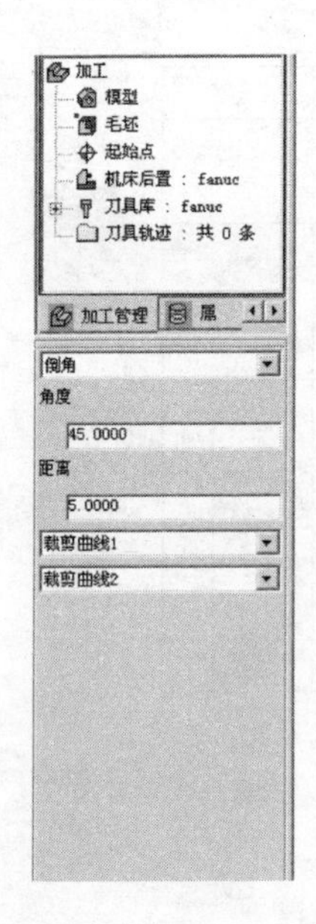

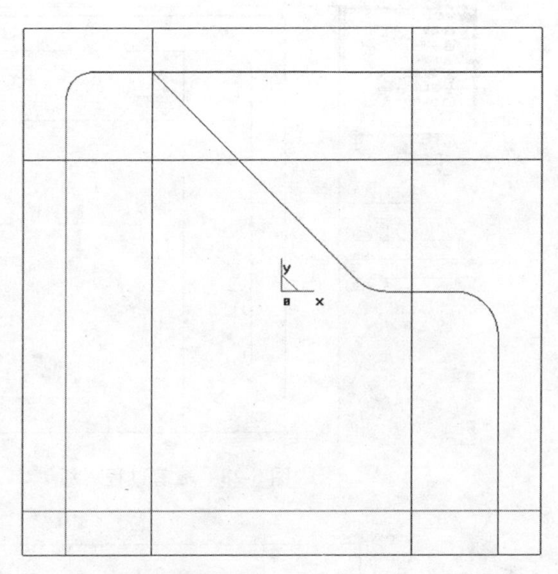

图 5-32　倒角过程

6）选择“造型”命令，打开如图 5-34 所示“曲线生成”对话框，选择“圆”选项，然后确定。

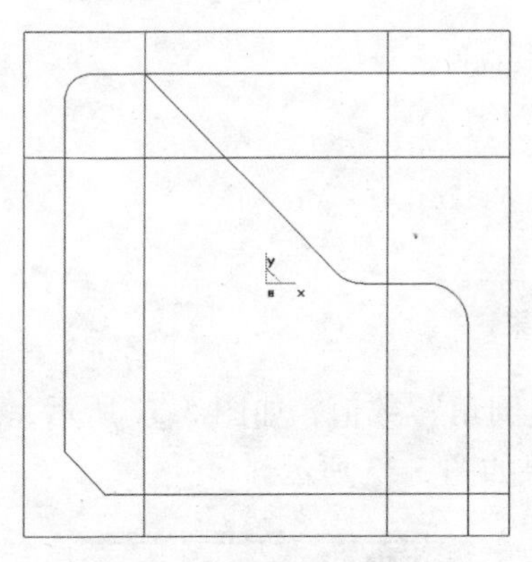

图 5-33　倒角效果

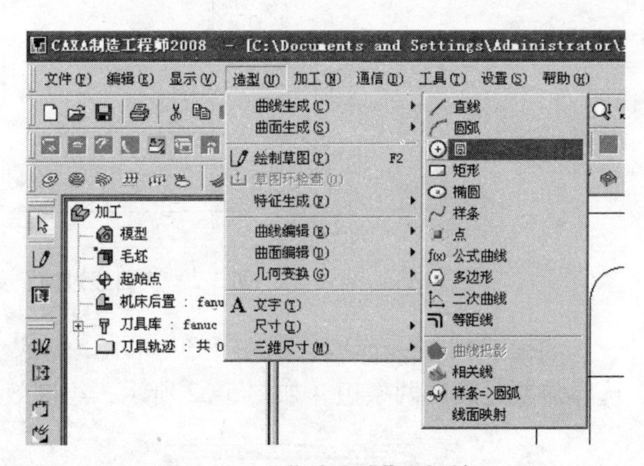

图 5-34　“曲线生成”对话框

利用等距线找出圆的中心位置，并画出圆形，如图 5-35 所示。

7）选择“编辑”命令，打开，如图 5-36 所示“删除”对话框，然后确定。选择需要删除的几何元素如图 5-37 所示。

8）选择“造型”命令，打开如图 5-38 所示“曲线编辑”对话框，选择“曲线裁剪”选项，然后确定，裁剪过程如图 5-39 所示，裁剪结果如图 5-40 所示。

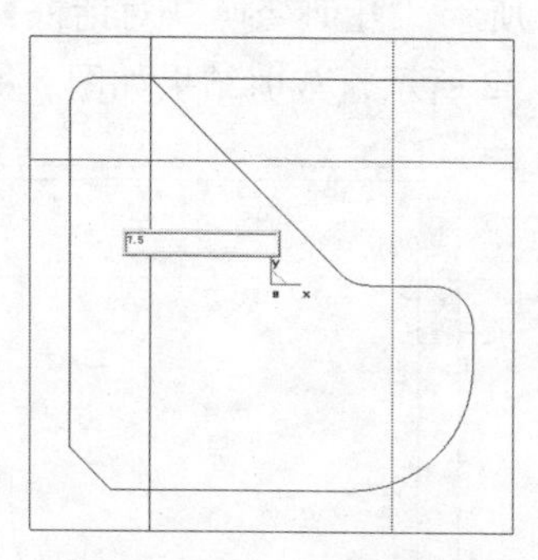

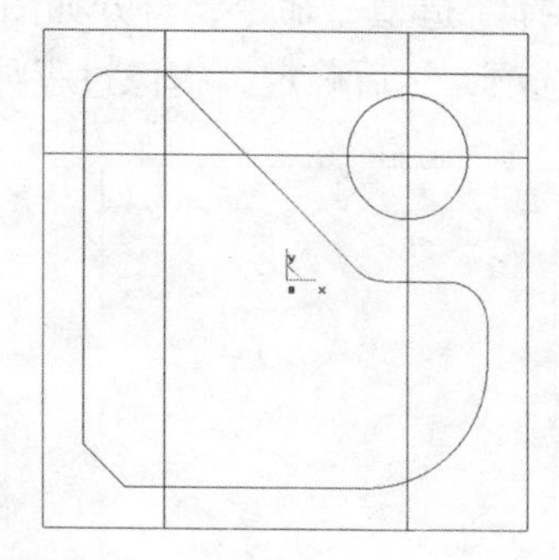

图 5-35　绘制圆形过程

图 5-36　“删除”对话框

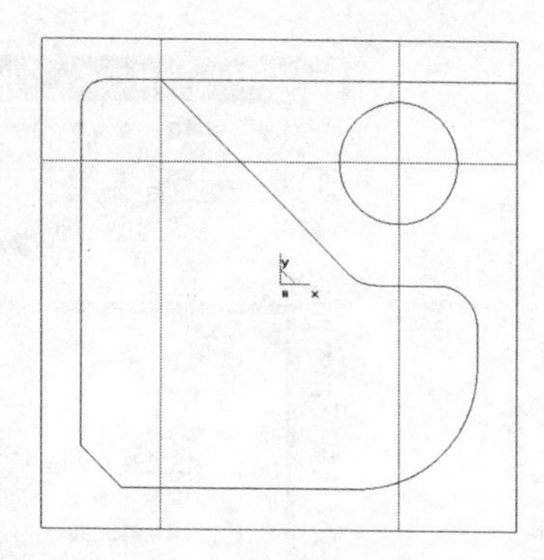

图 5-37　“删除”过程

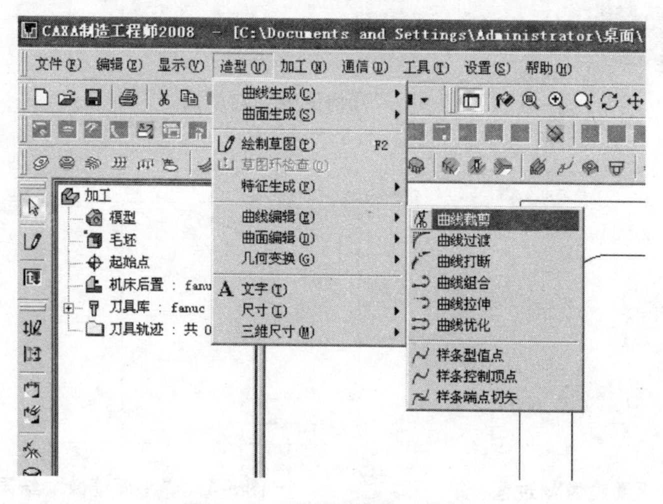

图 5-38　“曲线编辑”对话框

9）选择“造型”命令，打开如图5-41所示“几何变换”对话框，选择“平面镜像”选项，然后确定，镜像过程如图5-42所示，裁剪结果如图5-43所示。

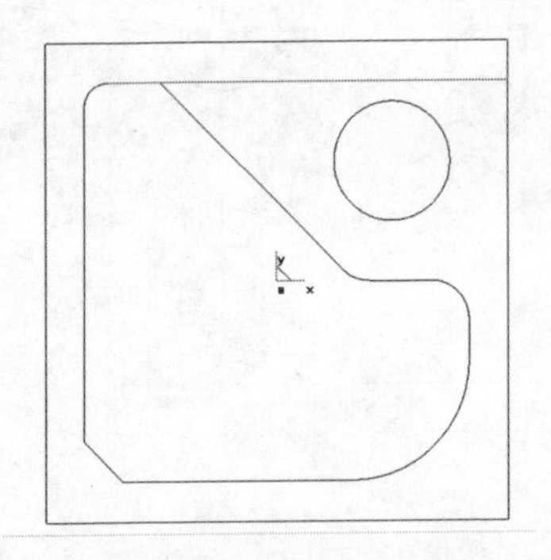

图5-39 “曲线裁剪”过程

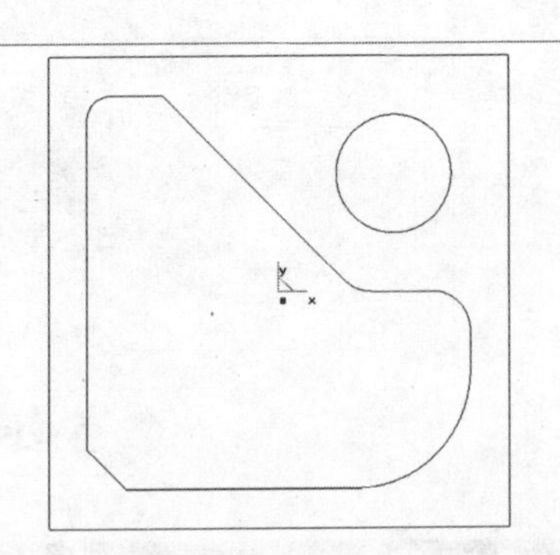

图5-40 “曲线裁剪”结果

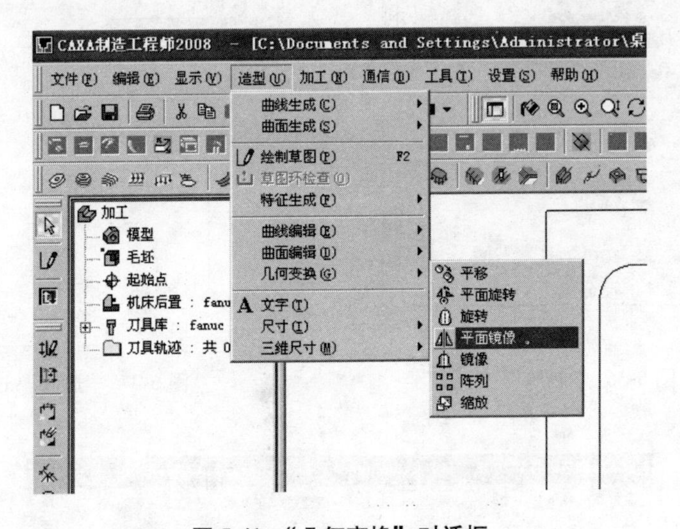

图5-41 “几何变换”对话框

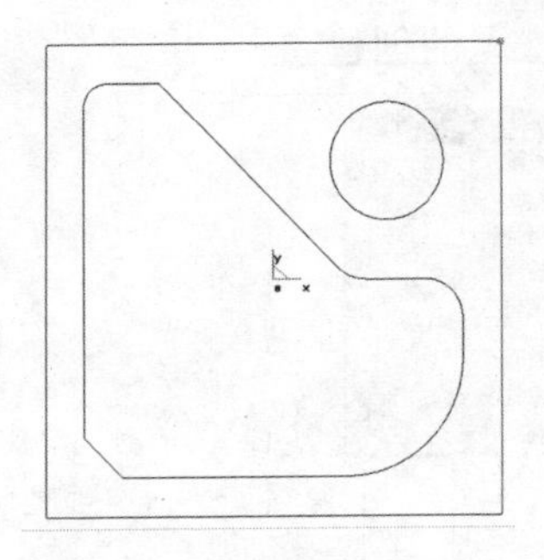

图5-42 “平面镜像”过程

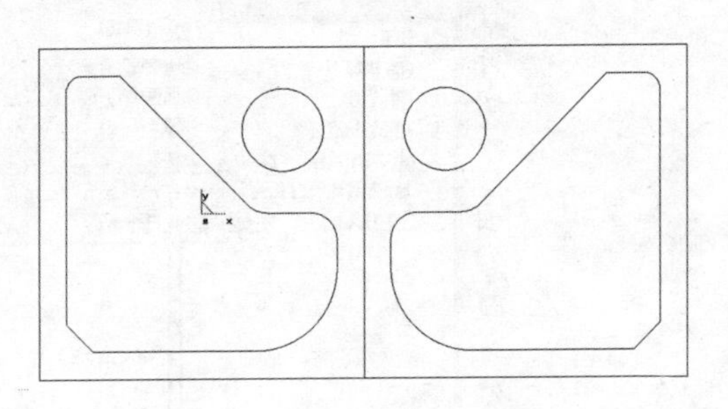

图5-43 “平面镜像”结果

【注意事项】

1）在进行圆弧过渡时，应注意选取的边界对象是否正确。

2）在进行曲线裁剪时，应注意裁剪线与保留线的区别。

3）在进行几何变换时，应根据图形实际情况选择变换策略。

• 项目3 绘制零件的曲面造型图 •

【阐述说明】

绘制零件曲面造型图是绘制复杂零件的基础，掌握了零件曲面造型图的绘制方法可以有效地绘制各种复杂的图形特征。特形面以及各种曲面造型是经常遇见的。曲面造型图的绘制过程中可以利用许多建立曲面的方法，在建立曲面的过程中，还应熟练运用曲面编辑功能提高绘图效率以及准确性。

曲面造型图一般保存在 CAXA 制造工程师指定目录下，一般保存格式为 *. mxe。操作者可以根据实际使用情况更改保存路径，以便提高查找效率。

学习重点：

1）掌握各种曲面所需线架的绘制方法。

2）掌握各种曲面的建立方法。

3）掌握各种曲面编辑的方法。

4）CAD 与 CAM 有效衔接的绘制思路。

学习难点：

1）正确使用各项曲面编辑工具。

2）正确有效地绘制出便于进行 CAM 的 CAD 图形。

【任务描述】

创建并保存 *. mxe 文件。在新建文件中完成零件图的创建。零件图如图 5-44 所示。

【任务分析】

零件图中包含各种曲面元素，在绘制过程中可以有效地练习绘制曲面工具。为了提高绘图效率，还应充分运用曲面编辑栏，对图形进行有效编辑。

零件图中建立曲面的方法不是每张零件图中必须全部使用的指令。但零件图中一旦要求绘制曲面，这些曲面建立方法就显得尤为重要了。因此，若能够熟练掌握曲面造型中的曲面建立方法，可为今后绘制零件图带来很大方便。此外，还

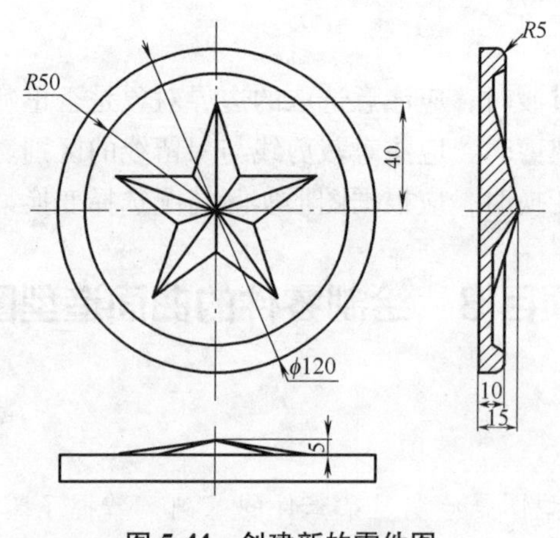

图 5-44　创建新的零件图

应准确完成零件图的正确保存和调用。

【任务步骤】

1）启动“新建”命令打开如图 5-45 所示“新建”对话框，选择软件中默认的“*. mxe”文件，然后确定。

2）根据图样要求绘制图形线架，之后启动“造型” 命令，打开如图 5-46 所示“曲面生成”对话框，选择“平面”选项，然后确定。

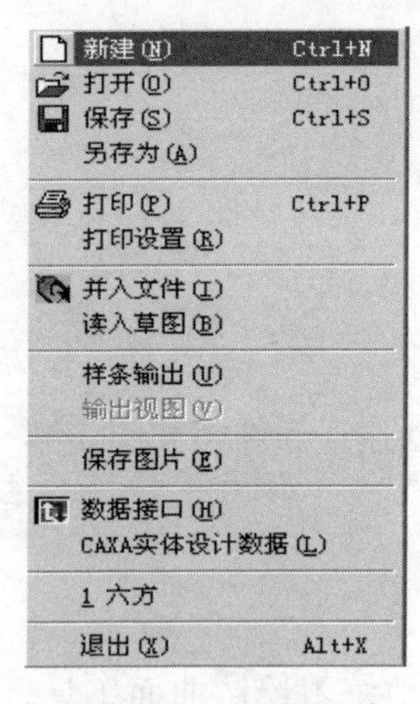

图 5-45　“新建”对话框

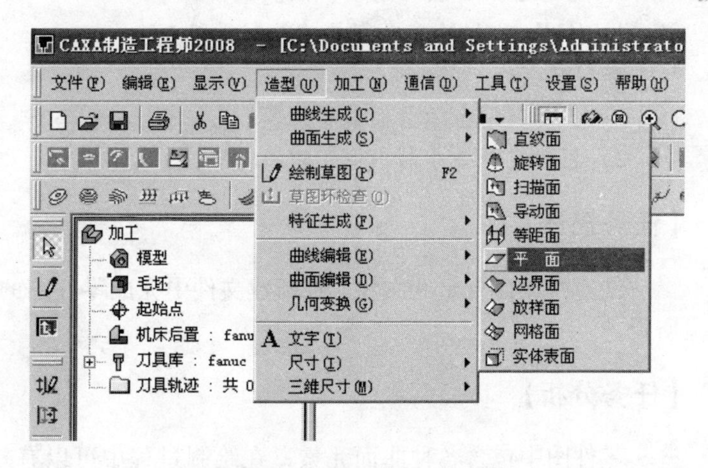

图 5-46　“曲面生成”对话框

选择平面边界线，如图 5-47 所示，平面建立效果如图 5-48 所示。

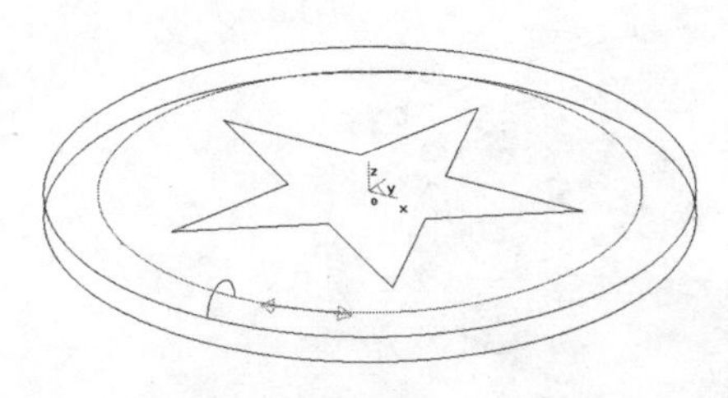

图 5-47　平面建立过程

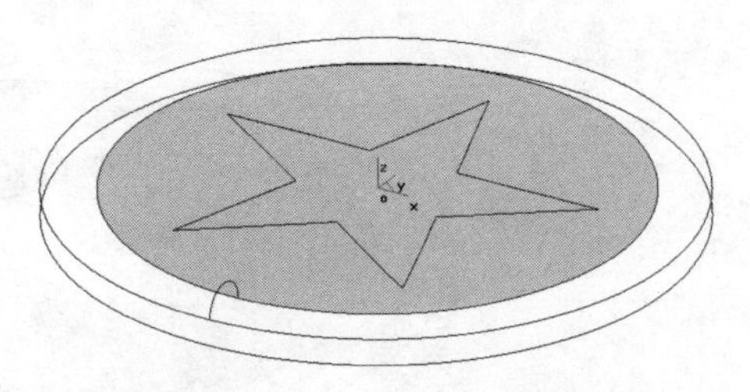

图 5-48　平面建立效果

3）裁剪五角星形状，启动“造型”命令，打开如图 5-49 所示“曲面编辑”对话框，选择“曲面裁剪”选项，然后确定。

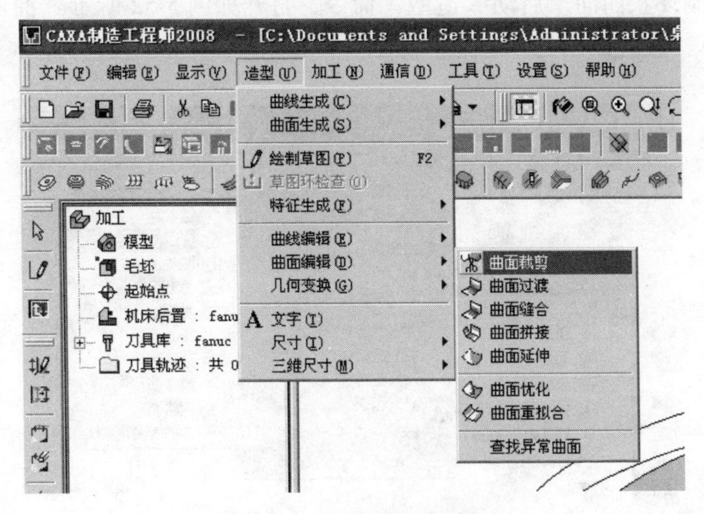

图 5-49 “曲线编辑”对话框

按空格键选择裁剪方向，如图 5-50 所示，裁剪效果如图 5-51 所示。

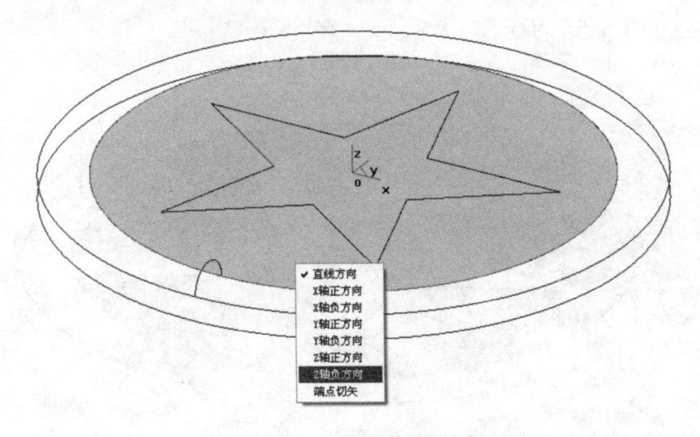

图 5-50　曲线裁剪过程

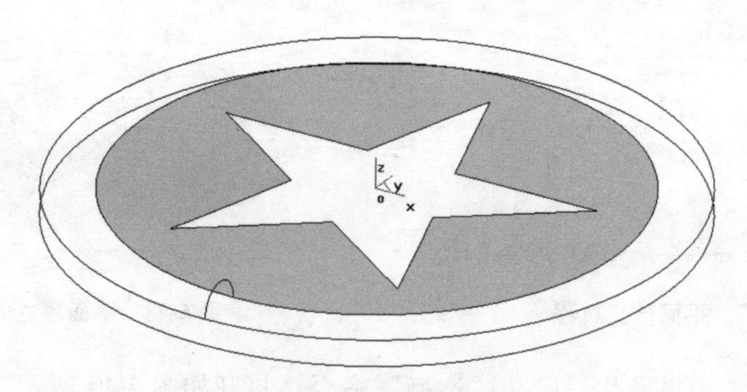

图 5-51　曲线裁剪效果

4）绘制环状曲面，启动“造型”命令，打开如图 5-52 所示“曲面生成”对话框，选择“旋转面”选项，然后确定。

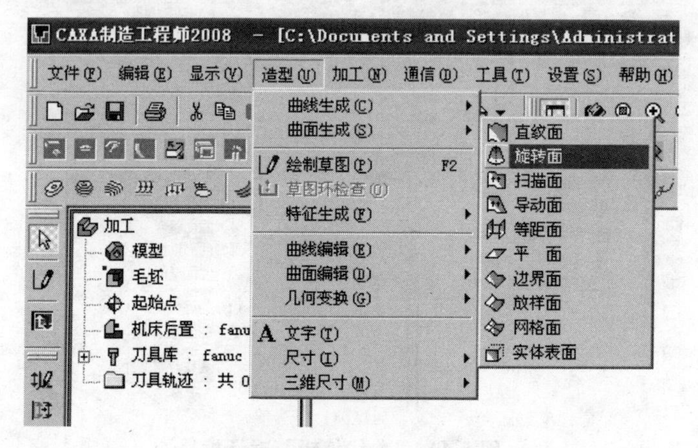

图 5-52　“曲面生成”对话框

选择旋转轴以及旋转方向，如图 5-53 所示，再选择截面轮廓，如图 5-54 所示，旋转面效果如图 5-55 所示。

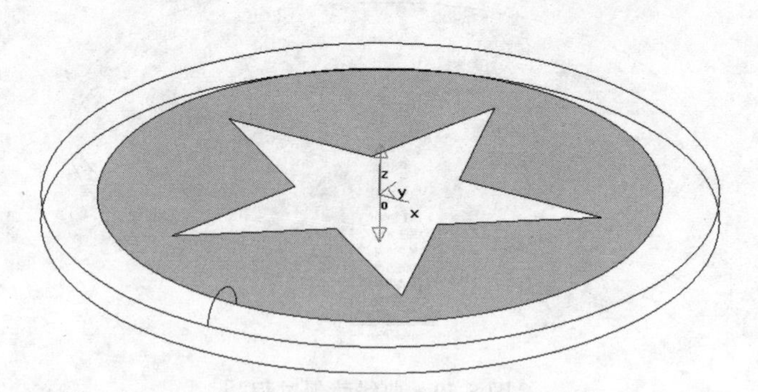

图 5-53　选择旋转轴以及旋转方向

图 5-54 选择截面轮廓

图 5-55 旋转面效果

5）绘制五角星五条棱线，如图 5-56 所示。启动“造型”命令，打开如图 5-57 所示“曲面生成”对话框，选择“边界面”选项，然后确定。

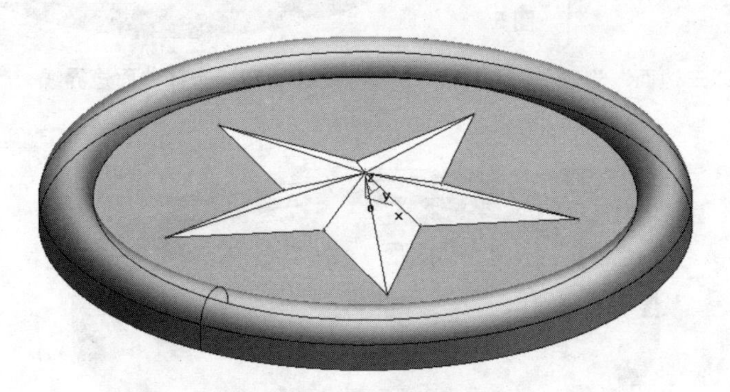

图 5-56 绘制五角星的棱线

选择“边界面”中的“三边面”选项，如图 5-58 所示，选择曲面边界线，如图 5-59 所示，曲面建立效果如图 5-60 所示。

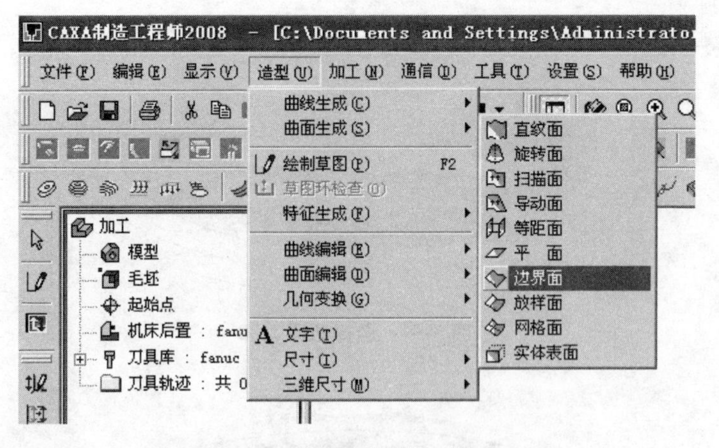

图 5-57 “曲面生成”对话框

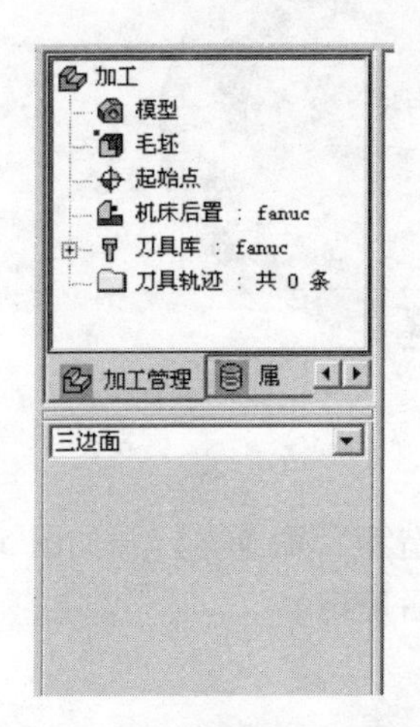

图 5-58 “三边面”选项

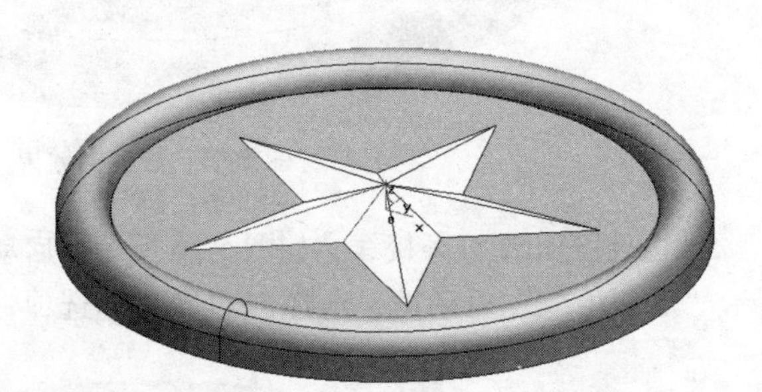

图 5-59 选择曲面边界线

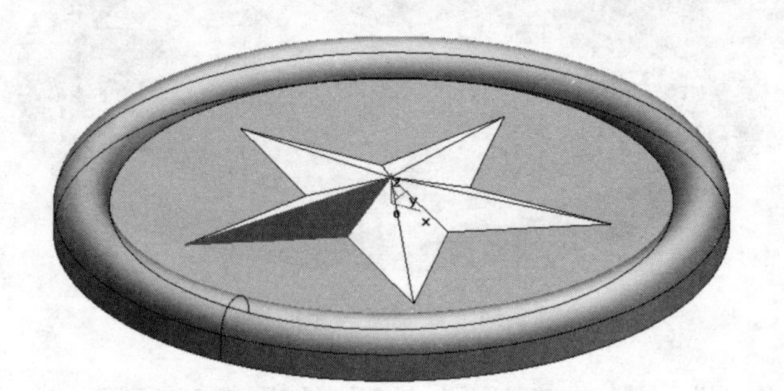

图 5-60 曲面建立效果

6）建立五角星剩余曲面，启动“造型”命令，打开如图5-61所示“几何变换”对话框，选择“阵列”选项，然后确定。

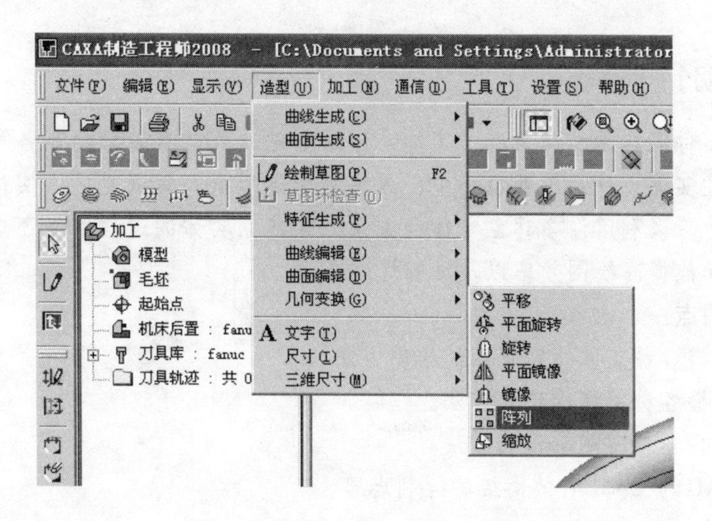

图5-61 “几何变换”对话框

选择阵列方式为“圆形”，输入阵列份数为“5”，如图5-62所示，阵列效果如图5-63所示。

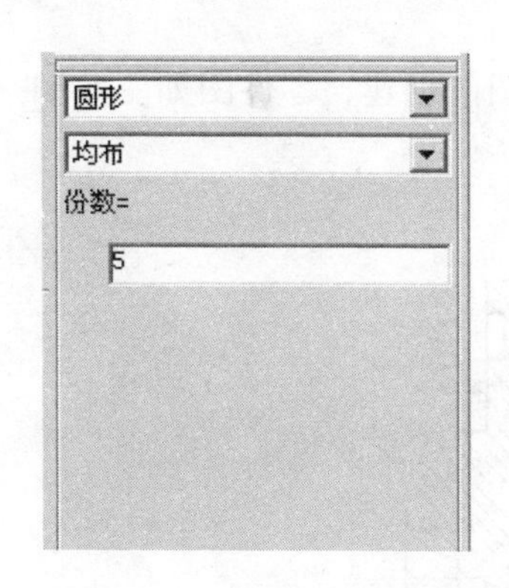

图5-62 “圆形阵列”选项

图5-63 “圆形阵列”效果

【注意事项】

1）在建立曲面特征前，应检查所建线架是否正确。

2）在建立曲面特征时，应注意曲面建立策略的选择是否正确。

3）在建立多个曲面特征时，应根据图形实际情况选择建立顺序。

• 项目4 绘制零件的实体造型图 •

【阐述说明】

绘制零件实体造型图是进行实体设计的基础，可以有效地绘制各种复杂的图形特征。在实体设计及工业设计中，各种实体造型是经常遇见的。实体造型图的绘制过程中可以利用许多建立实体的方法，在建立实体的过程中，还应熟练运用实体编辑功能提高绘图效率以及准确性。

学习重点：

1）掌握各种实体所需草图的绘制方法。

2）掌握各种实体的建立方法。

3）掌握各种实体编辑的方法。

4）CAD 与 CAM 有效衔接的绘制思路。

学习难点：

1）正确使用各项实体编辑工具。

2）正确有效地绘制出便于进行 CAM 的 CAD 图形。

【任务描述】

创建并保存*.mxe 文件。在新建文件中完成零件图的创建，零件图如图 5-64 所示。

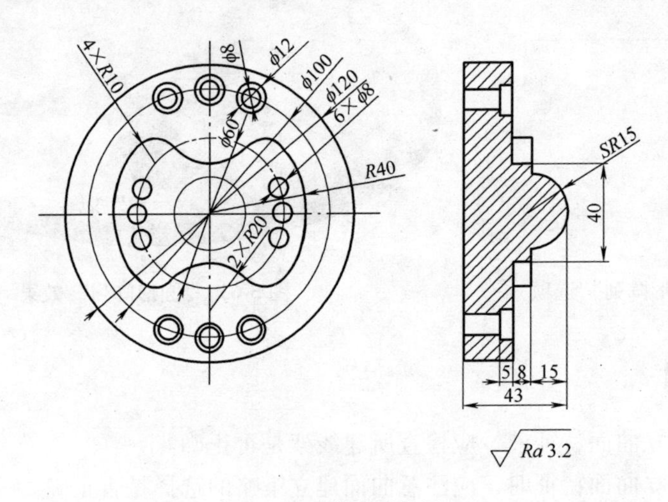

图 5-64 新建零件图

【任务分析】

零件图中包含各种实体元素，在绘制过程中可以有效地练习绘制实体工具。为了提高绘图效率，还应充分运用实体编辑栏，对图形进行有效编辑。

零件图中建立实体的方法不是每张零件图中必须全部使用到的指令。但零件图中一旦要求绘制实体，这些实体建立方法就显得尤为重要了。因此，若能够熟练掌握实体造型中的实体建立方法，可为今后绘制零件图带来很大方便。

此外还应准确完成零件图的正确保存和调用。

【任务步骤】

1）启动“新建”命令，打开如图5-65所示“新建”对话框，选择软件中默认的“*. mxe”文件，然后确定。

2）根据图样要求绘制图形草图，之后启动“造型”命令，打开如图5-66所示“曲线生成”对话框，选择“曲线投影”选项，然后确定。

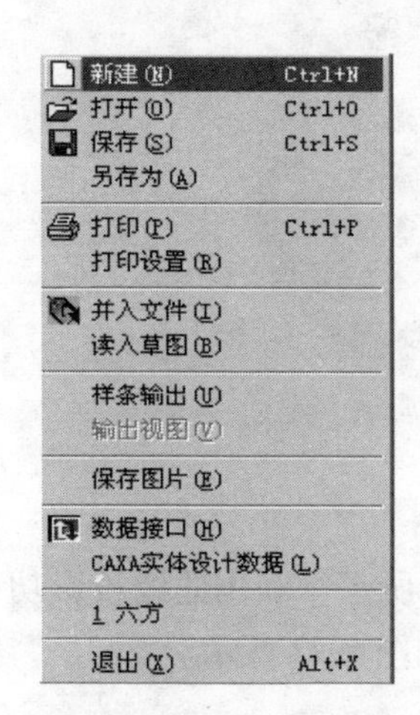

图5-65　“新建”对话框

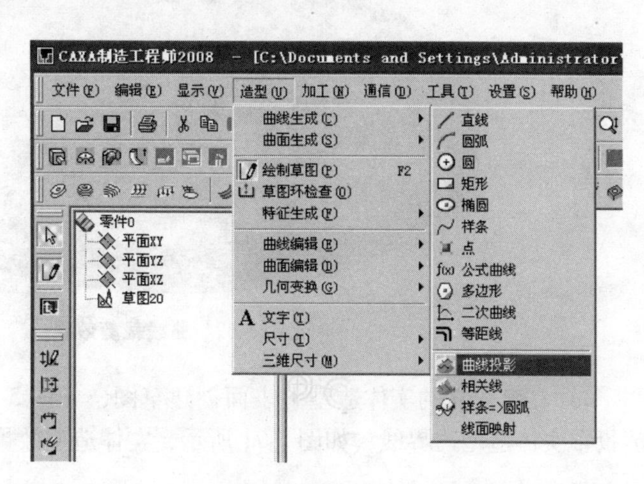

图5-66　“曲线生成”对话框

选择投影曲线，建立草图，如图5-67所示。

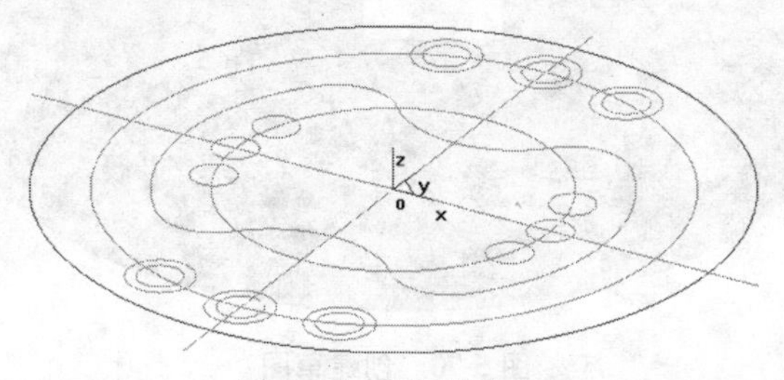

图5-67　草图的建立

3）启动“拉伸增料”命令，打开如图 5-68 所示“拉伸增料”对话框，输入相应数值。曲线裁剪效果如图 5-69 所示。

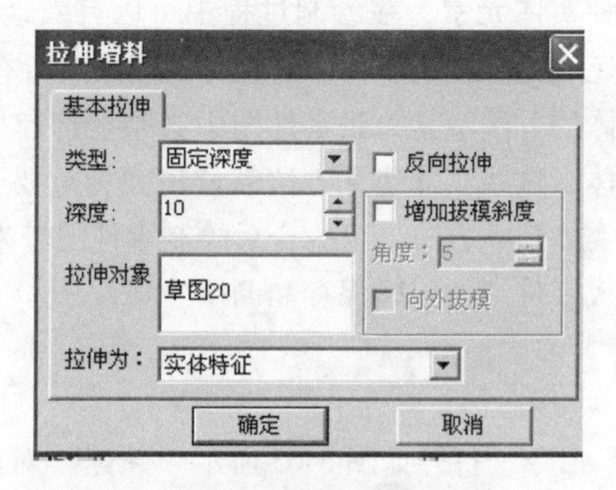

图 5-68 “拉伸增料”对话框

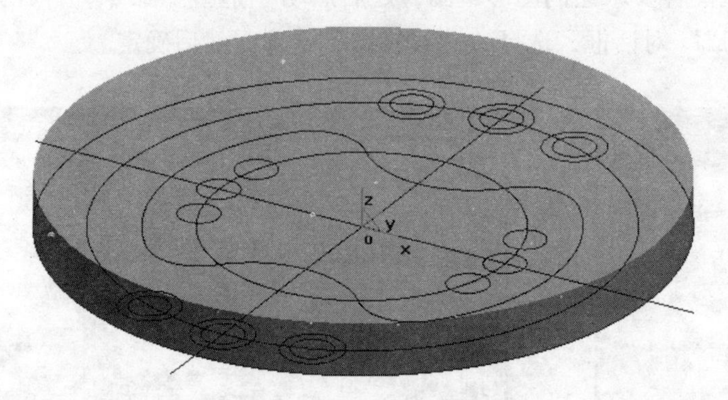

图 5-69 曲线裁剪效果

4）在已建立的实体造型上表面创建草图，如图 5-70 所示，利用曲线投影功能投影实体造型边界线，如图 5-71 所示，实体造型效果如图 5-72 所示。

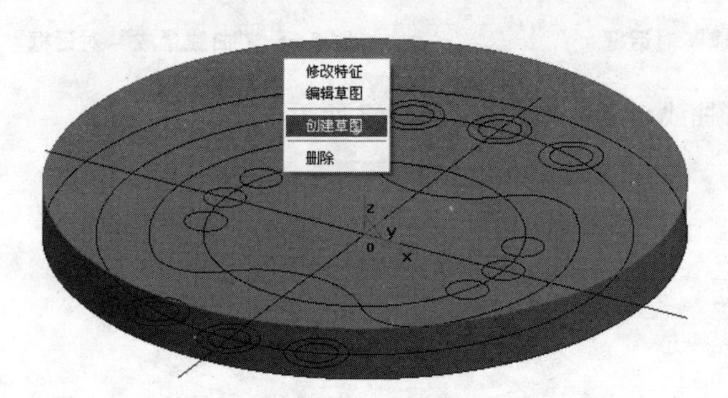

图 5-70 创建草图

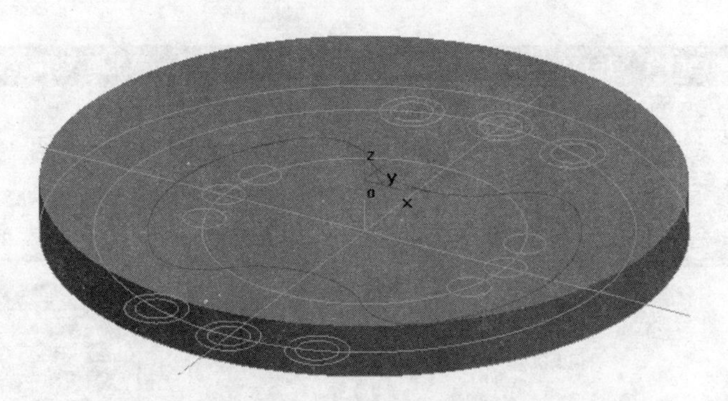

图 5-71　选取实体造型边界

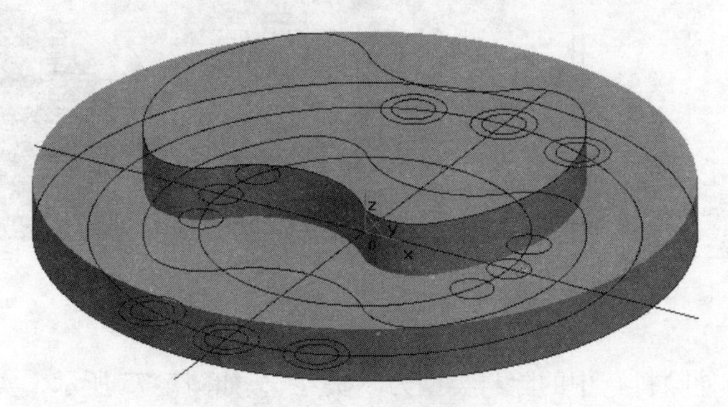

图 5-72　实体造型效果

5）绘制零件图中的通孔。在已建立的实体造型上表面创建草图，如图 5-73 所示，打开“特征生成”对话框，如图 5-74 所示，从“除料”中选择“拉伸”选项，然后确定。

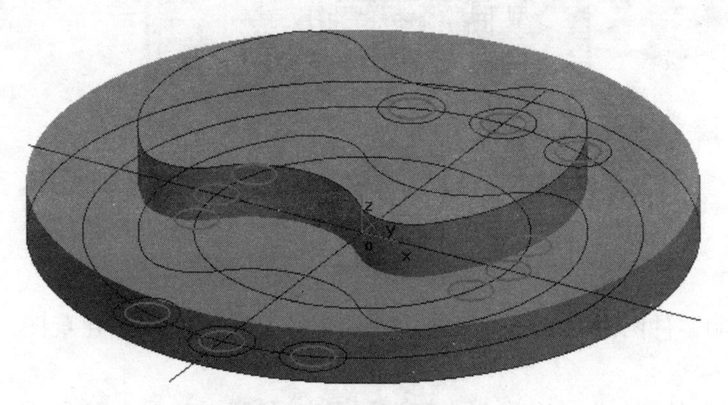

图 5-73　创建草图（通孔）

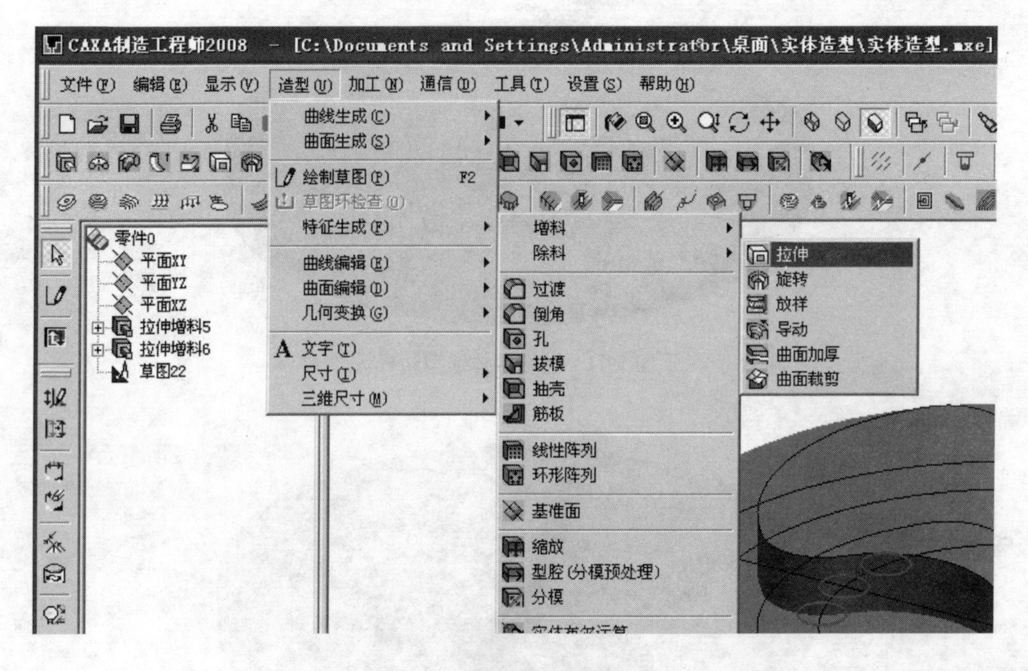

图 5-74 “特征生成”对话框（通孔）

选择“拉伸除料”中的除料类型为“贯穿”，如图 5-75 所示，实体造型效果如图 5-76 所示。

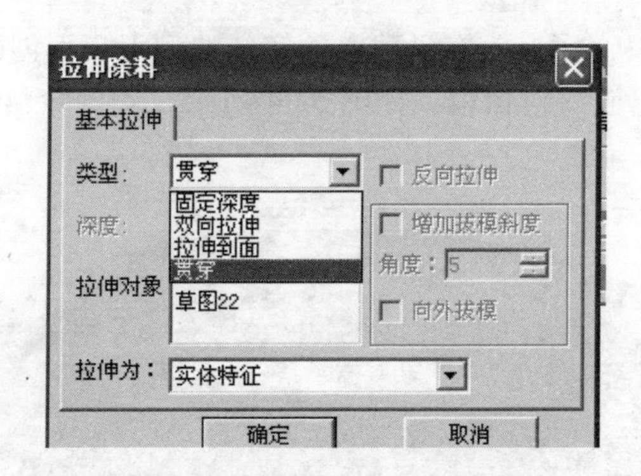

图 5-75 “拉伸除料”对话框（通孔）

6）绘制零件图中的沉孔，在已建立的实体造型上表面创建草图，如图 5-77 所示。

选择“拉伸除料”中的除料类型为“固定深度”，如图 5-78 所示，实体建立效果如图 5-79 所示。

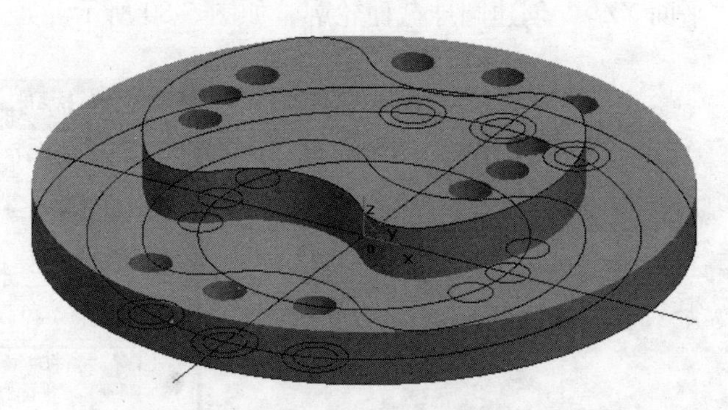

图 5-76　实体造型效果

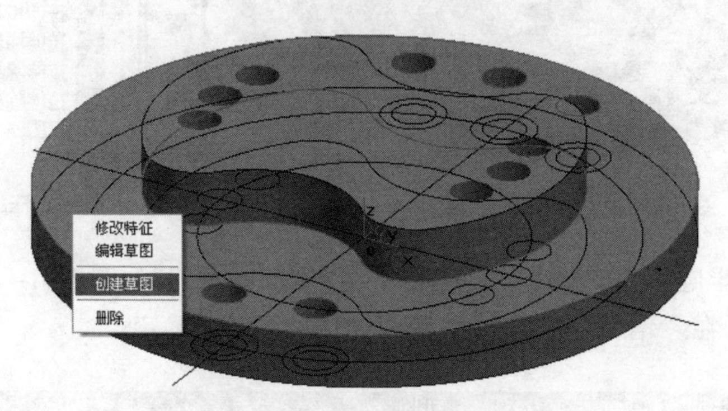

图 5-77　创建草图（沉孔）

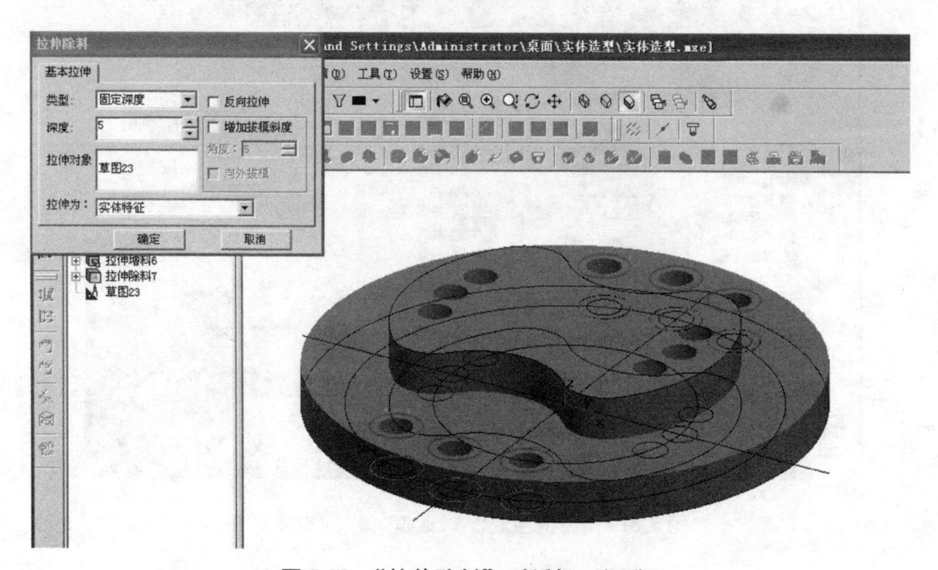

图 5-78　“拉伸除料”对话框（沉孔）

7）选择“平面 XZ”，创建圆球截面轮廓，如图 5-80 所示。

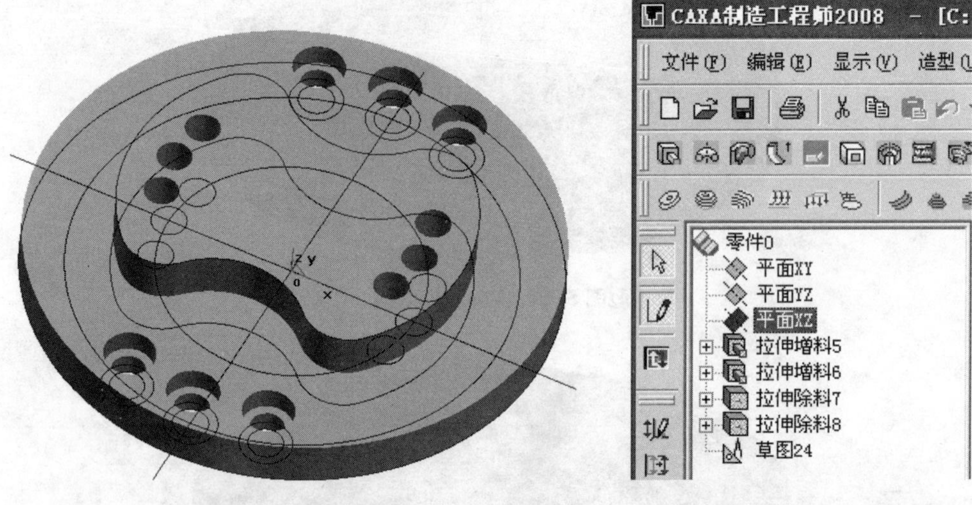

图 5-79 实体建立效果　　　　图 5-80 选择“平面 XZ”

8）创建半圆形实体造型。启动“造型”命令，打开如图 5-81 所示“特征生成”对话框，在“增料”中选择“旋转”选项，然后确定。

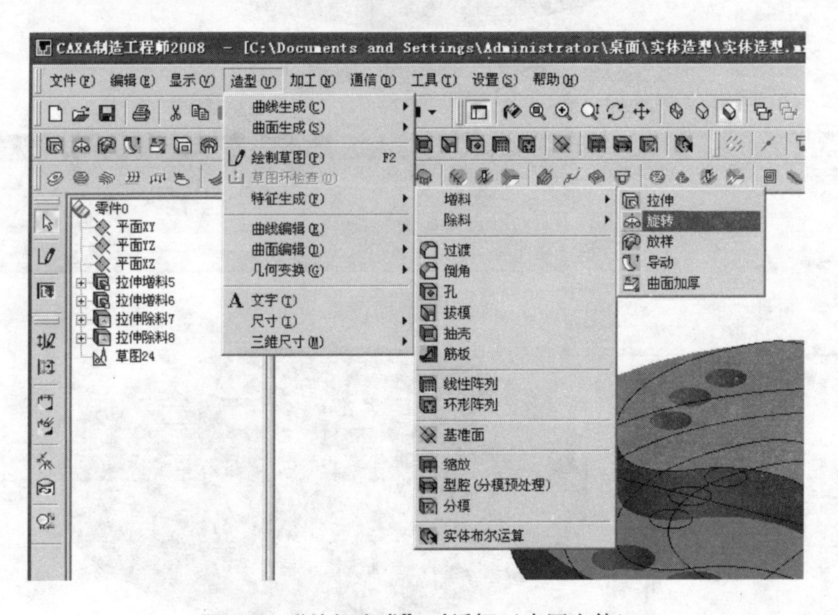

图 5-81 “特征生成”对话框（半圆实体）

实体造型效果如图 5-82 所示，之后隐藏平面线架，如图 5-83 所示。

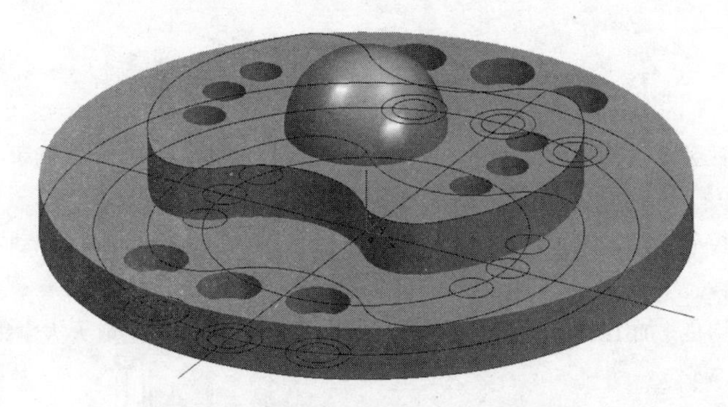

图 5-82　实体造型效果（半圆实体）

图 5-83　隐藏平面线架

【注意事项】

1）在建立实体特征前，应检查所建草图是否正确。

2）在建立实体特征时，应注意实体建立策略的选择是否正确。

3）在建立多个实体特征时，应根据图形实际情况选择建立顺序。

参 考 文 献

[1] 人力资源和社会保障部教材办公室. 数控编程与操作实训课题：数控铣床 加工中心 线切割 中级模块 [M]. 北京：中国劳动社会保障出版社，2009.

[2] 任国兴. 数控铣床华中系统编程与操作实训 [M]. 北京：中国劳动社会保障出版社，2009.

[3] 王朝东，陈均良. 加工中心操作实训教程 [M]. 北京：北京航空航天大学出版社，2011.